APOCALISSE ZOMBIE

COME FERMARE L'EPIDEMIA DEL CANCRO
GRAZIE AL CORRETTO UTILIZZO E ALLA
MANUTENZIONE DELLE CAPPE DI
LABORATORIO

FABRIZIO CIRILLO

Copyright © 2019 Fabrizio Cirillo
Tutti diritti riservati.
ISBN: 1540786145
ISBN-13: 978-1540786142
2ª Ristampa corretta ed aggiornata al 31 Maggio 2019

RINGRAZIAMENTI

Vorrei ringraziare prima di chiunque altro, mia moglie Maria Belen, perché oltre ad essere una mamma dolce e premurosa con i nostri figli è anche una Moglie e Donna stupenda che mi ha supportato in tutto e per tutto sin dall'inizio, sopperendo alle mie assenze come genitore, donandomi la serenità e il tempo per la stesura di questo libro. Grazie.

Ai miei figli, Christian perché se oggi so cosa è una mappa mentale con il quale ho strutturato e realizzato questo libro lo devo a lui e a Gabriele il più piccolo della casa per aver portato pazienza e non avermi fatto pesare la mia assenza lungo questo percorso. Grazie.

Poi vorrei ringraziare i miei genitori Elena e Alessandro perché se oggi sono quello che sono è sicuramente anche merito loro. I valori che mi hanno trasmesso sono il fondamento sul quale si basa la mia vita personale e professionale. Grazie.

Voglio ringraziare il Dr. Pagliara per avermi scritto la Prefazione, nonostante non ci conosciamo da molti anni, sposiamo gli stessi ideali e crediamo fortemente che il mondo possa essere un posto migliore. Grazie.

Ringrazio Mario per avermi introdotto nel mondo della formazione e crescita personale che ha contribuito pesantemente alla mia costante crescita che mi ha portato a scrivere anche questo libro. Grazie.

Ringrazio Paolo per avermi trasmesso con i suoi corsi sulla sicurezza in laboratorio relativi ai rischi chimici e biologici, importanti spunti per i miei capitoli, condividendo la volontà che gli operatori di cappe siano sempre più tutelati. Grazie.

Ringrazio mio fratello Luca e anche tutto il team TechnoCappe che tutti i giorni si prodiga per far si che quanto da me detto diventi realtà, spesso impazzendo dietro alle mie continue richieste di migliorare aumentando la qualità del servizio offerto. Grazie.

Ringrazio i miei amici che ultimamente mi hanno preso per pazzo quando ho comunicato loro che stavo scrivendo un libro ma comunque sia appoggiandomi sempre. Grazie.

Devo ringraziare anche il Team di Venditore Vincente e in particolare a Frank Merenda per avermi insegnato a scrivere e motivato a farlo in tempi relativamente brevi. Grazie.

In fine ma non meno importanti, ringrazio tutti gli Ex colleghi della Polizia di Stato che ho conosciuto durante i molti anni di servizio prestato in tutta Italia, in particolare Alberto M., Alessandro S., Cristian T. e molti altri che mi hanno insegnato cosa significa essere un Poliziotto e come farlo nella più totale umiltà possibile. Grazie.

Fabrizio Cirillo

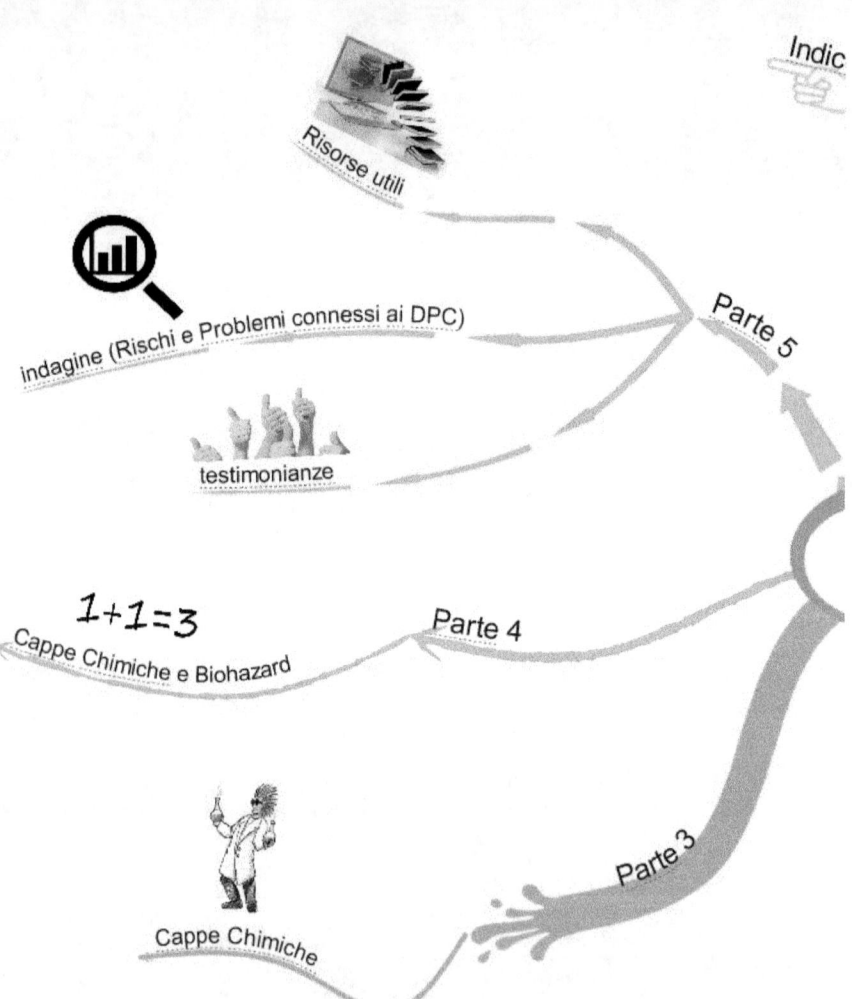

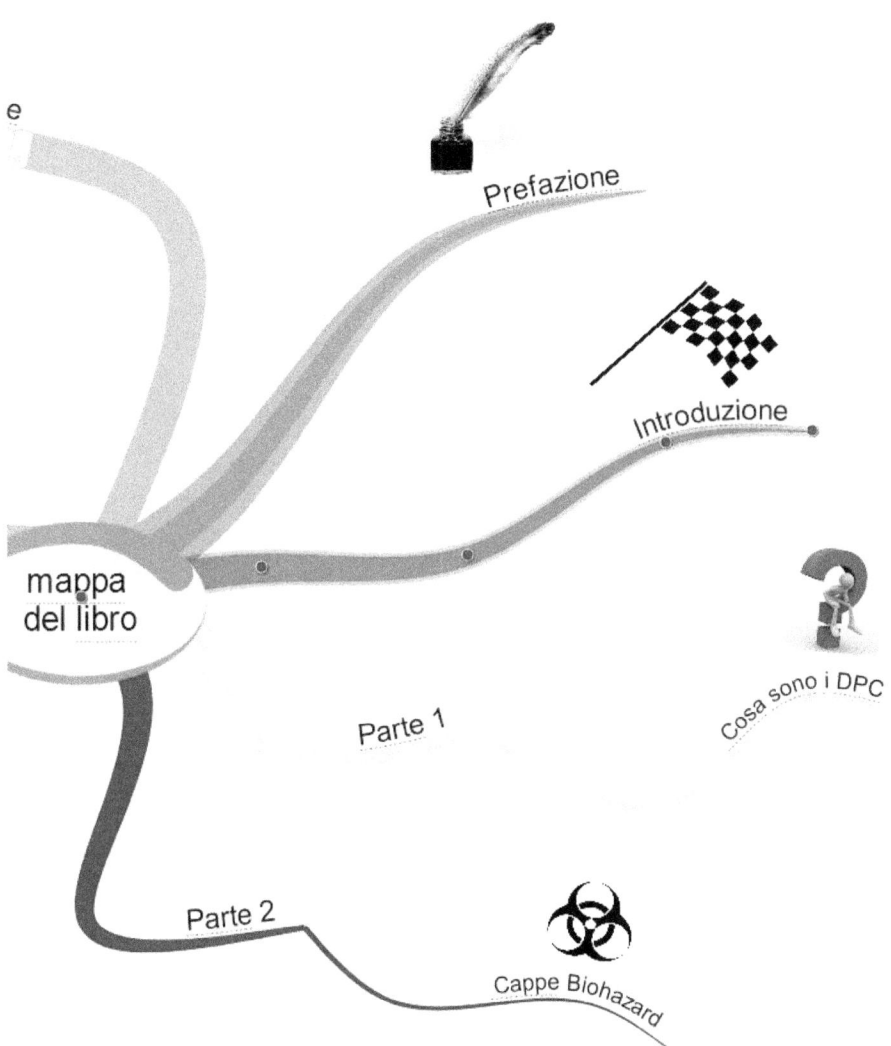

SOMMARIO

PREFAZIONE 11

INTRODUZIONE 19

PARTE 1
- Cosa sono i DPC? 39

PARTE 2
- Le Cappe Biohazard 59

PARTE 3
- Le Cappe Chimiche 185

PARTE 4
- Altre info sulle Cappe Chimiche e Biohazard 337

PARTE 5
- Testimonianze 473
- Indagine (Rischi e problemi connessi ai DPC) 509
- Risorse Utili 550

Conclusione 551

PREFAZIONE

a cura del **Dr. Pagliara Claudio**, specialista in Oncologia, ricercatore, esperto in Medicina Olistica, autore di molte pubblicazioni scientifiche nonché del libro "la via della guarigione" con sottotitolo "curare la mente per curare il corpo, curare l'ambiente per curare l'uomo, curare lo spirito per curare il mondo" – www.claudiopagliara.com –

Durante il mio percorso di studi in medicina e chirurgia, ma anche dopo, quando ero già medico, ho frequentato ambienti in cui erano presenti delle cappe chimiche, ma, devo confessare, non ho mai pensato alla possibilità di un loro cattivo funzionamento, con tutte le conseguenze che ciò poteva determinare.

È come se, più o meno consapevolmente, mi fossi fidato completamente delle competenze degli operatori delle cappe, così come dei responsabili della struttura e dei tecnici coinvolti nella loro manutenzione.

Poi ho avuto modo, grazie anche alla conoscenza di Fabrizio, di analizzare scientificamente il problema ed ho capito quanto ero ingenuo e, inconsapevolmente, credulone.

Successivamente, ho anche avuto modo di approfondire l'amicizia con Fabrizio, in occasione di una mia conferenza tenuta all'ultimo Nocciolo Duro di Max Formisano, a Roma.

Ho subito notato la sua passione, la sua grande umanità e, non ultima, la grande professionalità e meticolosità con cui svolge il suo lavoro di imprenditore.

Operando nel settore delle cappe chimiche e biohazard, queste qualità creano un valore aggiunto fondamentale, in quanto trattasi di un lavoro estremamente delicato ed importante per la tutela della salute degli operatori delle cappe, per la salute degli operatori nell'ambiente di lavoro in cui sono presenti delle cappe e, non raramente, anche per la salute dei familiari degli operatori.

Il fatto che poi Fabrizio abbia deciso di scrivere un libro per diffondere le giuste conoscenze, volte a difendere la vita di chi opera con le cappe, dimostra ulteriormente la sua sensibilità e la sua umanità.

Delle cappe perfettamente funzionanti, moltissime volte, possono prevenire l'insorgenza di varie malattie compreso il cancro.

Lo stesso obiettivo si può raggiungere con un'adeguata informazione e formazione degli operatori nell'utilizzo dei dispositivi di protezione individuale (DPI).

La mancanza di conoscenza spesso è fonte di tanti guai per sé e, non raramente, anche per gli altri.

L'informazione corretta rappresenta un'arma strategica fondamentale per promuovere e difendere la propria salute.

Non mi stancherò mai di dire che l'arma più potente che abbiamo per la prevenzione e la cura delle malattie, compreso il cancro, è la giusta informazione.

Riporto quanto scritto nel mio libro "La via della guarigione": "Attualmente la malattia più frequente, come causa di morte, nei paesi sviluppati è rappresentata dalle malattie dell'apparato cardiovascolare. La seconda causa di morte, come frequenza, è dovuta ai tumori maligni.

Le malattie, comunque, non sono tutte uguali in termini di conseguenze sulla salute ed in termini di importanza e di impatto sociale.

Ci sono malattie che, insorgendo in età più giovanile rispetto ad altre, riescono a rubare più anni di vita. In pratica se vi è una malattia che è responsabile di morte in tenera età, sicuramente presenta un maggiore impatto ed assume una maggiore importanza di una malattia che è responsabile di morte in età più tarda od in età estremamente avanzata. Morire a 20 o a 30 anni non è la stessa cosa del morire ad 80 o più anni.

Per questo motivo si utilizza un indice statistico chiamato PYLL (Potential Years of Life Lost), trattasi di un parametro che indica gli anni di vita potenziale persi a causa di una determinata patologia.

Con il calcolo del PYLL, il cancro, insorgendo statisticamente con più frequenza in età più precoce rispetto alle malattie dell'apparato cardiovascolare, rappresenta la malattia che ruba più anni di vita; con questo tipo di analisi, i tumori maligni costituiscono la prima causa di morte precoce.

Queste informazioni, pur molto sintetiche, sono utili per capire che le risorse e le energie della collettività e dei singoli individui, non essendo infinite, per essere più efficaci ed efficienti per la difesa della salute, devono essere orientate soprattutto da una scala di priorità."

Rappresentando, pertanto, il cancro la malattia che ruba più anni di vita, dobbiamo focalizzare la nostra attenzione sulle armi più efficaci che già abbiamo per prevenire questa malattia.

Chi opera con le cappe deve sapere che non raramente ha a che fare con sostanze chimiche, non raramente, già note per il loro potere cancerogeno o tossico. Nella maggiore parte dei casi, però, si ha a che fare con sostanze chimiche che sono cancerogene, seppur non ancora conosciute ufficialmente come tali.

Questo perché attualmente abbiamo oltre 100.000 sostanze chimiche sintetiche prodotte e potenzialmente presenti nell'ambiente di vita e di lavoro, che, nella stragrande maggioranza dei casi sono state introdotte sul mercato senza una preventiva valutazione del potere cancerogeno.

Lo IARC (International Agency for Research on Cancer), organo scientifico dell'OMS (Organizzazione Mondiale della Sanità), ha predisposto un qualificato gruppo di lavoro per valutare il rischio cancerogeno per l'uomo delle varie sostanze chimiche presenti sul mercato. È il più grande ed affidabile lavoro che si sia mai fatto in merito.

Delle 100.000 sostanze chimiche attualmente di uso corrente, solo di poco più di 800 di esse vi era un adeguato studio sperimentale ed epidemiologico che potesse permettere di valutarle sul piano del rischio cancerogeno. Di quasi il 99% delle sostanze, con cui l'essere umano viene potenzialmente in contatto tutti i giorni, non sappiamo, quindi, nulla dal punto di vista della loro tossicità cancerogena.

Questo dimostra chiaramente che l'uso, la produzione e la commercializzazione della stragrande maggioranza delle nuove sostanze è stata fatta senza regole e, soprattutto, senza una preventiva valutazione dei relativi costi e benefici.

Le conseguenze sono sotto gli occhi di tutti, anche se, a dire la verità, ci sono verità che fanno fatica a diffondersi.

Nel 1877 il cancro era una malattia rara ed era responsabile, in Italia, del 2% di tutti i decessi, quindi, coinvolgeva solo 1 cittadino su 50.

Nel 1977, la mortalità per cancro è aumentata in modo importante arrivando a superare il 21%, 1 cittadino ogni 5 veniva coinvolto fino all'exitus, a causa di questa malattia.

Ora 1 cittadino su 3 muore per cancro e 1 su 2 o su 2,5 si ammala di cancro.

Attualmente, solo in Italia, ogni giorno, vengono diagnosticati 1000 nuovi casi di cancro.

Sicuramente l'aumento della vita media della popolazione ha contribuito a determinare questi risultati, ma non sarei scientifico se nascondessi che l'aumento importante dell'incidenza dei tumori è legato, in modo importante, alla sempre maggiore presenza di inquinanti chimico/fisici cancerogeni nel nostro ambiente di vita e di lavoro.

Lo IARC ha classificato i cancerogeni, naturalmente con i limiti già riferiti, in 4 gruppi.

Il **gruppo 1** contiene i carcinogeni umani certi e comprende, al momento, 118 agenti; il **gruppo2** comprende cancerogeni probabili per l'uomo e si suddivide in due categorie: **2A** comprende carcinogeni probabili con evidenza quasi sufficiente nell'uomo e contiene 75 agenti; il **gruppo 2B** comprende i carcinogeni probabili (possibili) per l'uomo ed in cui esiste solo un'evidenza sufficiente negli animali, per un totale di 287 sostanze; il **gruppo 3** comprende le sostanze che non possono essere classificati per la loro cancerogenicità per l'uomo, al momento comprende 503 sostanze; il **gruppo 4**, infine, raggruppa sostanze probabilmente non carcinogene per l'uomo (in questa categoria c'è una sola sostanza, il caprolactam, un precursore del nylon).

La precauzione, pertanto, di usare funzionanti dispositivi di protezione collettiva ed individuale nell'uso delle cappe chimiche oltre a quelli biohazard è uno strumento di salvaguardia della salute fondamentale, di cui non si può fare a meno.

Ricordati sempre che il male peggiore non è l'ignoranza, ma è la presunzione di conoscere. Il male peggiore è non sapere di non sapere.

Solo chi sa di non sapere, si apre a nuove conoscenze ed a nuove opportunità.

Chi presume di conoscere, generalmente non capirà mai i veri motivi dei suoi guai, forse incolperà la sfortuna, il destino o chi sa chi?

Investi in conoscenza: la conoscenza ti può salvare la vita ed è anche una risorsa economica, ed è l'unica materia prima che con l'uso non si consuma, ma si sviluppa.

Sapere è potere, non sapere è mancanza di potere.

Se hai a che fare con delle cappe non puoi non leggere questo libro che hai tra le tue mani.

D'altronde, per ciò che è a mia conoscenza, è l'unico libro sulle cappe che sia stato scritto in Italia e, forse, nel mondo, con la finalità specifica di tutelare la salute degli operatori e di chiunque possa, direttamente od indirettamente, venire a contatto con gli inquinanti liberatisi da cappe mal funzionanti.

Buona lettura.
Dr. Claudio Pagliara

INTRODUZIONE

Quando ho scelto di studiare farmacia non sapevo bene di che cosa si trattasse, non immaginavo neanche che i laboratori di chimica fossero così importanti.

Solo dopo un po', ho cominciato ad amare la chimica, quando ho visto che cominciavo a riconoscere gli elementi, a muovermi a mio agio tra reagenti e solventi.

Mi piaceva, provavo una soddisfazione unica, il mio primo esperimento, le mie prime prove è così che la chimica diventa la tua vita.

Scopri che ti piace la materia, la manualità, scopri che ami trovarti faccia a faccia con le tue ipotesi, persino con i tuoi errori e quando ho creato la mia prima molecola ho capito che non mi sarei più accontentato della superficie delle cose.

Le scoperte che facciamo, le combinazioni fra gli elementi, sono il frutto della nostra curiosità, mettiamo alla prova la nostra intelligenza, il nostro istinto, ed il laboratorio è la terra dove tutto questo è possibile.

Lavoriamo nella bolla, viviamo nella bolla, respiriamo nella bolla.

La prima libertà, l'abbiamo quando facciamo la tesi, è solo allora che il laboratorio diventa veramente nostro, quando finalmente abbiamo libertà di azione.

È come quando ti tolgono le rotelle dalla bicicletta e ti dicono VAI, adesso dimostrami che ci sai fare, come farai a non cadere.

Avere la possibilità di collaborare con un'azienda farmaceutica è il massimo, ti sale l'adrenalina, ognuno di noi vuole dare il massimo, essere il massimo.

Veloce ed efficiente ad ogni costo, a costo di SENTIRTI come una CAVIA.

Un giorno ti bruciano gli occhi, un giorno hai le mucose irritate, un altro giorno hai mal di testa e un sapore strano nel palato.

Poi un bel giorno il mio Professore mi dice, Emanuele, mi dispiace tanto, purtroppo l'Università, ha deciso di non attribuire la borsa di studio quest'anno, tu lo capisci vero?

Devi capire la nostra posizione, tu non puoi più venire in laboratorio, ora devi pensare ad altro

ORA SEI MALATO, DEVI PENSARE A CURARTI, ORA TU HAI IL CANCRO AI POLMONI!

Con queste parole della voce narrante di un film-documentario intitolato "con il fiato sospeso", ispirato al memoriale di Emanuele Patané, un ricercatore bravissimo laureatosi con 110, dottorando presso un'Università Italiana, morto per tumore ai polmoni nel Dicembre del 2003.

La causa di questo tumore, a suo dire, è stato il respirare per molto tempo vapori di sostanze chimiche all'interno dei laboratori di ricerca in quanto le cappe, sempre a suo dire, non funzionavano o in alcuni casi non venivano proprio utilizzate.

Devo dire che viene riassunto molto brevemente quello che accade ancora oggi nei laboratori di ricerca ma anche in molte altre realtà a livello Nazionale.

Dopo aver visto il film, letto tutte le testimonianze di persone che confermavano quanto descritto da Emanuele, non solo nella sua Università, ma anche in molte altre realtà sia pubbliche che private a livello Nazionale, ho capito che dovevo fare qualcosa.

Ecco perché ho deciso di scrivere questo libro che parlerà di come tutelarsi, imparando ad utilizzare in modo corretto le cappe Chimiche e cappe Biohazard, un testo che ha lo scopo di aiutare ragazzi nella stessa condizione di Emanuele, a tutelare la propria sicurezza, la propria vita.

Un Ex Poliziotto giovanissimo scopre l'immensa umanità delle persone.

Mi chiamo Fabrizio Cirillo e sono un ex Agente di Pubblica Sicurezza.

SI, un Poliziotto e ne vado molto fiero credimi.

Mi sono arruolato giovanissimo solo per fare il militare in realtà, più che altro perché avevo conseguito il brevetto da elicotterista e speravo di poter continuare la mia carriera come pilota ma non è andata così per vari motivi che non sto qui a raccontarti.

Giorno dopo giorno però mi sono appassionato sempre di più alla mia divisa e a ciò che essa rappresentava e sono passati quasi 13 anni prima di decidere di andare via per intraprendere un'altra strada.

Durante il mio percorso in Polizia la mia visione della vita è cambiata profondamente, in particolare ho lavorato diversi anni presso la Polizia Stradale di Alessandria dove purtroppo ho visto molte persone perdere la loro vita proprio davanti a me.

Ho visto genitori piangere i propri figli giovanissimi e non capacitarsi di quanto era accaduto, li ho visti in preda alla disperazione più totale.

La sera prima erano insieme a tavola, parlavano dei loro progetti e cosa avrebbero fatto un domani e invece il giorno dopo era cambiato tutto, purtroppo.

Persone adulte, affermate, di successo, di alte cariche, lavoratori, ricchi, poveri, colti e non ma in fondo soltanto Esseri umani.

Padri e Madri in realtà che non potevano essere preparati a questo, nessuno li poteva preparare alla perdita di un figlio, nessuno potrà mai essere preparato a un così brutale dolore.

Venire a contatto con persone a me sconosciute che soffrivano poiché incastrate tra le lamiere, in quegli ultimi istanti della loro vita, ascoltando i loro ultimi sussurri, quasi sempre parole dolci per i loro cari ed esalando l'ultimo respiro mentre mi stringevano la mano perché avevano solo me vicino a loro.

Mi ha segnato profondamente, devo ammetterlo.

Avevo solo 23 anni, ero il più giovane capopattuglia che la Polizia Stradale avesse nel suo reparto, forte, energico e pieno di vita.

Ma nessuno mi aveva preparato a tutto questo. Nessuno forse mi poteva preparare.

Non credo di essermi mai abituato, non credo di essere mai riuscito a superarlo. Veramente è la prima volta che do sfogo a questi sentimenti, mi sono sempre fatto scudo della mia capacità di sorridere nascondendo quell'emozione.

Non sono l'unico ovviamente, ancora oggi miei Ex colleghi sono là fuori, sopportando temperature atroci nelle bollenti estati e nei gelidi inverni, ma sono ancora lì fuori.

Angeli.

Pronti a fare il loro dovere e ad accompagnare le persone nell'ultimo tratto della loro vita anche se non sono preparati per questo, poi tornare a fare quello che devono con tutta la professionalità che serve apparendo spesso freddi e insensibili, dovendo fare domande indiscrete proprio a quei genitori che non hanno ancora realizzato che la loro vita sta per cambiare per sempre, segnata da un tragico evento.

Ma non solo alla Stradale, anche in Città ovviamente, loro sono lì e so che quando avrò bisogno di aiuto saranno pronti a correre, anche a costo della loro stessa vita.

Angeli, fratelli che ancora sono sul campo e lo saranno fino alla fine…

Tutto Questo mi ha dato una visione e una consapevolezza differente e ho capito quanto fosse importante per me preservare la vita delle persone nonché la loro sicurezza.

Ecco perché sono grato di aver fatto questa esperienza in Polizia, mi ha aiutato a capire che aiutare gli altri mi faceva stare bene, anche se questi "altri" erano persone a me completamente sconosciute con le quali non avevo mai condiviso niente, o almeno era quello che credevo all'inizio, perché poi ho capito che in verità avevamo condiviso qualcosa di molto importante, la cosa più importante di tutte per me.

Avevamo capito entrambi che il pensiero di tutti, soprattutto quando si è verso la fine, va sempre alle persone care. Qualsiasi cosa abbiano fatto, qualsiasi cosa sia accaduta, va sempre ed inevitabilmente alle persone care.

Allora perché aspettare sempre la fine per capire le cose? Quando non c'è più tempo per poter rimediare?

Ecco perché penso che il mondo sia fatto di molte, troppe persone buone che magari devono ancora capirlo forse perché sono state segnate dalle avversità della vita.

Oggi la mia missione è quella di continuare ad aiutare quante più persone possibili con i mezzi che ho e con le mie conoscenze.

Non lavoro più in Polizia da come avrai capito, porto dentro di me quell'esperienza di vita ma anche quell'esperienza professionale che oggi mi permette di avere una visione molto chiara e non mi fa piegare davanti alle difficoltà.

Ho voluto spiegarti chi ero prima di continuare perché credo fermamente che quanto sto facendo e quanto farò ha come radice proprio quello che ti ho raccontato poco fa.

Sono un padre felice di due splendidi figli e marito di una moglie meravigliosa e sento l'obbligo di cercare di fare il massimo affinché questo mondo migliori, affinché il futuro dei miei figli e di tutti sia sempre più roseo.

Le parole con cui introduco il libro, tratte dal film che ti ho citato, mi hanno toccato veramente e mi hanno fatto aprire gli occhi sul mondo dei laboratori che mi circonda.

Probabilmente ti starai chiedendo quale attinenza abbia tutto ciò, la mia storia, il titolo del libro e il collegamento al film, te lo spiego subito.

Da Ex poliziotto a specialista di cappe chimiche e biohazard, tutto comincia da qui

Devi sapere infatti che in parallelo all'attività di Poliziotto, quindi dal 2001 ad oggi, mi sono anche dedicato all'azienda di famiglia, l'azienda "TechnoCappe" che si occupa di assistenza nell'ambito della sanità da oltre 40 anni (www.technocappe.it).

Almeno all'inizio la vedevo così, ma poi passando il tempo ho capito la direzione in cui mio padre stava andando. Ho capito che non era una semplice azienda di assistenza tecnica ma che in realtà poteva essere ben altro, dipendeva solo da me cosa poteva diventare.

Infatti l'azienda che ad oggi dirigo si occupa in verità di salvaguardare la sicurezza degli operatori di cappe da laboratorio, denominati DPC (Dispositivi di protezione Collettiva), come ad esempio le cappe chimiche o cappe biohazard.

In tutti questi anni ho avuto così la possibilità di studiare, di formarmi e informarmi con la dovuta calma su queste cappe da laboratorio che vengono citate anche nel film e capirne meglio il loro funzionamento e corretto utilizzo.

All'inizio devo ammettere che è stata veramente durissima, talvolta avevo deciso di lasciar perdere perché non trovavo neanche un'informazione a riguardo, né on-line né tantomeno off-line, ma la mia testardaggine non mi ha fatto mollare e ho continuato a cercare e studiare come meglio ho potuto.

All'inizio del mio percorso riconosco di aver commesso molti errori.

Ho cercato e cercato ma purtroppo non esisteva una guida, un libro o altro che mi dicesse cosa fare e come farlo al meglio, i pochi che avevano qualche nozione ed esperienza si guardavano bene dal divulgarla e condividerla con gli altri.

Ecco perché è stato veramente lungo il cammino, ma non ho mollato anzi, con il tempo e grazie a innumerevoli test sul campo mediante l'utilizzo di strumentazione scientifica le mie abilità sono migliorate oggi che sono io a trovarmi nella condizione di conoscere, voglio trasmettere agli altri tutto ciò che ho imparato e non precludere a nessuno tali informazioni.

Il mio obiettivo è quello di portare alla conoscenza di tutti il modo corretto di lavorare sotto cappa così da tutelare e tutelarsi, non mi interessa nascondere le informazioni e ciò che faccio…

Mi sono anche reso conto che quelli che reputavo i "guru" del settore in realtà avevano appreso erronee informazioni, sentite forse vent'anni fa quando ancora non si conoscevano i rischi della tossicità di certe sostanze, e ad allora le loro conoscenze si erano arrestate.

Infatti la maggior parte delle persone non si sta specializzando sul controllo di queste cappe che, come ti accennavo prima, sono classificati appunto come dispositivi di protezione collettiva. Non a caso direi.

Le cappe, quando funzionanti e utilizzate bene, salvaguardano veramente le persone che le utilizzano ma soprattutto quelle che non le utilizzano.

Ecco perché la mia formazione è costante e sempre più severa, ad oggi ho acquisito un quantitativo di attestati di partecipazione a corsi di ogni genere proprio perché ho la voglia di capire, sento la necessità di non poter lasciare le cose in balìa degli eventi perché a rimetterci sono le persone.

Quelle persone che sono "sconosciute" e all'apparenza così lontane come lo erano quelle a cui stringevo la mano negli ultimi attimi della loro vita.

Questa consapevolezza che questa distanza in realtà non è poi così vera e che siamo tutti connessi in qualche modo mi spinge a dare e fare sempre il massimo per tutte le persone.

Ecco perché ho anche aperto un portale informativo sulle cappe chimiche e biohazard denominato "Chizard" pieno di informazioni gratuite e consigli utili per tutti gli operatori di cappe e non solo.

Puoi accedere a questa ricchezza di informazioni semplicemente digitando www.chizard.it

Ti posso garantire che non riuscirai a trovare nulla del genere in Italia e nel mondo, nessuno prima di me si era mai sognato di spiegare alle persone come salvaguardare la propria vita con piccoli accorgimenti quotidiani durante l'utilizzo delle cappe.

Nessuno lo ha mai fatto perché custodiva gelosamente questi "segreti di pulcinella", perché così hanno potuto fare i loro comodi per anni. Non ti nascondo che tutta questa documentazione che sto realizzando è sicuramente scomoda per molti, soprattutto per quelle aziende storiche che si sono sempre occupate di assistenza delle cappe.

Ho svelato i loro segreti e non mi amano per questo, ma sono contento perché per altri è invece fonte di ispirazione e miglioramento.

Lo evidenziano le numerosissime testimonianze che puoi trovare in fondo al libro, anche se non ho potuto inserirle tutte quante altrimenti avrei dovuto fare un libro a parte.

Sempre in fondo al libro, troverai anche i dati che ho raccolto grazie a un'indagine sui rischi legati all'utilizzo delle cappe, che ho deciso di fare, incaricando appositamente una persona a tale scopo, la Dott.ssa Fanfoni, che è scesa in campo ed ha condotto interviste e preso testimonianze degli operatori delle cappe e dare a loro la parola che nessuno gli ha mai concesso.

I dati di questa indagine sono stati molto interessanti e utili anche per migliorare il nostro servizio di assistenza tecnica ma soprattutto per poter continuare a scrivere informazioni di valore sempre più orientate verso le reali esigenze degli utilizzatori delle cappe.

Sono anche rimasto piacevolmente colpito dal fatto che molti operatori ci hanno fatto i complimenti per l'ottima iniziativa, sottolineando che nessuno mai prima di noi, gli aveva dato l'opportunità di dire quali paure avessero nell'utilizzare le cappe.

Nessuno gli aveva mai chiesto se sapessero utilizzare realmente le cappe e se avrebbero voluto impararlo o perfezionarlo al fine di poter migliorare le loro prestazioni lavorative e diventare dei veri professionisti.

Come ti dicevo, questi risultati li trovi nella sezione apposita in fondo al libro, denominata appunto "indagine sui rischi e problemi connessi ai DPC"

Ma adesso voglio anche renderti partecipe di un'altra cosa importante, grazie a tutta l'esperienza accumulata negli anni, ho potuto dare vita al:

Primo ed unico Sistema di Validazione Cappe Progettato ed erogato nell'ambito del S.G.Q. Certificato ISO dal TUV Sud Denominato "Cappa Sicura**" zero rischi – zero imprevisti approfondisci qui: www.cappasicura.it**
La continua ricerca del miglioramento in quello che faccio infatti, mi ha portato a ideare questo sistema che permette agli operatori di essere sicuri che le loro cappe, stiano funzionando sempre al meglio, secondo le loro reali esigenze, unendo una parte di analisi iniziale e grazie a tutte quelle verifiche necessarie senza esclusioni di alcun tipo e con la relativa formazione al corretto utilizzo delle cappe direttamente agli operatori stessi.

Sembra una banalità forse ma ti posso assicurare che ad oggi, nonostante ci siano delle normative in essere anche abbastanza restrittive in materia, non esiste un'uniformità nel fare le verifiche da parte delle assistenze tecniche che esistono.

Molto spesso, arrivano anche delle richieste allucinanti da parte dei clienti (probabilmente mal consigliati) di voler fare solo alcune verifiche escludendone altre (forse per risparmiare)

O almeno è quello che credono, in realtà è un po' come quando andiamo a comprare i mobili di scarsa qualità per la nostra casa, in cuor nostro sappiamo che non dureranno a lungo e che prima o poi dovremo spendere altri soldi per rimediare a quella "toppa" che sul momento avevamo deciso di mettere.

Quello che proprio non capisco è: perché si pensa di poter decidere quali e quante verifiche eseguire su una cappa?

Da quale esperienza deriva questa arroganza? C'è stata un'attenta valutazione dei rischi interna ben dettagliata e basata su reali test e consulenze anche esterne che hanno portato a certe conclusioni?

Se la risposta è no allora qualcuno si sta prendendo delle responsabilità veramente grosse.

È come se in una causa penale chiedessimo al nostro avvocato di saltare alcune procedure o comunicazioni pur di risparmiare sulla sua prestazione, pretendendo che ottenga lo stesso risultato, l'assoluzione o la condanna che dir si voglia.

Oppure se dal medico ortopedico gli chiedessimo di evitare la visita o di fare lastre o altro saltando direttamente alla diagnosi con una sfregatina sulla parte lesa.

Inconcepibile vero?

Allora perché si pretende che un professionista, esperto di verificare se le cappe stiano funzionando o meno, possa dare un responso veritiero ed affidabile senza fare tutti i test che occorrono?

Si so cosa stai pensando, magari allora non sono così veritieri questi risultati...

OVVIO che non possono esserlo, spesso la frase più usata di chi scende a compromessi è: "attacco il ciuccio dove vuole il padrone e campo sereno".

Capisco che non è una cosa bella, purtroppo questa è la dura realtà dei fatti.

Io invece non la penso assolutamente così, chi ci conosce sa benissimo che non scendiamo MAI a compromessi e ribadisco MAI.

Non ci vendiamo pur di far contenta l'amministrazione che ha risparmiato qualche euro a discapito di altre persone non accorgendosi che danneggiano loro stessi, perché l'aria e l'ambiente che ci circonda è un bene di tutti, anche dei loro figli e parenti cari.

Siamo nello stesso mondo e molto più vicini di quanto possiamo immaginare, la vita è un cerchio e questo cerchio si chiude sempre, nel bene o nel male.

Quindi, se leggendo già queste poche pagine ti è venuto in mente di contattarci perché non ti senti sicuro del buon funzionamento delle tue cappe, vuol dire che ti sto trasmettendo il giusto senso di tutela che ho nei tuoi confronti.

Non scendiamo a compromessi, no pezzi di carta con 2 fogli in croce inutili che danno a una falsa percezione alle persone "inesperte" che possono continuare a lavorare in sicurezza.

Ti consiglio di continuare a leggere gli altri capitoli perché troverai molte più informazioni qui che in ogni altro testo che possa essere mai stato scritto e probabilmente in molti casi non ti servirà neanche contattarci perché ti darò la possibilità di avere finalmente qualche arma per poter combattere la tua più importante battaglia, la salvaguardia della sicurezza tua e dei tuoi cari sempre e comunque, costi quel che costi.

Detto questo quindi concludo dicendoti come la penso, oggi la formazione è uno dei miei più grandi stimoli di vita, non penso di poterne più fare a meno perché sono giunto alla consapevolezza che chi non si forma si ferma.

Ma tu sai di cosa parlo vero? Perché, se stai leggendo questo libro, sei sicuramente orientato a capire qualcosa di più in generale.

So anche che sei sicuramente un esperto nel tuo mestiere, qualsiasi cosa tu faccia, soprattutto se lo fai da molti anni e con la dovuta passione e sono certo che potresti cimentarti in nuove sfide con estrema sicurezza data dalla tua esperienza.

Ma ti sentiresti così sicuro di affermare di essere altrettanto esperto nell' UTILIZZO di una cappa Chimica o Biohazard oppure che la tua sicurezza non sia a rischio?

Non voglio insegnarti nulla con questo libro ma semplicemente darti un punto di vista differente, metterti a conoscenza di cose che forse non ti hanno mai raccontato sulle cappe e che bastava così poco per evitare infortuni nei quali tu stesso potresti essere stato coinvolto negli anni.

Scoprirai importanti consigli su cosa non fare e cosa fare per lavorare in sicurezza con una cappa da laboratorio.

Ti avviso che sarò molto diretto ed esplicito nel trattare determinati argomenti, ma non credo fosse un segreto visto il titolo del libro così provocatorio con il solo scopo di accattivare la tua attenzione.

Mi sono prefissato di darti qualche utile consiglio, per aiutarti a scegliere da solo, riguardo il tuo futuro e la tua vita.

Migliorando la qualità del tuo lavoro e la tua sicurezza, risparmiandoti tutti gli errori e gli sbagli, che ancora oggi vengono commessi da moltissimi utilizzatori di cappe.

Puoi considerare questo libro, come l'inizio di un percorso straordinario che ti porterà a diventare un operatore di cappe esperto.

Un professionista anche nell'utilizzo della propria cappa in grado di prendere in mano la propria vita professionale nonché personale e guidarla verso risultati che non si immaginava neanche di poter raggiungere fino ad oggi.

Quindi siediti comodo perché ti stai per immergere nell'abisso dei dispositivi di protezione collettiva, dove potrai scoprire un tesoro nascosto e successivamente riemergere con un container di esperienza che potrai condividere con chi ti sta vicino e ti vuole bene.

In fondo sei una persona come me, hai dei sentimenti, una famiglia e una sola vita.

Non dimenticartelo mai.

Buona lettura.

Fabrizio Cirillo
"Il Boss delle Cappe"

E se tutto quello che conosci sulle cappe da laboratorio fosse FALSO?

KEEP CALM
AND
LEGGI GLI ARTICOLI
SULLE CAPPE BIOLOGICHE E CHIMICHE SU:

www.chizard.it

Il portale informativo sulle Cappe Chimiche e Biohazard

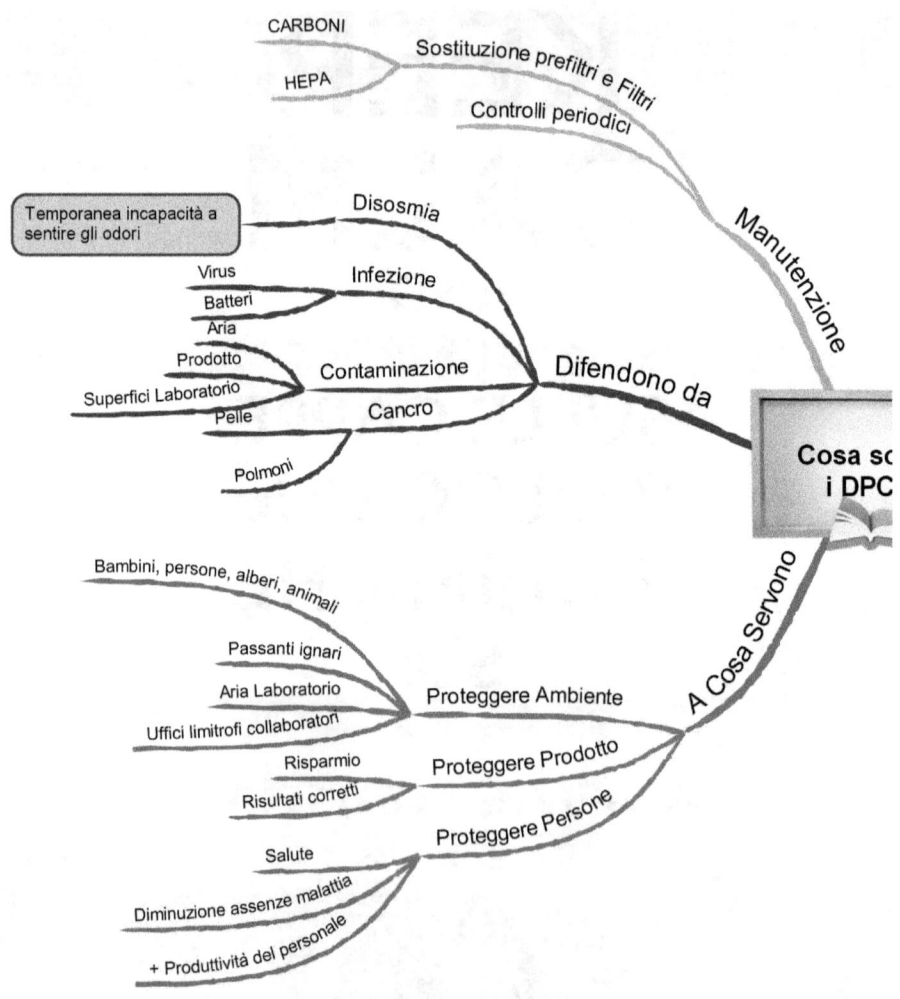

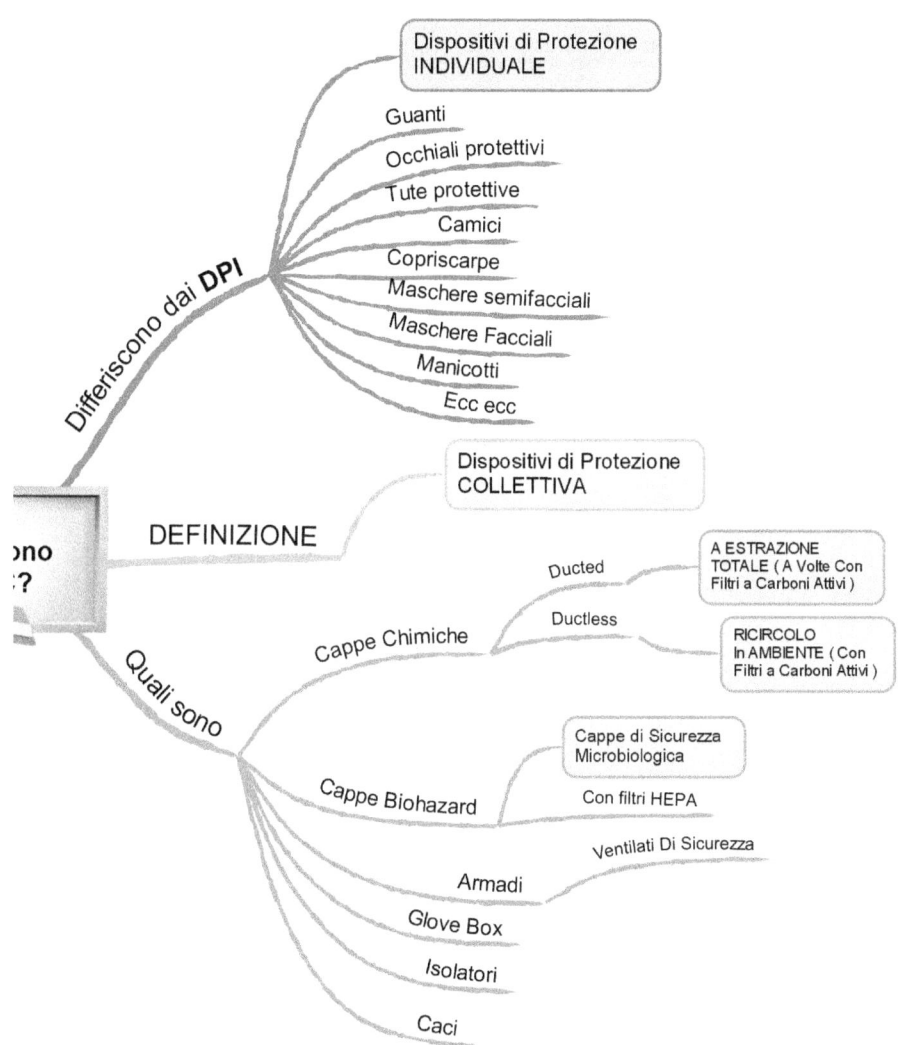

COSA SONO I DPC?

La tua Cappa Chimica o Biohazard è un Dispositivo di protezione collettiva (DPC) o un Dispositivo di protezione Individuale (DPI)?

Ormai è un dato di fatto, POCHI sanno cosa è un Dispositivo di Protezione Collettiva (DPC) ma moltissime persone sanno cosa è un Dispositivo di Protezione Individuale (DPI)

- guanti
- occhiali protettivi
- camici
- tute
- maschere semifacciali
- maschere facciali
- copriscarpe

tutti quegli oggetti che hanno la funzione di salvaguardare la sicurezza delle persone in diversi ambiti quindi.

Esistono diversi tipi di protezione per le persone, ad esempio:

- protezione delle vie respiratorie
- protezione degli arti superiori
- protezione degli occhi
- protezione dell'udito
- protezione del capo
- protezione degli arti inferiori
- protezione da cadute dall'alto
- protezione del corpo e della pelle

insomma ci siamo capiti, sono più che sicuro che conosci alla perfezione quali sono i dispositivi di protezione individuale che tutelano la tua sicurezza durante le fasi del tuo lavoro.

SE COSÌ NON FOSSE

Sei veramente in guai serissimi e ti consiglio vivamente di documentarti prima di proseguire con qualsiasi tipo di lavorazione.

È un obbligo di legge per il datore di lavoro o per le persone preposte fare un'attenta valutazione dei rischi interna legati alla tipologia di lavoro che dovrà fare un operatore ed altrettanto obbligatorio informare, formare oltre che fornire gli operatori degli adeguati dispositivi di protezione individuale.

Chiudo questa parentesi perché non voglio parlarti dei DPI in quanto puoi trovare un sacco di informazioni su questo argomento anche online, come su Wikipedia.

INVECE mi preme parlare dei **DPC**

MOLTISSIMI non sanno infatti cosa è un Dispositivo di Protezione Collettiva

Che da adesso in poi chiameremo per praticità con l'acronimo (**DPC**)
(neanche su Wikipedia viene menzionato, incredibile ma vero, poi appena ho un po' di tempo lo integrerò personalmente, promesso!).

Quindi se stai leggendo deduco che non sapevi che la tua Cappa Chimica o Cappa Biohazard è definita proprio DPC.

Ma anche altre strumentazioni che conosci e che avrai sicuramente nel tuo laboratorio sono definite sempre Dispositivi di Protezione Collettiva come:

- Cappe Chimiche (DUCTED e DUCTLESS)
- Cappe Biohazard (di sicurezza microbiologica appunto)
- Armadi ventilati di sicurezza
- Glove Box
- Isolatori
- CACI

BENE. Se non lo sapevi, adesso lo sai!

Ci sarà un motivo se vengono definiti tali?
Certo che sì… le cappe infatti "**possono**" **PROTEGGERE** realmente la collettività.

Ho scritto "**possono**" perché dipende da due fattori fondamentali:
1. che vengano utilizzate nel modo corretto
2. che funzionino correttamente (quindi meglio se controllate periodicamente da un'assistenza cappe qualificata).

Infatti, l'idea di scrivere un libro proprio sulle cappe è perché dopo tantissimi anni mi sono reso conto che le persone, gli operatori di cappe in particolare, non hanno la minima idea di come si utilizzi la cappa nel modo corretto, tantomeno che vada manutenuta e come.

Allora all'inizio non mi capacitavo di una cosa del genere, con pensieri che spaziavano dal pensare che gli operatori erano superficiali a che non fregava niente a nessuno.

E invece, approfondendo meglio il tutto ho eseguito delle ricerche e ho scoperto che sia offline che tantomeno online non esiste proprio niente.

Nada de nada.

Né sulle cappe in generale né sul loro corretto utilizzo, nessun documento ufficiale da parte di qualche autorità del settore piuttosto che dei costruttori delle cappe ad esempio che avessero fornito un po' di informazioni vere e disinteressate su tali argomenti.

Quindi caro lettore, avrai la possibilità di trovare tantissime informazioni solo qui, mi dispiace essere l'unica fonte a riguardo però come si dice, meglio di niente no?

Ho scoperto quindi che non è colpa tua se non sai usare una cappa, assolutamente no.

Nessuno ti ha mai spiegato prima di adesso cosa e come fare ed ecco perché entro in gioco io con queste informazioni che sono oro per te, la tua salute e il tuo lavoro.

Non voglio esagerare quando dico che appunto queste informazioni sono utilissime ma immagino che andando avanti con la lettura avrai modo di apprezzare molti consigli e trucchetti che ti darò "gratis" che molti non vorrebbero tu avessi mai avuto.

In fondo anche io ho un'assistenza tecnica e la mia esperienza deriva proprio dall'aver validato tante cappe da laboratorio e mangio grazie al fatto che i clienti mi chiamano per fare le manutenzioni e i controlli delle loro cappe appunto.

Ma questo non significa che non devo regalare le informazioni, sono un bene comune e la loro divulgazione è sacra.

Ecco perché lo faccio e lo continuerò a fare finché potrò e finché me lo lasceranno fare, a buon intenditor poche parole. ;-)

Ma adesso continuerò con illustrarti con qualche dettaglio in più i DPC (dispositivi di protezione collettiva) che ti ho citato sopra:

- **LA CAPPA CHIMICA** quindi è un **Dispositivo di Protezione Collettiva**

Perché ti protegge da eventuali inalazioni evitando fuoriuscite di materiale potenzialmente pericoloso ma soprattutto protegge la collettività evitando che il povero ignaro di turno si respiri i vapori o gas delle tue manipolazioni.

Ti sembra corretto che una signora delle pulizie debba entrare in una stanza per fare il suo lavoro e si debba respirare qualche sostanza nociva?

Grazie all'aspirazione dell'aria sul fronte cappa, ricevi la protezione di cui necessiti se utilizzata in modo corretto, ovviamente.

Ma per essere più precisi, dovremmo scendere più nel dettaglio per capire a fondo che una cappa chimica dovrebbe avere molti requisiti per essere definita tale ed in genere rispondere alla normativa EN14175, ma non voglio essere troppo tecnico.

È importante che impari sin da subito a riconoscere la tua cappa chimica perché ci sono due grandi famiglie che le separano e che adesso ti illustrerò:

1. Cappa chimica canalizzata all'esterno dell'edificio mediante delle condotte idonee, in gergo tecnico definita (**DUCTED**)

2. Cappa chimica a ricircolo interno, a filtrazione molecolare mediante carboni attivi, in gergo tecnico definita (**DUCTLESS**) – anche se il mio consiglio spassionato è quello di canalizzarla sempre all'esterno, dove possibile ovviamente

Se ti interessa approfondire tale tematica troverai altri articoli dove parlo espressamente di queste cappe e scendo un pochino più nel dettaglio, adesso voglio darti un'infarinatura generale.

Devi sapere che in entrambi i casi ma soprattutto se possiedi una cappa a ricircolo della tipologia (**DUCTLESS**), ti consiglio vivamente di verificare che siano montati dei filtri a carboni attivi idonei per il tipo di manipolazione che esegui tutti i giorni.

Esistono molte tipologie di carboni attivi chiamati così proprio perché attivati chimicamente per assorbire determinate tipologie di sostanze. Te ne cito alcune come esempio:

- carboni attivi per **SOLVENTI**
- carboni attivi per **ACIDI**
- carboni attivi per **FORMALINA (Vapori di Formaldeide)**

È molto importante quindi che la tua assistenza tecnica delle cappe sia a conoscenza di cosa manipoli al fine di montare i filtri corretti.
Se gli hai affidato la tua manutenzione e non te lo hanno mai chiesto espressamente allora inizia a farti qualche domanda.

Sincerati sempre che vengano installati i carboni adeguati altrimenti rischi che non vengano trattenuti i vapori delle sostanze da te manipolate e ti trovi in uno stato di **SICUREZZA APPARENTE**.

Questo purtroppo è uno dei più grandi problemi delle cappe in quanto gli operatori spesso non si rendono conto minimamente di cosa si stiano respirando tutti i santi giorni.

Sai cosa sono l'Anosmia e la Disosmia?
In pratica l'anosmia è la perdita totale della capacità di percepire gli odori.

Può essere transitoria o permanente, congenita o acquisita e consegue, di solito, a malattie di tipo respiratorio, in particolare a carico del tratto nasale.

La perdita totale dell'olfatto può anche essere causata da un trauma cranico, dalla Malattia di Parkinson, dalla Malattia di Alzheimer e da alcune neoplasie cerebrali.

Nel caso di anosmia congenita le cause si possono rintracciare nella sindrome di Kallmann attribuita alla mancata formazione dei lobi olfattori dell'encefalo e alla malattia di Refsum nella quale la perdita dell'olfatto si associa a retinite pigmentosa(Wikipedia).

Invece la disosmia è l'alterazione delle percezioni dell'olfatto di tutti gli odori.

L'origine di questa patologia può essere fatta risalire a lesioni centrali encefaliche o periferiche a carico del neuroepitelio.

La disosmia può essere meglio definita come il risultato della disfunzione dell'organo olfattivo comunque verificatasi (Wikipedia).

Quindi che significa?

Ti faccio un esempio molto semplice: ti ricordi quegli omini che si attaccavano dietro i camion dell'immondizia e che saltellavano giù per caricare i cassoni e poi ripartivano?

Ti ricordi quello sgocciolare di liquidi putridi che lasciavano una scia di odore orribile ed indefinibile?

Immagino di sì.

Ecco, ti sei mai chiesto come potevano mai resistere quei poveri lavoratori a una costante esposizione a quegli odori?

La disosmia.

Il fatto di essere tutti i giorni sottoposti a quegli orribili odori nauseabondi ha fatto resettare il loro cervello al punto che divenissero quasi impercettibili.

Il corpo umano è una macchina complessissima e stupefacente ma questo spesso può mettere a serio rischio.

Ora immaginati tu, all'università o nel tuo laboratorio il primo giorno di lavoro, hai sentito degli odori? Il giorno dopo meno? E poi sempre meno?

Probabilmente anche tu non farai più caso alla presenza o meno di certi odori, pensi siano svaniti magicamente?

Ecco di questo sto parlando.

Il problema ovviamente è che, se sei un operatore di cappe, molto probabilmente manipoli sostanze chimiche un tantino più pericolose che generano dei vapori tossici o potenzialmente tossici che non sono proprio dei semplici odori sgradevoli come quelli di un cassone.

Non voglio spaventarti, solo farti capire per bene una cosa importante, che tutto quello che non si vede e non si sente non è detto che stia facendo bene a te o agli altri.

Ecco perché l'intervento di un'assistenza tecnica esterna che viene a farti le manutenzioni una volta l'anno può anche aiutarti a capire se tutto sta procedendo per il meglio perché si accorgerà subito se ci sono degli odori nell'aria (ovviamente significa che l'ambiente è saturo se si sentono così tanto quindi spero non sia propriamente così).

Il mio consiglio è quello di far arieggiare il laboratorio dove possibile ma soprattutto, tornando alla questione dei carboni, utilizzare i filtri adeguati perché non puoi essere certo che tu ti accorga che le sostanze non vengono trattenute.

Ad ogni modo non preoccuparti, se ti trovi in questa situazione di disosmia, devi fare un reset al tuo cervello prendendoti una sana boccata d'aria in un bosco o al mare.

Ma se poi senti ancora dei forti odori nel tuo laboratorio e continui a viverci giorno dopo giorno, sai già quello che accadrà giusto?

Ricadrai nuovamente nella disosmia e sarai punto e a capo, pensando che tutto stia andando per il verso giusto.

Sicurezza Apparente.

- **LA CAPPA BIOHAZARD** invece è un **Dispositivo di Protezione Collettiva**

perché ti protegge dai rischi biologici che possono scaturire dalle tue lavorazioni e quindi protegge anche la collettività ovviamente.

Lo fa attraverso una barriera frontale di flusso d'aria che permette di inserire le mani all'interno della cappa ma non permette la fuoriuscita di qualsiasi materiale all'esterno.

SE e SOLO SE
l'operatore è consapevole di come deve essere utilizzata una cappa Biohazard ovviamente.

Purtroppo, è brutto dirlo, ma i problemi non derivano soltanto dal malfunzionamento delle cappe, in quanto il grosso dei problemi deriva proprio dall'utilizzo scorretto degli operatori stessi che sono dei professionisti nel loro lavoro, ma non sono dei professionisti nell'uso delle cappe perché nessuno li ha mai formati adeguatamente sull'utilizzo delle stesse.

Ma veniamo a noi...

La cappa Biohazard, è fornita di filtri HEPA o ULPA per la filtrazione del particolato più sottile.

Per capirci stiamo parlando di filtri veramente molto efficienti che trattengono la polvere, veicolo per le forme organiche che vengono trasportate nell'aria e quindi con propagazione di diffusione capillare attraverso ad esempio i canali dell'areazione.

Stiamo parlando di polvere piccolissima, pensa che i filtri HEPA trattengono con un'efficienza di minimo 99,995% le particelle da 0,3micron.

In genere ve ne sono montati almeno 2 chiamati:
1. Filtro HEPA/ULPA Primario
2. Filtro HEPA/ULPA Secondario (espulsione)

Vi sono casi di cappe di tipo H, usate per la manipolazione e preparazione di citotossici e antiblastici che devono montare categoricamente anche dei filtri HEPA/ULPA immediatamente sotto il pianale di aspirazione.

Si, non far finta di non aver letto, se impieghi la tua cappa per preparati chemioterapici, devi usare una cappa Biohazard di tipo H con lo stadio di filtrazione aggiuntivo.

Questi filtri sono **FONDAMENTALI** al fine di preservare la sicurezza del personale dell'assistenza tecnica che interviene per il cambio filtri, infatti i filtri sotto il pianale di più facile estrazione permettono di bloccare il particolato contaminato prima che raggiunga gli altri 2 filtri e soprattutto il vano dei motori aspiratori.

È OBBLIGATORIO PER LEGGE UTILIZZARE CAPPE DI TIPO H CON TRIPLO STADIO DI FILTRAZIONE IN CASO DI PREPARAZIONE DI FARMACI ANTIBLASTICI (In Oncologia o Farmacia ad esempio).

Troverai maggiori informazioni nella sezione delle cappe biohazard se può interessarti.

Ma a questo punto, se ti occupi di preparazione di antitumorali allora forse troverai valide informazioni anche nella parte sottostante relativa agli Isolatori e Glove Box, o i CACI che per l'uso in farmacia ospedaliera sono ancora più efficaci.

- **ISOLATORI e GLOVE BOX**

All'inizio, tra i vari DPC ti ho menzionato anche questi Isolatori appunto, ma non scenderò troppo nel dettaglio perché mi focalizzerò sulle cappe chimiche e biohazard e anche perché sono veramente poche le persone che li utilizzano che probabilmente sanno anche come usarli.

Ad ogni modo non voglio lasciarti con il dubbio e devi sapere che spesso e volentieri nei film dove ci sono diffusioni di virus a livello globale, se fai attenzione, anche tu avrai già visto un isolatore.

Sono quelle cappe totalmente sigillate che non permettono in alcun modo il contatto all'aria interna di incontrare l'aria esterna. Se non erro c'è anche nel film World War Z con Brad Pitt, ma non sono sicurissimo.

Ad ogni modo, sono all'interno di laboratori che hanno particolari esigenze affinché non vi sia possibilità di contatto tra operatore e il contenuto interno di un isolatore

Al loro interno vengono posizionati strumenti o utilizzate sostanze pericolose per l'uomo.

Il contenimento è dovuto da una differenza di pressione (pressione negativa) tra l'interno e l'esterno e ad ogni modo, l'aria in uscita è sempre filtrata prima di essere espulsa.

Hanno sul fronte dei grossi e robusti guanti che permettono quindi l'utilizzo di questi strumenti o l'interazione con le sostanze da manipolare ma senza che l'operatore li possa toccare.

In genere hanno sistemi di guarnizioni doppie e questo fa si che tali guanti possano essere sostituiti quando usurati senza pericolo alcuno.

Gli Isolatori possono essere costruiti in diversi modi anche dal punto di vista della struttura stessa, ad esempio se devono essere utilizzati per manipolare sostanze radioattive vengono dotati di vetri schermati al piombo ed hanno pareti altamente schermate per il contenimento totale di dette radiazioni.

Ma ci sono anche Isolatori che sono costruiti solamente affinché il prodotto all'interno non venga assolutamente contaminato dall'esterno o dall'operatore e questo è possibile grazie a una pressione positiva che non permette quindi che l'aria entri.

Una cosa da dire è che c'è da fare una differenza tra Isolatori e Glove Box in quanto questi Glove Box hanno delle caratteristiche

differenti come ad esempio:
- In genere i Glove Box non hanno un motore di ventilazione dell'aria
- I Glove box sono il più delle volte costruiti in materiale plexiglass

L'unica cosa che hanno in comune i Glove Box con gli isolatori sono dei guanti posti sul fronte come dicevo prima.

- I CACI Compound Aseptic Containment Isolator (Isolatore per composti asettici)

Ormai da qualche anno si sente parlare di questi CACI, ma cosa sono?
Un cliente che mi aveva sentito nominarli molto velocemente tra i dispositivi di protezione collettiva (DPC) mi ha detto:
"che sono questi CACHI???"

A parte gli scherzi, sono stati introdotti per la realizzazione di farmaci antiblastici, infatti qualcuno li utilizza proprio nelle farmacie ospedaliere ad esempio.
Il C.E.T.A. (Controlled Environment Testing Association)
www.cetainternational.org
Ha emanato delle linee guida apposite per tali isolatori da utilizzare nell'ambito della farmacia ospedaliera.

Ma la domanda era, cosa sono questi CACI?
Né più e ne meno che un intreccio tra cabine di massima sicurezza di tipo biohazard in classe 2 con il flusso d'aria quindi che spara direttamente sul piano così da mantenere una sterilità del prodotto e portando la cabina a una classificazione ambientale così detta ISO5 e cabine in classe 3, molto vicini a degli isolatori

veri e propri ma solo di dimensioni molto ridotte e quindi che ne rendono più facile il posizionamento anche in spazi stretti come la farmacia di un ospedale.

Questi CACI vengono sottoposti a una pressione negativa sempre per garantire una protezione totale dell'operatore e dell'ambiente circostante.
Ad ogni modo anche qui ci sono delle sezioni passanti con pressioni differenti (chiamate pass-box) dove gli operatori possono far entrare e uscire il materiale.

- **ARMADI VENTILATI DI SICUREZZA**

Penso che tu sappia cosa sia un armadio, probabilmente ne hai uno anche fuori in balcone o dentro casa dove tieni i vasetti della passata di tua nonna.

Bene, un armadio ventilato di sicurezza non è molto diverso in termini di struttura, infatti presenta delle ante e delle mensole proprio come quello che hai tu.

Unica differenza è che non potrai stoccarci delle sostanze chimiche, tossiche, volatili, nocive, infiammabili ed esplosive sicuramente...

Ma il vasetto della passata di pomodoro, quella si.

Sto scherzando anche se è vero quello che ti ho scritto, la struttura è similare ma ovviamente un armadio ventilato di sicurezza deve rispondere a precise caratteristiche strutturali al fine di poter essere conforme alle normative vigenti.
Devi sapere che la normativa che regolamenta tali armadi è la

EN14470 che danno delle vere e proprie raccomandazioni da rispettare al fine di evitare disastri anche se questo non sempre viene rispettato dai molti.

Ad ogni modo, senza scendere troppo nei dettagli io ti consiglio vivamente di canalizzarli sempre all'esterno.
Si hai capito bene, SEMPRE significa SEMPRE.

Ma Cirillo anche se ho i filtri a carboni attivi all'interno?????

Si ho detto sempre.

E non a caso, infatti è vero che ci sono armadi che presentano dei filtri a carboni attivi ma è altrettanto vero che tali filtri sono praticamente inesistenti.

Sono piccolissimi e hanno una superficie di adsorbimento pressoché nulla quindi se malauguratamente si dovesse spaccare un contenitore o ci dovesse essere un versamento di sostanze chimiche all'interno dell'armadio, il tuo carbone versione Polly Pocket non ti aiuterà a contrastare i vapori che si svilupperanno non credi?

Ecco perché ti ripeto che se possibile, in via preventiva ovviamente, ti consiglio di canalizzare gli armadi sempre all'esterno così sarai in sicurezza qualora dovesse accadere un incidente non trasformandolo così in infortunio.

Adesso ti ho chiarito un pochino meglio le idee spero.
Troverai capitoli dove parlo più approfonditamente dei carboni attivi, del loro potere Adsorbente (e non è un errore, sono proprio adsorbenti)

E molte altre cose interessanti, quindi non ti resta che scoprirlo.

Ad ogni modo sappi che il tuo bel armadietto in legno e mensoline varie non sono da considerarsi assolutamente dei dispositivi di protezione collettiva (DPC) e li puoi usare al massimo per conservare la famosa passata della cara Nonnina e farci due spaghetti a Pranzo.
Magari lontano dalle sostanze infiammabili se usi una bombola del gas ok?

Scusa se ogni tanto ironizzo, vorrei solo passasse il concetto e che non accadessero spiacevoli incidenti.
Perché guarda che accadono molto più frequenti di quanto credi, ma probabilmente i malaugurati che li provocano non possono più raccontarlo.

Adesso come ti dicevo, preferisco tornare sulle **Cappe CHIMICHE** o le **Cappe BIOHAZARD** più di uso comune e non così specifiche come isolatori o caci.
Infatti, vorrei parlarti velocemente di aspetti che spesso vengono sottovalutati
Ad ogni modo, la formazione e l'informazione sono la chiave alla base di tutto.

Spesso si dimentica che a casa ci sono delle persone care che ci aspettano, non trovo sia carino portargli lo schifo del nostro lavoro e contaminare gli ambienti domestici sia chimicamente che biologicamente.

Il più delle volte uccide quello che non si vede e non si sente.

Non dimenticarlo mai.

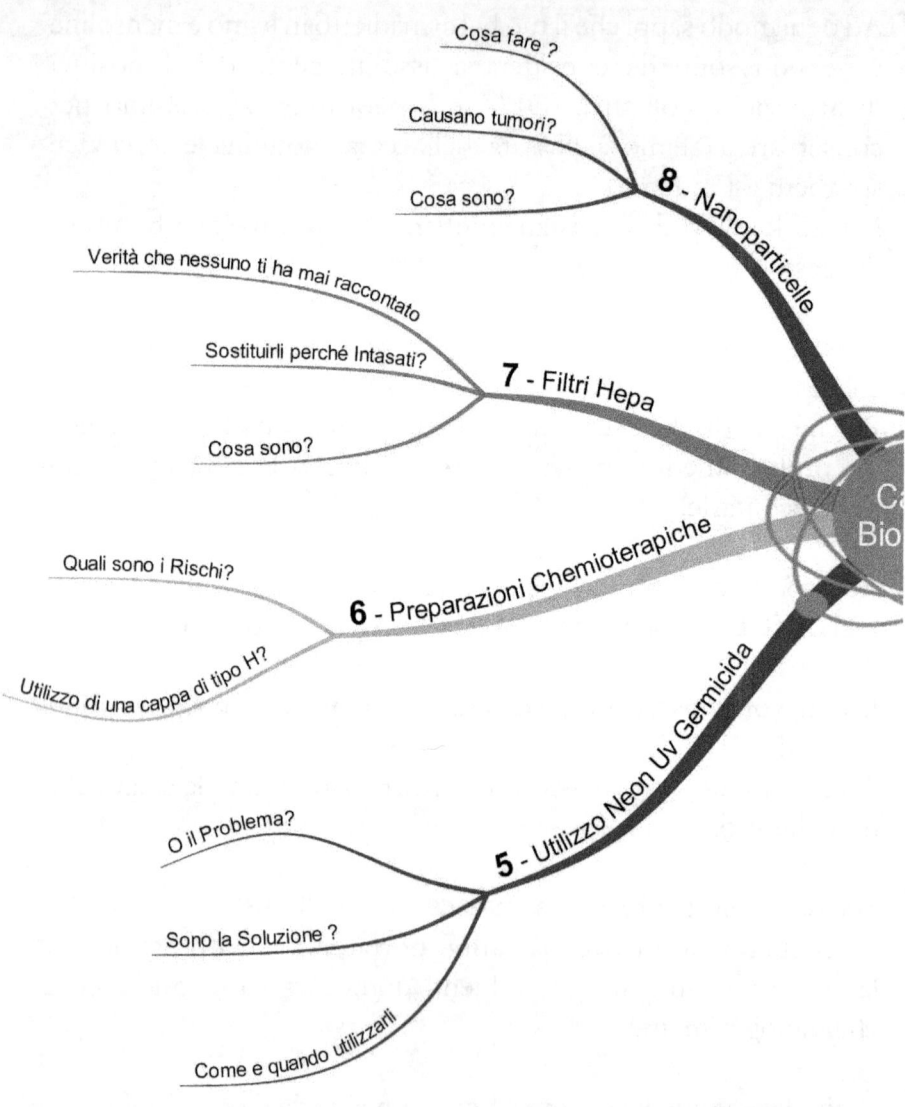

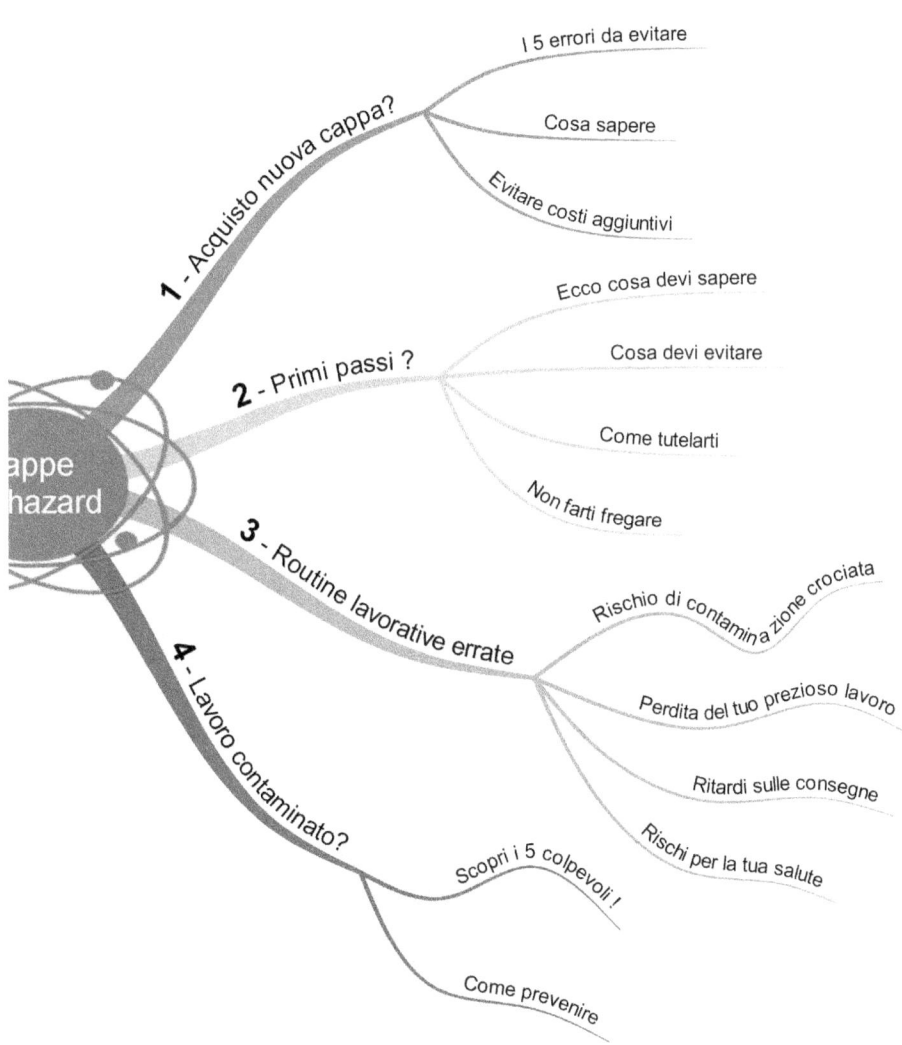

Il capitolo che hai appena letto puoi trovarlo anche online a questo link:

www.chizard.it/6M8RK

Oppure scansiona
il QR-Code qui in basso:

1. Acquisto di una cappa Biohazard? Ecco svelati i 5 errori da evitare che commettono solo i principianti

Ciao, devi procedere all'acquisto di una cappa Biohazard e non sai proprio da dove cominciare?

Se è così allora devo dire che già sei sulla buona strada perché non è da tutti mettersi alla ricerca di informazioni utili prima di fare danni seri spesso anche irreparabili.

Se anche tu come me pensi che ci sia differenza tra l'acquisto di una vettura FIAT o di una FERRARI, allora probabilmente riuscirò a trasmetterti qualche informazione utile ma se pensi che siano la stessa cosa... beh... siamo su due pianeti differenti!

In questo articolo ho deciso di svelare infatti i 5 errori che tutti i principianti commettono nella scelta e nell'acquisto di una cappa Biohazard, il più delle volte per mancata conoscenza di alcune nozioni che, legata alla volontà di spendere il meno possibile, genera un mix devastante.

Allora cosa aspetti, continua a leggere e finalmente potrai uscire dalla massa comune e vedrai che facendo qualche ragionamento con me e piccole considerazioni avrai qualche strumento in più per fare la tua scelta nel modo più appropriato nonché efficace.

Prima di procedere vorrei che tu sapessi una cosa importante, non vendo assolutamente nessun tipo di cappa Biohazard di nessuna marca o casa costruttrice.

Ti ho specificato questo perché non vorrei tu pensassi che in qualche modo io stia tirando l'acqua al mio mulino indirizzandoti sull'acquisto di una cappa piuttosto che un'altra.

Infatti, all'interno non troverai nessun riferimento o link a cappe esistenti e non cercherò di venderti nulla.

Anzi no, per essere corretto, cercherò di venderti il concetto che se non fai le giuste considerazioni sin dall'inizio non potrai mai sperare di mettere grosse toppe più avanti.

Ti riporto quindi di seguito i 5 errori di cui ti parlavo, che poi approfondirò punto per punto così capirai cosa intendo nello specifico e cosa puoi fare per aiutare te stesso o la tua amministrazione nel fare la cosa giusta.

I 5 errori quando si acquista una cappa Biohazard del proprio laboratorio:

1. Errore di mancata analisi preventiva delle esigenze lavorative del personale di laboratorio al fine di tutelare la loro salute nonché il prodotto sotto cappa Biohazard
2. Errore di mancata analisi preventiva del laboratorio stesso dove si pensa di andare a collocare la cappa (importanza estrema)
3. Errore nell'acquisto di una cappa Biohazard più idonea alla lavorazione che si intende fare (il più delle volte scegliendo il prezzo più basso)
4. Errore di non richiedere che la cappa Biohazard, una volta installata, venga nuovamente verificata da un'assistenza tecnica per essere sicuri che stia funzionando
5. Errore diffuso di pensare di avere una garanzia sulla manutenzione e verifica della funzionalità della cappa Biohazard (nessun contratto con assistenza tecnica)

1) Errore di mancata analisi preventiva delle esigenze lavorative del personale di laboratorio al fine di tutelare la loro salute nonché la sterilità del prodotto sotto cappa Biohazard

Eccoti svelato quindi il primissimo errore.
Scontato?

Beh, dovrebbe esserlo ma ti posso assicurare che nella maggioranza dei casi nessuno si sofferma ad analizzare per bene alcuni aspetti.

In linea generale le cappe Biohazard hanno tutte lo stesso principio di funzionamento e con il termine Biohazard si intende precisamente rischio biologico, quindi tale cappa va sempre utilizzata quando la lavorazione dell'operatore ha un rischio biologico per sé stesso.

Queste cappe si definiscono in classe II con protezione operatore e prodotto che in pratica significa una serenità nel manipolare da parte dell'operatore affinché non sia esposto a rischi biologici e una sterilità garantita sul prodotto grazie a un flusso laminare sterile generato sul piano di lavoro da un filtro HEPA.

In genere si presentano con due stadi di filtrazione HEPA prima del ricircolo in ambiente dell'aria filtrata.

Fin qui tutto abbastanza ovvio e tali informazioni sono presenti online in molte forme e documenti che potrai trovare abbastanza facilmente, quello che spesso mi capita di vedere in giro nei laboratori però mi ha fatto capire che chi doveva fare un'analisi preventiva non l'ha fatta nel modo accurato.

Mi spiego meglio. Spesso si trovano cappe Biohazard nei laboratori oncologici dove vengono preparati antiblastici cancerogeni per l'uomo, in questo caso specifico ad esempio, l'acquisto di una cappa Biohazard non è la scelta più corretta o meglio, esistono delle cappe Biohazard di tipo H che hanno i due stadi di filtrazione come le sorelle ma con un'aggiunta di filtrazione HEPA in più direttamente sotto il pianale di lavoro dell'operatore e che sono le cappe corrette da utilizzare per una serie di motivi.

Ho scritto un articolo solo su questa tipologia di cappe per antiblastici che puoi trovare all'interno di questo libro

Un altro aspetto da non sottovalutare è la grandezza della cappa o meglio partire dal numero di operatori che dovranno lavorarci contemporaneamente (anche se io lo sconsiglio perché è già difficile spiegare a un operatore come lavorare al meglio figuriamoci quando si scontrano due modi di lavorare differenti).

Ad ogni modo, in genere accade che viene comprata una cappa troppo piccola per risparmiare o perché gli spazi magari non lo consentono, io consiglio vivamente di prendere sempre una cappa di almeno 120 cm anche se deve lavorare un solo operatore perché lavorare in una cappa da 90 cm comporta una serie di problemi in quanto, per utilizzarla al meglio, l'interno del piano di lavoro cappa andrebbe diviso sempre in 3 zone (potrebbero essere: a sinistra materiale sterile, al centro spazio per manipolare e a destra zona dello sporco).

In una cappa piccola questo non è praticamente possibile e in ogni caso si rischia di lavorare scomodi o di non riuscire a rispettare le zone.

Questa piccola considerazione devi farla sempre quando decidi di acquistare una cappa Biohazard, infatti quello che poi inciderà negativamente sia sulla qualità del prodotto/risultato nonché sulla tua salute sarà il modo di lavorare tuo o dei tuoi collaboratori.

Investire qualche euro in più all'inizio credimi, porterà molti vantaggi in futuro che potrai apprezzare con il tempo e te lo dice uno che non vuole venderti assolutamente nulla, figuriamoci una cappa.

Ma se l'idea è come al solito quella del risparmiare il più possibile facendo finta di non vedere allora non credo che ti interessi questo articolo.

Se invece hai capito quello di cui ti sto parlando e cioè dell'importanza di fare un'analisi preventiva puoi iniziare con il:
- Parlare con gli operatori e farti un'idea di quanti sono e cosa devono fare nello specifico (ti ricordo antiblastici cappe di tipo H)
- Chiedere quanti operatori dovranno lavorare contemporaneamente sotto cappa
- Chiedere dove pensano di far installare la cappa Biohazard
- Analizzare il luogo prescelto al fine di capire se è quello idoneo (lo vedremo più avanti)
- Chiedere agli operatori se già avessero in mente qualche cappa Biohazard e perché

Insomma, dedicando qualche ora a questi aspetti potrai già avere le idee più chiare e andare in una direzione più giusta e non a casaccio.

Ovviamente se tu stesso devi procedere all'acquisto di una cappa Biohazard per te stesso allora potrai velocemente rispondere a queste domande utilissime e fare un'autoanalisi approfondita.

Ti ricordo che il fine ultimo è quello di tutelare l'operatore e la collettività (da cui ne deriva il nome: DPC - dispositivo di protezione collettiva)

Ma adesso passiamo all'errore successivo

2) Errore di mancata analisi preventiva del laboratorio stesso dove si pensa di andare a collocare la cappa Biohazard

Eccoci arrivati alla seconda fase per così dire, quella di un'analisi del laboratorio dove si deciderà di andare a inserire la tua cappa Biohazard.

Le cappe in genere così come tutti i dispositivi di protezione collettiva quali le cappe chimiche vengono tutte certificate, passano dei test rigorosissimi, vengono sottoposte a verifiche di vario tipo ma poi una volta che procederai all'acquisto di una cappa Biohazard ti scontrerai con un'amara realtà: e cioè che quello che funzionava in una bella stanza asettica priva di qualsiasi influenza esterna in realtà da te nel tuo laboratorio non funziona più così bene o meglio potrebbe non funzionare.

Probabilmente anche il tuo laboratorio sarà pieno di strumenti di ogni marca e modello il più delle volte accumulati e comprati nel tempo senza una strategia logica o di fondo che contempli la considerazione di alcuni fattori come temperatura, spazi, immissione aria e via dicendo.

Ecco, sto parlando proprio di questo, devi guardare il tuo laboratorio e scegliere un luogo idoneo dove poter collocare la tua cappa, tenendo in considerazione alcuni aspetti importanti oppure farti aiutare dal venditore (se è in grado) o in alternativa contattando la tua assistenza tecnica di cappe (se ne hai già delle altre in manutenzione).

Ad esempio, un'assistenza tecnica qualificata su cappe chimiche e Biohazard potrebbe seriamente aiutarti in quanto potrebbe fare un sopralluogo funzionale e verificare eventuali flussi d'aria dal punto di vista scientifico e tecnico con smoke test e anemometri. Ovviamente potrebbe avere un costo ma qualche centinaio di euro a fronte di un acquisto di una cappa Biohazard che ne costerà migliaia ti consiglio di spenderli al fine di essere sicuro e avere una vera consulenza prima di buttare i tuoi soldi. Non trovi?

Ma se vuoi fare tutto da solo è giusto che tu sappia alcune cose fondamentali e voglio metterti quindi in condizione di poter procedere all'autoanalisi:
- Percorso idoneo e ampio affinché l'azienda di trasporti riesca a trasportare agevolmente la tua cappa fino al laboratorio (spesso non viene proprio considerato)
- Presenza di una parete della larghezza idonea alla cappa Biohazard da acquistare facendo attenzione a non incastrare la cappa a ridosso di muri
- Presenza di un tavolo idoneo e della giusta dimensione dove poter appoggiare la cappa
- Presenza di eventuali fonti di disturbo come condizionatori, finestre, porte, corridoi, prese d'aria nel soffitto che generino flussi sul fronte della cappa o sopra
- Presenza di un punto di passaggio o apertura armadi che

possano creare correnti d'aria anche minime
- Possibilità di collegare la cappa all'esterno mediante dei canali della larghezza idonea (meglio se sul tetto) in caso di utilizzo dei cancerogeni
- Possibilità di montare anche in futuro box filtri a carboni attivi (nel caso si necessiti dell'abbattimento prima dell'espulsione)
- Calcolo delle eventuali portate di aspirazione aria per sapere se è necessaria un'immissione d'aria esterna (qualora si decida di canalizzarla fuori)
- Verifica di eventuali dislivelli della pavimentazione, perché la cappa deve essere in piano
- Verifica delle altezze necessarie al fine di poter installare la cappa in modo idoneo lasciando il giusto spazio sopra la stessa per l'espulsione dell'aria
- Verifica degli spazi necessari in caso di manutenzione di un'assistenza tecnica di cappe Biohazard al fine di sostituire i filtri HEPA quando necessario
- Previsione futura di eventuale acquisto di una cappa Biohazard ulteriore (se possibile e necessaria) spesso non considerato

Come vedi qualche considerazione si può fare non trovi?

Non scendo nel dettaglio di ognuna altrimenti non ne usciamo vivi, molti di questi punti anche solo leggendoli velocemente riusciranno a farti capire di cosa si tratta e cosa fare, alcuni passaggi hanno in comune il fatto che, in linea di principio, una cappa Biohazard è costruita per proteggere l'operatore da rischi biologici che possano derivare da fuoriuscite indesiderate.

Se e solo se l'operatore e l'ambiente lo permettono.

Intendo il fatto che se l'operatore non ha la ben che minima idea di come deve lavorare sotto una cappa Biohazard perché non ne conosce il funzionamento, non potrà mai ritenersi protetto, perché nell'80% dei casi lui stesso sarà la fonte dei suoi mali.

Inoltre, l'ambiente è fondamentale, bisogna evitare di avere flussi d'aria con correnti che superino i 0,2 m/s (praticamente lo spostamento di una mano) direttamente sul fronte cappa.

È l'unico modo per garantire che poi la cappa funzioni.

In pratica, tornando ai nostri esempi di automobili, anche se ti sei comprato una Ferrari non significa che sei sicuro al 100% di non fare incidenti perché se poi non sai guidarla ti schianterai sicuramente.

Lo stesso dicasi per l'ambiente, mettiamo il caso che hai comprato una Ferrari, che hai fatto un corso sul come guidarla alla perfezione, ma poi ti metti alla guida e non hai considerato il luogo in cui dovrai guidare trovandoti con ghiaccio e neve o dossi e pendenze. Probabilmente qualche problema lo potresti continuare ad avere non credi?

3) Errore nell' acquisto di una cappa Biohazard più idonea alla lavorazione che si intende fare (il più delle volte scegliendo il prezzo più basso)

Altro aspetto da considerare e al quale praticamente nessuno fa caso è la casa costruttrice della cappa Biohazard che si andrà a scegliere.

Sì, hai capito bene, soltanto in Italia ci sono diverse case costruttrici di cappe ma non sono tutte uguali e tutte allo stesso livello come puoi immaginare.

Ti faccio un esempio sulle automobili, magari così ti è più chiaro quello di cui ti sto parlando.

Immagina di comprare appunto una vettura, ne esistono moltissime al mondo e converrai con me che una **FIAT** non è come una **FERRARI** ovviamente per il prezzo ma anche per la qualità e il dettaglio, la sicurezza, la guida, l'assistenza ecc.

Ma anche all'interno della stessa casa FIAT ci sono più modelli di auto e la stessa cosa accade per le cappe.

Il divario tra alcune case costruttrici è veramente alto come nell'esempio che ti ho inserito non a caso, il problema è che non è percepito praticamente da nessuno perché non c'è un risvolto mediatico e una conoscenza così diffusa.

È vero anche che, se ti mettessi davanti due utilitarie di due case costruttrici diverse probabilmente anche in quel caso ti troveresti in difficoltà perché poi i piccoli dettagli farebbero la differenza e non sapresti cosa andare a guardare, l'importante è capire che ci sono delle differenze tutto qui.

Non voglio essere di parte per nessuno in questo blog, mi limito solamente a fare delle considerazioni per aiutarti a ragionare nel modo corretto, spero di averti passato il messaggio che non puoi basarti solo sul prezzo finale nella fase di acquisto di una cappa Biohazard perché, sebbene abbiano principi di funzionamento differenti, poi qualcosa cambierà ovviamente.

Questo non viene percepito praticamente da nessuno, le stesse case costruttrici non lo fanno notare e si fanno la guerra al prezzo più basso ma chi ci rimette poi sei e sarai sempre tu.

Non compreresti mai una Panda super accessoriata così come non compreresti una Ferrari senza ruote e motore, capisco che è difficilissimo per te riuscire ad individuare la cappa giusta, ma comincia a vedere e osservare qualche dettaglio in più e magari la prossima volta che si presenterà un venditore con la sua bella brochure saprai che dovrai analizzarle in fondo e metterle a confronto l'una con l'altra cercando di appuntarti domande sulle differenze che trovi nelle varie descrizioni.

Ho visto che ultimamente abbindolano con alcune cose i clienti ma che poi sono poco funzionali o mai utilizzate.

Concentrati su quello che hai fatto all'inizio, l'analisi del lavoro che dovrai andare a svolgere e pensa al futuro, pensa ad esempio alla semplicità o meno di apertura della cappa per l'assistenza tecnica in caso di cambio filtri.

Devi sapere che ci sono cappe Biohazard in commercio studiate per non essere praticamente mai manutenute.

Nel senso che chi le ha progettate e costruite non si è preoccupato minimamente del seguito e cioè del cambio dei filtri HEPA ad esempio, infatti ci sono cappe che hanno un sistema di complessità estrema per tale sostituzione filtri e bisogna impiegare anche 3 o 4 tecnici contemporaneamente per poterla eseguire.

Ecco perché alcune aziende (poco strutturate) fanno finta di cambiarti i filtri HEPA.

Sì, hai sentito bene, ci sono aziende di assistenza tecnica che letteralmente fanno finta di sostituire i filtri HEPA, mi dispiace denunciare questo perché anche io ho un'assistenza tecnica però è bene che tu sappia a cosa vai incontro.

Anche perché tu stesso rischi di darti la zappa sui piedi in quanto durante la fase di acquisto di una cappa Biohazard, se tieni in considerazione anche questo aspetto, poi risparmierai soldi, tempo e soprattutto eviterai di metterti nella condizione di dover dubitare che un'assistenza cappe ti freghi.

Ora non sono qui a fare nomi e cognomi e non mi interessa, lo so per certo perché in alcuni casi ho perso dei lavori e andando ad analizzare le offerte con il cliente uno dei dettagli (che poi di dettaglio non si tratta) era proprio il fatto che altre agenzie impiegassero 1 o al massimo 2 tecnici per la medesima sostituzione filtri...

Incredibile ma vero!

Quindi o non ci abbiamo mai capito niente noi a mandare 4 persone per certi lavori oppure qualcuno sta giocando sporco, se vuoi approfondire questo argomento ti basterà scaricarti la guida che trovi nella home page come regalo lasciando semplicemente una mail alla quale spedire l'omaggio.

A me interessa solo che le cose si facciano bene e se per farlo devo fare informazione, scrivere articoli e mettere in condizione tutti di potersi difendere, allora è quello che continuerò a fare finché ne avrò la voglia e le forze.

Detto questo avrai capito che ti serve del tempo per scegliere al meglio la soluzione giusta per te (se consigliato da qualcuno senza interessi diretti sarebbe meglio).

4) Errore di non richiedere che la cappa Biohazard, una volta installata, venga nuovamente verificata da un'assistenza tecnica per essere sicuri che stia funzionando correttamente.

Forse perché correttamente si pensa che ognuno debba fare il suo mestiere al meglio e forse si spera che tutto vada sempre per il meglio si dà per scontato che la cappa, una volta trasportata e installata, non abbia subito danni. Il mio consiglio spassionato è quello di richiedere e sottolineare che dopo, l'acquisto di una cappa Biohazard, una volta trasportata e posizionata nel tuo laboratorio, vengano eseguiti tutti quei controlli necessari a verificarne il corretto funzionamento in loco.

Considera che queste voci a volte i costruttori le inseriscono ma poi siccome tu non sei attento o ribadisco dai per scontato il tutto, non verifichi attentamente che i controlli siano eseguiti nuovamente sulla cappa Biohazard dopo il posizionamento.

Capisco che non è il tuo lavoro e tante belle cose ma ricordati perché hai comprato una cappa e perché hai speso tanti soldi.

Per tutelare la tua sicurezza e la qualità del prodotto che lavorerai giusto?

Bene, allora fai un piccolo sforzo in più e, quando stipuli il contratto, richiedi questi controlli dopodiché scaricati la guida che ho realizzato e fai (alle pagine in cui parlo della FASE di controllo delle verifiche da eseguire) quantomeno annualmente la manutenzione da parte di un'assistenza tecnica di cappe perché, sebbene la cappa sia nuova ed sia la prima installazione, le verifiche da eseguire sono pressoché le stesse.

Come si dice, partire nel modo giusto è la cosa migliore oltretutto se la cappa non supera tali prove sarà per te lo spunto per richiedere sin da subito la riparazione o delucidazioni in merito.

ATTENZIONE PERÒ

Una cosa devo dirla,

Il detto (che te la canti e te la suoni?)

In questo caso calza a pennello perché ovviamente il costruttore della cappa che hai acquistato tenderà a risparmiare più possibile, soprattutto se tu l'hai messo all'angolo con richieste di sconti vari. Quindi il mio consiglio sarebbe quello di affidarsi a qualcuno di esterno.

Nel senso che, se la casa madre già si avvale di un'assistenza tecnica indipendente esterna (da te verificabile come competenze specifiche sulle cappe Biohazard) allora in linea di massima va bene, sempre sulla guida che hai scaricato troverai anche la FASE di come verificare che un'assistenza sia valida e certificata sulle cappe.

Se invece la casa costruttrice manda un suo tecnico per fare dette verifiche, pensi che andrà contro gli interessi del proprio datore di lavoro dicendoti che la cappa nel trasporto ha subìto qualche danno?

Non voglio insinuare nulla, ma che ne dici se ti cerchi e trovi un'assistenza esterna super partes che non ci ha guadagnato nulla dalla vendita e che ti appoggi in questo?

Spesso mi sento rispondere che la cappa verrà poi verificata alla scadenza della garanzia. Beh, questo è un vero e proprio errore. La maggior parte delle case costruttrici per collaudo intende attaccare una spina alla presa, è bene che tu lo sappia.

Poi decidi tu il da farsi e in bocca al lupo se decidi di affidarti alla sorte.

5) Errore diffuso di pensare di avere una garanzia sulla manutenzione e verifica della sua funzionalità (Nessun contratto con assistenza tecnica esterna)

Riallacciandomi a quanto riportato sopra al punto 4,

è diffusissimo il pensiero da parte dei clienti di "pensare" che la garanzia a volte citata dai costruttori o venditori di 12 o 24 mesi comprenda praticamente tutto.

Ecco, vorrei sfatare questo mito, nel senso che la garanzia è espressamente su problematiche dovute a problemi eventuali di carattere elettronico, rottura motore o scheda in maniera accidentale e che non possano dipendere in alcun modo dal cliente.

Ma assolutamente non prevede la garanzia sui consumabili come i filtri ad esempio o l'eventuale verifica dell'aspirazione della cappa o dei controlli obbligatori che andrebbero fatti.

In genere soprattutto, chi ha la garanzia di 24 mesi pensa che per 2 anni dall'acquisto non debba fare alcun tipo di verifica e forse solo trascorsi i 24 mesi si preoccuperà di far svolgere tali verifiche obbligatorie.

Questo non è assolutamente così. La cappa, dal momento che viene installata, diventa un vostro problema così come la sicurezza degli operatori è un vostro problema e quindi anche solo semplicemente per la legge 81 (sicurezza sul lavoro) siete obbligati a sincerarvi che la vostra cappa Biohazard stia funzionando correttamente e costantemente tutti i giorni.

Quindi, per semplificare, il messaggio che voglio riportarvi è che dopo aver fatto fare le verifiche subito dopo l'installazione, almeno ogni 12 mesi dall'installazione fatevi controllare la cappa da professionisti del settore, potrai sempre utilizzare la guida che ti ho menzionato a tale scopo, se non sai proprio dove sbattere la testa.

Procurati una tua assistenza tecnica di cappe chimiche valida e possibilmente quanto più vicina a te affinché possa supportarti seriamente e velocemente in caso di bisogno, non capisco quelli che, pur di risparmiare, affidano il lavoro a un 'assistenza che si trova a 800 km dalla propria sede.

Che poi parliamoci chiaro... secondo te, come fa a costare meno di un'assistenza specializzata dietro casa tua?

Lavori in un laboratorio, quindi hai un intelletto tale da capire che non stai pagando per avere il meglio, e così facendo stai giocando con la tua salute.

Spero di averti fatto arrivare qualche messaggio che riassumo qui:
- Fai un'analisi di quali lavori dovrai eseguire nel tuo laboratorio è il punto da cui partire
- Guardati intorno e tenere in considerazione i vari aspetti del tuo laboratorio è importantissimo
- Le cappe non sono tutte uguali così come le macchine non sono uguali
- Tu non sai usare tutti i tipi di cappe così come non sai usare tutte le autovetture
- Ogni laboratorio è differente ed è fondamentale un'analisi così come il guidare in città è differente che guidare sulla neve
- Avere una garanzia su una cappa di 24 mesi non ti mette al riparo da eventuali malfunzionamenti
- Non tutte le assistenze tecniche sono professionali e competenti
- Cercare, scegliere e monitorare la propria assistenza tecnica è cosa buona e giusta
- Fare i controlli sulla propria cappa almeno ogni 12 mesi è obbligatorio ma soprattutto tutela la tua salute

Con questo ti saluto e spero di essere stato utile nel redigere questo articolo relativo all'acquisto di una cappa Biohazard, forse mi sono dilungato un tantino ma di cose da dire ce ne sono un'infinità e vorrei mettere tutti nella condizione di potersela cavare nelle varie situazioni, soprattutto quando si deve procedere all'acquisto di una cappa Biohazard dovendosi confrontare con gli avvoltoi del settore che sguazzano nella disinformazione.

Il capitolo che hai appena letto puoi trovarlo anche online a questo link:

www.chizard.it/521

Oppure scansiona
il QR-Code qui in basso:

2. Primi passi con una cappa Biohazard e non sai cosa fare? Scoprilo subito in questa sezione

C'è sempre una prima volta per tutto,

quindi se ti trovi davanti una cappa Biohazard per la prima volta e nessuno ti ha formato correttamente sul suo utilizzo nel modo appropriato leggi perché potresti avere molte informazioni utili alla tua sicurezza.

Purtroppo, i ragazzi giovani che sono alle prime armi spesso e volentieri vengono sbattuti davanti a una cappa Biohazard senza avere riferimenti validi,

qualche volta ci sono Professori o loro delegati che si prestano a dire loro qualcosa ma questo capita di rado o comunque non viene dato il giusto peso alla preparazione e formazione al corretto utilizzo di questi dispositivi di protezione collettiva (DPC).

Il fatto che un Professore con molta esperienza non si metta vicino a un laureando per insegnargli prima di tutto come si utilizza una cappa da laboratorio come ad esempio una cappa Biohazard non sempre è un male...

Sì, perché dipende da quali conoscenze ha questo professore.

Immagina che vuoi imparare a guidare una macchina e ad

insegnarti è una persona con queste caratteristiche:
- molto più grande di te
- con molta più esperienza di te
- che ha sempre insegnato agli altri come guidare

Beh, sembrano tutte buone credenziali per affidare la propria vita e istruzione a una persona del genere. In realtà non è assolutamente così perché la stessa persona con tali caratteristiche potrebbe anche:
- Essere autodidatta
- Aver fatto un sacco di incidenti
- Aver guidato solo una macchina che non è neanche come la tua
- Aver dato sempre notizie sbagliate alle persone (che essendo alle prime armi non potevano valutarne l'autenticità)
- Essere lui stesso insicuro
- Essere lui stesso a rischio ogni volta che si mette alla guida

Hai capito il senso del discorso?

Non voglio dire che non bisogna fidarsi delle persone che vogliono insegnarci qualcosa, ma dobbiamo saper essere dei bravi osservatori molto critici se serve e farci le giuste domande alle quali vanno date sempre delle risposte.

Ora voglio catapultarti nel tuo mondo il mondo delle cappe Biohazard, il mondo dei dispositivi di protezione collettiva che dovrebbero salvaguardare te e tutti quelli che ti circondano e invece troppo spesso non è così.

Proprio per quanto scritto sopra, gli insegnanti che dovrebbero aiutarti ad avere il giusto approccio al mondo nel quale hai deciso di entrare a far parte, sono gli stessi che non sanno minimamente cosa sia una cappa Biohazard.

Ovviamente sanno che c'è l'obbligo di utilizzarla e che a qualcosa serva, ma poi non si sono mai fermati ad approfondirne realmente il funzionamento e quali sono le accortezze da avere assolutamente prima / durante e dopo l'utilizzo.

Spesso stiamo parlando di persone:
- molto colte
- che hanno fatto una carriera brillante
- scritto libri
- che insegnano all'università da sempre
- che del loro lavoro specifico ne sanno eccome

Ma perché spesso non possono aiutarti con il corretto utilizzo della tua cappa Biohazard?

Perché purtroppo non hanno l'umiltà di dire che **"NON SANNO QUALCOSA"**

devono per forza far credere che sanno tutto...

Questo purtroppo è un problema diffuso, nella nostra società non c'è umiltà e le persone, per **PAURA** di sembrare ignoranti, vogliono far credere di saper fare tutto.

Possibile che sia così difficile?

Sì, pensaci e vedrai che mi darai ragione.

Sinceramente io sono dell'idea che se non so fare una cosa, lo dico e basta e chissà come mai i miei clienti apprezzano sempre la mia onestà. Spesso mi capita di avere richieste per cose che differiscono dal mio lavoro nel quale sono un professionista e in genere spiego ai miei clienti che hanno due strade:
1. la prima è di rivolgersi a qualcuno che è specializzato per quella cosa specifica
2. la seconda strada potrebbe essere quella di cercare insieme qualcuno che sia specializzato per quella cosa specifica

Come vedi...

non ho messo la terza opzione che molti hanno nel cassetto: *"invento e arranco a casaccio e che Dio me la mandi buona"* perché non mi prendo in carico lavori che non sono in grado di portare a termine o meglio, che non posso portare a termine nel migliore dei modi con la garanzia per il mio cliente che tutto sia perfettamente in linea con le sue richieste oltre che a norma ovviamente.

Perché ti dico questo?

Perché i Professoroni o chi è stato designato per la formazione di nuovi ragazzi e futuri insegnanti nonché ricercatori ha due alternative:
1. farsi da parte e chiedere a qualcuno esperto di trovare un'azienda specializzata che lo aiuti con la sua cappa Biohazard
2. mettersi in prima linea, studiare e capire come e dove trovare un'azienda specializzata per la sua cappa Biohazard

Anche in questo caso non ho scritto l'opzione: *"invento e arranco a casaccio e che Dio me la mandi buona"*.

Quindi, caro il mio lettore, con questa premessa non voglio dirti che non hai punti di riferimento, ma fai attenzione a chi hai difronte.

Ora mi dirai: "ma come faccio io a saperne più del mio professore su una cappa Biohazard che vedo per la prima volta?".

Bene. Qui entro in gioco io.

Non voglio passare per l'esperto che sa tutto e che risolverà tutti i tuoi problemi perché non lo sono affatto, ho ancora moltissimo da imparare e tutti i giorni mi dedico a questo, ma intanto qualcosina posso dirtela, qualche dubbio togliertelo e qualche consiglio utile sicuramente riuscirai ad ottenerlo.

Quindi: cosa fare quando si muovono i primi passi con una cappa Biohazard?

Direi che, con una veloce Check list (che ti consiglio di stampare e utilizzare sin da subito) posso darti un'indicazione su come muoverti al meglio prima di iniziare ad utilizzare una cappa Biohazard:

1. Identifica che sia realmente una cappa Biohazard
2. Sincerati che non vi siano fonti di disturbo esterne
3. Accendi la cappa Biohazard prima di ogni cosa (non è ancora pronta per l'utilizzo)
4. Verifica che la cappa Biohazard sia pulita e disinfettata prima dell'utilizzo
5. Verifica che la cappa Biohazard stia funzionando

    correttamente prima di usarla
6. Usa la tua cappa Biohazard nel modo corretto

(1) Identifica che sia realmente una cappa Biohazard

Sembra una banalità ma non lo è perché una persona che non ha mai visto una cappa intanto non sa minimamente la differenza tra una cappa chimica e una cappa a flusso laminare, quindi figuriamoci capire se una cappa a flusso laminare è una cappa Biohazard oppure una semplice cappa biologica che non tutela l'operatore.

In genere lo capisci subito dal fatto che il costruttore ha applicato un grosso adesivo giallo proprio con la scritta Biohazard sul fronte della tua cappa, ma per cappe molto vecchie potrebbe essere scolorito oppure mancante e quindi ti consiglio di verificare se vi è un'etichetta sul lato destro o sinistro della tua cappa sul quale in genere vengono riportate molte informazioni e devi leggere che vi sia scritto classe II.

In ultimo cerca il manuale della tua cappa e inizia a leggerlo e studiarlo, non ho scritto "sfogliarlo" appositamente, quindi leggi le indicazioni del costruttore sospendendo il giudizio perché non tutti i costruttori scrivono troppo bene le indicazioni corrette sull'utilizzo.

Non sgranare gli occhi, purtroppo è così. Alcuni costruttori scopiazzano le informazioni di altri, ma soprattutto non scendono in campo al fianco degli operatori, non sono presenti quando ci sono i problemi e non hanno la ben che minima idea di come gli operatori "autodidatti" risolvano.

Ma non sei ancora troppo convinto e quindi vuoi vedere qualche dettaglio tecnico per essere sicuro che sia una cappa Biohazard? Quindi ti direi di vedere se sul piano in acciaio hai delle feritoie che servono a far entrare l'aria e magari se ti abbassi un pochino riesci a vedere un filtro HEPA subito sopra il piano di colore bianco.

Attenzione, questo può essere forviante perché alcune volte dei costruttori mettono dei pannelli metallici a copertura dei filtri Hepa, per evitare che possano essere colpiti durante le lavorazioni ad esempio.

In questo caso non potrai vedere il filtro Hepa purtroppo ma se, accendendo la tua cappa e inserendo una mano senti dell'aria che esce probabilmente il flusso d'aria è proprio in uscita da un filtro Hepa verso il piano di lavoro.

Diciamo che ci sono molte altre cose da vedere, ma se sei veramente scettico che sia una cappa Biohazard puoi metterti su internet e inserendo il costruttore e modello potresti trovare la foto della tua cappa e leggere i dettagli tecnici dove dovrà essere chiaramente riportato che è una cappa Biohazard da qualche parte.

Non fidarti di siti a casaccio o aziende che inseriscono foto di dubbia provenienza, troppo spesso mi è capitato di vedere associazioni di descrizioni errate a immagini non corrette.

Anche su Wikipedia stessa ho segnalato delle inesattezze perché avevano inserito delle diciture sbagliate associandole a immagini assolutamente non in linea con quanto descritto.

(2) Sincerati che non vi siano fonti di disturbo esterne

È importante che la tua cappa sia posizionata in modo idoneo, anche in questo caso spesso si dà per scontato che i tuoi predecessori abbiano fatto le cose a regola d'arte e invece non è per niente così.

Spesso vengono posizionate le cappe Biohazard o cappe da laboratorio secondo come è più conveniente in termini di spazio del laboratorio che si ha, ritrovandosi ad essere vincolati con barriere strutturali che ci si trova come muri, pareti, mobili e via dicendo.

Quindi non dare per scontato che la tua cappa sia posizionata al meglio, sul manuale ci sono quasi sempre delle indicazioni su come posizionare una cappa in un laboratorio per evitare interferenze ma non sempre vengono rispettate.

Ci sono anche indicazioni su eventuali canali di espulsione e spesso si trovano disegni illustrativi che fanno capire qualche cosa di più.

Ora, non voglio dire che ti devi mettere a spostare la cappa, anche perché da solo non potresti mai e perché sono manovre delicate da far fare a degli esperti in quanto i filtri HEPA che sono all'interno si potrebbero rompere con danni irreparabili per la sterilità della tua cappa e la tua sicurezza.

Se la devi semplicemente traslare lì vicino per ovviare a un passaggio nella stanza o correnti di disturbo come condizionatori o altro, potresti anche pensare di farlo, in genere però pesano dai 200 ai 350 kg quindi fai attenzione.

Poi il mio consiglio ovviamente è quello di farlo fare a chi di queste cose ne capisce, io non penserei mai di farmi delle analisi del sangue da solo anche se possedessi il set completo del piccolo chimico.

Invece puoi sicuramente avere degli accorgimenti quotidiani che ti tutelino come ad esempio:
- Chiudi porte e finestre nelle vicinanze
- Evita di sparare il tuo condizionatore a missile sul fronte della tua cappa
- Chiedi ai tuoi collaboratori di evitare nel limite del possibile di passare vicino a te mentre manipoli
- Evita tu stesso di essere la causa dei tuoi mali accendendo il tuo piccolo ventilatore nuovo di zecca perché senti caldo
- Evita di muovere le mani troppo velocemente nella cappa quando lavori

(3) Accendi la cappa Biohazard prima di ogni cosa (non è ancora pronta per l'utilizzo)

Adesso è arrivato il momento di accendere la cappa, che non significa utilizzarla devi ancora considerarla potenzialmente a rischio anzi, considerala sempre a rischio e non sbaglia mai.

Per accenderla non esiste una procedura standard perché esistono centinaia di modelli differenti quindi ti consiglio di ritornare al manuale che avresti già avuto avere sin dall'inizio, in assenza del manuale della tua cappa Biohazard, chiedi ai tuoi colleghi come loro di solito accendono la stessa. Potrebbe essere necessaria una password, girare una chiave, schiacciare dei pulsanti specifici.

Purtroppo, non posso esserti troppo di aiuto non sapendo di quale cappa stiamo parlando ovviamente, ma confido che quantomeno accenderla non sarà un grosso problema a meno che non sia la prima volta per tutti e allora chiedi al venditore della cappa stessa.

In ogni caso dovrai fare solo attenzione che il vetro frontale non sia scheggiato, che la luce si accenda e che il motore stia funzionando (poi ti dirò come verificare se stia funzionando bene o no).

(4) Verifica che la cappa sia pulita e disinfettata prima dell'utilizzo

È importante che ti assicuri che l'interno della tua cappa Biohazard sia stato pulito correttamente, anche se ti sembra pulito all'apparenza perché quella superficie metallica luccica. Per pulito intendo che sia stato decontaminato realmente.

Spesso si confonde la pulizia di una cappa come per la pulizia di un lavandino di casa, ti consiglio quindi di munirti di un disinfettante idoneo efficace (noi usiamo e consigliamo l'Umonium[38] Medical Spray perché atossico e non corrosivo ma soprattutto distrugge i microrganismi che è una bellezza).

Non voglio dirti di utilizzare questo disinfettante.

Anzi si, voglio dirti proprio questo, si perché negli anni ho validato oltre 15000 cappe e il nostro sistema cappa sicura prevede anche la pulizia e disinfezione di tutte le superfici con campionamento mediante tampone e ti posso assicurare che grazie a questo prodotto, le migliaia di analisi hanno dato sempre esito negativo in termini di assenza totale di UFC.

Quindi: perché lasciarti sperimentare altri prodotti o disinfettanti invano sulla tua pelle?

Ti do sin da subito la soluzione più efficace, probabilmente non quella più economica. In alternativa come versione low cost per pulire puoi usare dell'alcol, non avrai la stessa efficacia ma almeno è meglio di niente, che dire. Ritengo però che una cappa sterile debba rimanere tale, altrimenti non avrebbe senso lavorarci e aver speso anche 10.000 euro per comprarla (ma poi il nome "cappa sterile" avrà pure una valenza, ti pare?).

Quindi indossa i tuoi dispositivi di protezione individuale come guanti, camice protettivo e occhiali e procedi alla disinfezione della tua cappa sia sul pianale che sotto il pianale alzando le lastre di acciaio con molta attenzione perché a volte possono tagliare.

Occhio anche al sotto, potresti trovare di tutto... anche degli aghi dei tuoi colleghi molto distratti, purtroppo.

La cappa, durante la pulizia/disinfezione deve essere accesa così da farla asciugare prima e affinché i flussi inizino a stabilizzarsi.

In questa fase potrebbe andare in allarme acustico e sonoro ma è normale, perché stai muovendo l'aria in modo veloce, quindi non preoccuparti.

(5) Verifica che la cappa Biohazard stia funzionando correttamente prima di usarla

Ti consiglio di lasciare la cappa accesa per 15/20 minuti almeno al termine della tua pulizia affinché i flussi si stabilizzino.

Infatti, la tua cappa Biohazard dovrebbe avere un piano forellinato in acciaio e tutti quei buchetti servono per permettere ai flussi laminari verticali di uscire dal filtro HEPA principale posto sopra il piano e andarsi ad incanalare proprio in quei forellini.

Capisci ora perché devi aspettare che si stabilizzi il tutto?

Andando a muovere le braccia velocemente per pulire la tua cappa hai alterato questi filetti che sono delicatissimi e sensibilissimi, non a caso all'inizio ti ho detto di sincerarti che non vi siano elementi di disturbo esterni, proprio perché potrebbero essere alterati anche questi filetti di aria compromettendo la sterilità della cappa Biohazard, del tuo lavoro e della tua sicurezza.

Come fai a verificare che la cappa stia funzionando correttamente?

Prendi una garza e portala vicino al fronte cappa, se viene aspirata dalle griglie in basso di ripresa dell'aria significa che sicuramente sta aspirando. Ora la stessa garza portala sulla parte alta a filo del vetro e dovresti vedere che la garza viene aspirata verso l'interno.

Non lasciare mai la garza perché potrebbe essere aspirata dal motore (spesso troviamo molte garze nei motori, soprattutto i filamenti delle stesse e dei camici degli operatori).

Ovviamente questa è una pura indicazione, giusto per capire

che il motore stia quantomeno facendo il suo lavoro, questo per capire se la cosiddetta barriera frontale ci sia.

Le cappe più recenti sono tutte dotate di display sul fronte che dovrebbe indicarti la velocità media del flusso interno in uscita dal filtro HEPA che in genere oscilla tra i 0,36 m/s e i 0,54m/s valori riferiti alla normativa attuale sulle cappe Biohazard. Diciamo che l'ideale sarebbe 0,45 m/s, ma l'importante è stare in quel range che ti ho scritto.

Non hai modo di verificare che l'indicazione della tua cappa sia realmente corretto e che tutto stia funzionando perfettamente con le tue sole forze quindi non scervellarti più di tanto.

Esistono infatti aziende certificate, qualificate che mediante operatori esperti e l'utilizzo di strumentazioni scientifiche di precisione possono verificare questo al posto tuo e calibrarti la tua cappa all'occorrenza.

Ovviamente questo è anche obbligatorio per legge, ma aldilà di questo ti consiglio vivamente di far controllare la tua cappa Biohazard almeno una volta l'anno da chi lo fa per professione.

Ricordi quando ti ho fatto il paragone di chi vuole imparare a guidare una macchina? Bene, questo è il caso di imparare ad usare una cappa seguendo indicazioni di professionisti e di imparare che la cappa Biohazard va manutenuta da aziende specializzate e non con il fai da te proprio come fai già con la tua macchina che porti dal meccanico che dovrebbe essere specializzato nel tuo modello di macchina.

(6) Usa la tua cappa Biohazard nel modo corretto

Cosa intendo?

Da recenti indagini e interviste abbiamo accertato che la causa principale che incide per l'80% sulle problematiche che si possono avere su una cappa Biohazard deriva dall'errore umano.

Si hai letto bene...

Tu stesso sei e sarai la fonte dei tuoi guai se non capisci che devi avere degli accorgimenti quando usi una cappa così importante.

Quindi puoi incominciare evitando questi errori comuni:
- Evita di rischiare la tua sicurezza non indossando i KIT DPI
- Evita di portare contaminazione dall'esterno utilizzando la tua sputacchiera personale (il cellulare)
- Evita di muovere le braccia troppo velocemente durante le manipolazioni
- Evita di tappare tutto il tuo piano forellinato di fogli di carta o teli (per quello che ti ho detto prima)
- Evita di introdurre sostanze chimiche in una cappa Biohazard che non ti protegge dai vapori
- Evita di lavorare in ambiente sporco e nel caso pulisci se versi qualcosa prima di continuare
- Evita di accenderti il tuo ventilatore personale
- Evita di sparare l'aria del condizionamento direttamente sulla cappa
- Evita di creare escursioni termiche che superino gli 8 C° tra l'interno ed esterno della cappa Biohazard
- Evita di far aspirare garze o altro alla cappa con rischio di rotture motore o altro

- Evita di riempire la tua cappa come un deposito di stoccaggio durante le manipolazioni
- Evita di usare il becco Bunsen, il calore crea vortici e scompensi ai flussi
- Evita di accendere gli UV durante le lavorazioni o in tua vicinanza (dovrebbero non accendersi già di loro)
- Evita di prendere per buono tutto quello che ti dicono gli altri (sincerati delle informazioni che ti danno)
- Evita di dire bugie, se fai un danno avvisa subito chi di dovere e non cercare una tua soluzione
- Evita di alterare la tua cappa Biohazard in qualsiasi modo possibile
- Evita di introdurre grosse strumentazioni che occludono il piano e che escono dalla cappa
- Evita di lasciare la cappa sporca al termine dei lavori
- Evita di farti male avendo la necessaria accortezza

Infine, al termine del tuo lavoro e prima di spegnerla definitivamente devi pulirla e disinfettarla come detto prima e lasciarla accesa ancora 10 minuti affinché si pulisca dalle particelle che hai provocato nel lavorare sotto cappa.

Ora puoi spegnerla, chiuderla sempre con il pannello frontale in acciaio e guarnizioni per evitare che si sporchi nuovamente con tutta la polvere che hai nel laboratorio e se vuoi accendere i neon UV.

Ti ho scritto **"se vuoi accendere i neon UV"** perché ci sono molte cose che dovresti sapere sull'utilizzo dei neon UV in una cappa Biohazard, nel caso volessi approfondire ti consiglio di leggere la parte in cui parlo proprio di questi Neon UV e loro reale efficacia.

Quello che ti ho appena riportato è il succo di anni e anni di interventi sulle cappe Biohazard e dopo aver parlato con i clienti direttamente che hanno deciso di dirci quali fossero le loro procedure di utilizzo

così che potessimo analizzarle nel dettaglio.

Spero ti siano veramente utili, **NON TROVERAI** queste indicazioni in **NESSUN** manuale o sito internet, le informazioni contenute in questi articoli sono il frutto di anni di esperienza condensata in piccole gocce scritte nel modo più diretto possibile senza paroloni strani e dettagli tecnici che vanno solo a riempire la bocca di chi ne sa veramente poco di cappe e del loro funzionamento.

Adesso ho bisogno anche del tuo aiuto, se hai trovato interessanti queste informazioni potrebbero esserle anche per molti altri come te che sono alle prime armi e che vogliono imparare iniziando nel modo giusto.

Quindi diffondile, ti autorizzo anche a fotocopiare il libro, spargi le mie informazioni tra i tuoi colleghi invitandoli anche a scaricarsi direttamente dal mio blog gli articoli gratuitamente. Il mio obiettivo, se non sono stato chiaro fino a qui lo ribadisco, è principalmente quello di proteggere la salute di coloro che lavorano sulle cappe a contatto con sostanze tossiche.

Il capitolo che hai appena letto puoi trovarlo anche online a questo link:

www.chizard.it/284

Oppure scansiona
il QR-Code qui in basso:

3. Routine lavorative errate rischiano l'aumento della contaminazione crociata

Ti capita di usare più volte una bottiglietta di plastica per la tua acqua? Sapevi che il rischio di contaminazione crociata batterica è altissimo?

In questo articolo scoprirai qualcosa che forse non sapevi sulle bottigliette di acqua di uso comune, o magari si.

Quello che sono sicuro invece che non sai bene è il rischio di contaminazione crociata che puoi avere nella tua cappa Biohazard.

Quindi continua a leggere e potrai avere delle risposte interessanti ed utili consigli per l'utilizzo in sicurezza della tua cappa da laboratorio nella tua routine giornaliera.

Tanto per cominciare vorrei raccontarti una cosa che mi è accaduta. Poco tempo fa mi sono imbattuto in un articolo che parlava di riciclaggio di plastica, in sintesi diceva che in commercio esistono moltissime tipologie di plastica e che l'una non può essere riciclata con l'altra perché di diversa composizione.

Scopro quindi che, per ovviare a questo problema, hanno inserito delle sigle direttamente sulle confezioni di plastica il più delle volte nella parte inferiore di esse, per permettere alle persone di dividere la plastica più facilmente per permetterne il riciclo.

Nel fare qualche ricerca, scopro però che tali plastiche usate generalmente per il confezionamento anche di cibi e bevande, possono essere la causa di rischi di contaminazione batterica e possono anche rilasciare sostanze tossiche.

Infatti, non so se lo sapevi ma il simbolo più usato ad esempio per l'acqua è il PET (1) abbreviativo di ***polietilene tereftalato***, il suo uso commerciale è il più diffuso perché più leggero e flessibile degli altri.

Più che altro mi sono soffermato su moltissimi documenti che indicano tale materiale come puro usa e getta e da non riutilizzare assolutamente in quanto può rilasciare delle sostanze tossiche nel liquido che andremo a bere che interferiscono con il sistema endocrino.

Se cerchi su internet troverai moltissime informazioni su queste bottiglie e sulla loro composizione che non starò qui a riportarti perché sinceramente non ha senso fare il copia e incolla come fanno molti.

Cercavo solo di attirare la tua attenzione e perché no, passarti un'informazione utile per te e la tua famiglia.

Io stesso a casa dopo aver letto svariati articoli a riguardo mi sono andato a guardare i simboli sotto le bottigliette sparse per casa e ho scoperto purtroppo che ovviamente erano tutte con il simbolo PET 1

Purtroppo, queste bottiglie giravano per casa perché le usavano e riutilizzavano i miei figli; sono quelle cose che passano inosservate ma che possono essere dannose se non si fa un po' di attenzione.

Spero di averti dato un'informazione utile e se già lo sapevi meglio così, una persona in meno che si avvelena gratuitamente e con le proprie mani.

Ad ogni modo, la mia attenzione sul rischio di contaminazione batterica era lecita in quanto, mi capita spessissimo di trovare operatori di cappe da laboratorio che utilizzano bottigliette di acqua in prossimità della cappa stessa.

Questo è sconsigliatissimo in quanto sia cibi che bevande dovrebbero essere ben lontani dal luogo di lavoro, soprattutto all'interno di un laboratorio che magari manipola sostanze chimiche o peggio sostanze biologiche e Biohazard.

Spesso si parla di contaminazione crociata sotto cappa Biohazard, una contaminazione appunto che presenta cause di diverso tipo e fonti diverse di provenienza.

Il più delle volte tale contaminazione crociata deriva proprio dalla noncuranza degli operatori che sono un po' blandi sotto certi aspetti e contaminano loro stessi il proprio lavoro.

Purtroppo, quello che non si vede nell'immediatezza è difficile da riuscire a contrastare e passa inosservato come le bottiglie che giravano per casa mia.

A volte siamo tutti talmente concentrati sul nostro lavoro e su quello che dobbiamo fare che ci perdiamo passaggi importanti e dettagli che potrebbero fare la differenza. Ormai lavoriamo con uno stress continuo sul posto di lavoro che causa molti rischi e spesso vittime.

Nel caso delle cappe da laboratorio, mi sono reso conto che gli operatori non pensano assolutamente al rischio di contaminazione crociata, perché fanno cose che non farebbero se i rischi fossero a loro ben chiari.

Ad esempio giusto per citarne qualcuna:
1. Telefono Cellulare
2. Secchio materiale di scarto
3. L'assistenza tecnica degli incubatori da laboratorio
4. L'assistenza tecnica delle cappe da laboratorio

1) Il telefono cellulare,

rischia di essere fonte di contaminazione crociata poiché dopo averlo usato viene appoggiato sul piano della cappa. Il telefono è una delle fonti di contaminazione batterica più alta in assoluto, è praticamente il ricettacolo preferito dai batteri perché viene messo vicino alla bocca continuamente diventando così una specie di sputacchiera ambulante.

A volte prestiamo anche il nostro telefono ad altre persone, lo appoggiamo nei posti più disparati e avendo la torcia lo usiamo anche per illuminare posti bui e sporchi di ogni tipo.

Se ci pensi non ti fa un po' schifo?

Immagina quindi che il tuo telefono poi è una delle potenziali cause che porta alla perdita del tuo lavoro in quanto va a contaminare non solo il piano cappa ma potrebbe contaminare il risultato stesso del tuo lavoro.

Ma la cosa più grave è che spesso viene dato in mano ai nostri figli. Fai attenzione perché non ti sto indicando dati a caso quando ti dico che i telefoni cellulari sono uno dei veicoli di trasmissione malattie più potente che ci sia oggi.

Charles P. Gerba è un microbiologo ambientale, conosciuto a livello internazionale e professore di Environmental Microbiology nei Dipartimenti di Microbiologia e Immunologia, presso la University of Arizona. Meglio conosciuto al pubblico internazionale come Dr. Germ.

Lui conduce moltissimi test proprio su questo genere di oggetti di uso comune e alla fine dei suoi studi, il risultato sconcertante è che un cellulare rischia di essere più sporco di una tavoletta di un bagno.

Si, fa un po' schifo ma è così purtroppo, anche io ho fatto la tua stessa espressione quando l'ho letto ma poi mi sono documentato e invito te a fare altrettanto.

Quindi userai ancora il tuo cellulare appoggiandolo dentro la tua cappa Biohazard?

Immagino di no. Bene, allora ho raggiunto il mio scopo.

2) Secchio per il materiale di scarto,

rischia di essere fonte di contaminazione crociata dovuta agli scarti generati sotto cappa contaminati biologicamente, infatti la prassi in uso che ho visto adottare è quella di portare fuori cappa il materiale contaminato e buttarlo in un secchio adiacente alla cappa fino al termine del lavoro dove poi viene chiuso (nella migliore delle ipotesi).

Questo mette a rischio non solo l'operatore ma tutto l'ambiente circostante perché non ci può essere protezione avendo il secchio esterno alla cappa.

Quindi in questo caso il consiglio è quello di lavorare avendo già un secchio dentro la cappa sul lato destro ad esempio, lavorare sempre al centro della cappa che è la zona pulita dal flusso laminare e gli scarti buttarli nel secchio a destra che verrà sempre isolato dal flusso d'aria generato dal filtro HEPA.

Sulla sinistra invece della cappa si può usare lo spazio per tenere il materiale sterile che servirà usare durante le lavorazioni.

Al termine del lavoro poi potete chiudere il secchiello e toglierlo dalla cappa così da evitare potenziali contaminazioni esterne di cose e superfici.

Ecco che con una piccola modifica alla routine giornaliera potrebbe abbattere di molto il rischio di contaminazioni crociate.

3) L'assistenza tecnica degli incubatori di laboratorio

In genere, quando si rompe un incubatore si chiama l'assistenza tecnica ovviamente, anche se deve essere fatta una manutenzione e magari interviene un'assistenza molto brava che in poco tempo mi ripristina il tutto, che mi fa tutte le verifiche come si deve ecc. ecc.

Ma caro operatore, ti invito a esaminare un altro aspetto fondamentale: i tecnici che intervengono molto probabilmente sono puri tecnici e spesso non vengono né formati né sensibilizzati dal punto di vista della sicurezza o meglio dei rischi chimici e biologici.

Ti posso assicurare che questi aspetti non sono scontatissimi e che ancora oggi si fa molta fatica a condividerli e farli capire. E invece proprio i tecnici con i loro bei cacciaviti sono il veicolo di trasporto dei batteri e virus di altri laboratori che inevitabilmente verranno a far visita anche nel tuo.

Ormai per noi ormai è una prassi obbligatoria, quando ci segnalano problemi di contaminazione crociata dentro una cappa che non riescono a debellare, intervenire prima di tutto sugli incubatori che riscontriamo "sempre" non essere sterili.

Credimi, eseguiamo sempre un campionamento biologico a mezzo di tamponi per accertarci di questo e ormai è scontato il risultato.

Ci siamo quindi domandati il perché, e ti ho già risposto sopra, la maggior parte degli incubatori sono la principale fonte dei tuoi problemi ma la causa di tutto ciò potrebbe venire proprio dalla tua assistenza tecnica.

Quindi adesso ti starai chiedendo: cosa posso fare?

Semplice, accertati che oltre ad essere bravi tecnici siano anche sensibili su tali materie, assicurati che utilizzino sempre dei camici di lavoro usa e getta sterili, assicurati che disinfettino gli attrezzi prima del lavoro o al termine o comunque chiedi se sanno di cosa stai parlando.

Purtroppo, sono convinto che non avrai delle risposte rassicuranti e probabilmente loro stessi si mettono a rischio tutti i giorni ignari di quello che fanno e contaminano poi le loro famiglie quando tornano a casa.

È qualcosa che dovrebbe partire dal datore di lavoro che se poi coincide con il tecnico che interviene allora penserà solo al risparmio ma così facendo ti metterà in difficoltà.

Ma non demordere, io dico sempre che la cosa più sbagliata che si può fare è rimandare a qualcuno la soluzione dei propri problemi quindi per risolvere il rischio di contaminazione crociata ti consiglio nuovamente di munirti di un buon **disinfettante**.

Io il più delle volte regalo ai miei clienti l'**Umonium 38** perché è fenomenale da tutti i punti di vista in quanto non corrode o attacca le superfici, è atossico per l'uomo e in più è veramente efficace su virus, batteri, funghi e spore.

Quindi al termine dell'intervento tecnico di riparazione, se non viene fatto dal tecnico, occupati tu stesso di eseguire una disinfezione approfondita dell'interno e dell'esterno dello strumento in questione prima di rimetterlo in funzione e a contatto con il tuo lavoro.

Ovviamente noi usiamo anche strumenti professionali come la vaporizzazione di tale disinfettante che ci permette di arrivare anche nei punti non accessibili però come si dice... meglio di niente.

Poi se hai bisogno di noi perché non riesci proprio a disinfettare a fondo, puoi sempre contattarci e troveremo insieme una soluzione.

4) L'assistenza tecnica delle cappe da laboratorio

È spesso la principale causa della contaminazione crociata e ti dico subito il perché, devi immaginare che prima di venire da te i tecnici sono stati in altri laboratori che magari non erano proprio puliti come il tuo e spostando gli strumenti, usando gli stessi indumenti e guanti ecco che potrebbero contaminarti la tua cappa lasciandoti senza via di scampo proprio come accade per i tecnici degli incubatori.

Ti racconto una cosa. Durante la fase delle nostre lavorazioni, specialmente di sostituzione di filtri Hepa o carboni attivi i nostri tecnici si bardano come astronauti e utilizzano delle tute bianche per la protezione totale, guanti e maschere il tutto usa e getta ovviamente.

Ecco, questo discorso dell'usa e getta è molto importante, se riesci fai attenzione al fatto che tali tute vengano dal personale tecnico buttate al termine del lavoro perché se invece noti che le ripongono nuovamente in una valigia allora dovresti pensare che potenzialmente vengano riutilizzate più e più volte.

In pratica il rischio di riutilizzare le tute protettive e il resto è un po' come usare più volte le bottiglie di plastica dell'acqua, c'è il rischio che la contaminazione batterica avvenga e come.

Ultima cosa che mi viene in mente su questa storia delle tute, è alcuni clienti a volte si spaventano perché dicono: *"Non è che usate tute protettive perché sapete cose che noi non sappiamo? Perché usate tute protettive se noi nella nostra cappa facciamo semplici colture non pericolose e prive di potenziali contaminanti biologici?"*

Te lo spiego subito...

Il tutto nasce per una nostra tranquillità.

Infatti, il nostro standard di sicurezza è sempre elevatissimo e preferiamo rimetterci qualcosa spendendo più soldi per più tute rispetto al potenziale rischio di contaminazione che i nostri tecnici potrebbero avere non adottando tali standard.

Mi spiego meglio. Noi conosciamo benissimo tutti i retroscena di questo lavoro di assistenza tecnica sulle cappe e sappiamo benissimo che i rischi sono elevatissimi ed il pericolo in agguato.

Il fatto è che una cappa ha una durata di vita anche di 30/40 anni tranquillamente, è facile quindi pensare al fatto che spesso i laboratori chiudono oppure vengono ridestinati e il personale cambia.

Ma le cappe sono sempre le stesse.

Una cappa Biohazard magari potrebbe essere usata per 20 anni in un laboratorio dove si coltivano ed esaminano solo cellule ma poi da un momento all'altro la stessa cappa potrebbe essere usata per lavorazioni con batteri, virus come l'HIV e via dicendo.

Il fatto di usare tale cappa in classe II Biohazard prima per colture e poi per i virus non è un errore, anzi! La cappa Biohazard nasce proprio per questo. Il più grande problema che abbiamo è che noi non possiamo saperlo perché gli stessi operatori spesso non sanno la provenienza o le lavorazioni che i loro colleghi prima di loro eseguivano.

Ti ritrovi in questo?

Spero di no sinceramente, però è qualcosa di molto comune che capita praticamente sempre, cappe che vengono spostate da un laboratorio all'altro senza una reale sensibilità e conoscenza in quello che si sta facendo, magari senza la disinfezione totale o la sostituzione dei filtri.

Non esiste la storia delle cappe da laboratorio e quindi noi come assistenza tecnica abbiamo deciso di elevare i nostri standard.

Questo ha effetti benefici molteplici, così facendo i nostri tecnici lavorano in totale sicurezza e serenità di non contaminare sé stessi e i propri cari ma fanno stare tranquilli anche noi che ci troviamo in ufficio e i nostri cari.

Il nostro cliente è più sicuro perché avendo un'assistenza cappe così sensibile, preparata e dotata dei necessari DPI usa e getta potrà evitare la famosa contaminazione crociata di cui parliamo sin dal principio non trovi?

Adesso è tutto un po' più chiaro...?

Immagino quindi che se da domani ti vedi arrivare degli astronauti, vedrai le cose in modo leggermente differente e probabilmente apprezzerai il loro operato perché stanno cercando di proteggersi e di proteggere te ed il tuo ambiente di lavoro.

Spero di averti dato qualche informazione in più e ad ogni modo il mio consiglio è di usare le bottiglie di vetro al posto di quelle di plastica, soprattutto se a casa vengono utilizzarle più volte.

Il capitolo che hai appena letto puoi trovarlo anche online a questo link:

www.chizard.it/4

Oppure scansiona
il QR-Code qui in basso:

4. Cappa Biohazard Contaminata e non sai il perché? Scopri i 5 principali colpevoli del tuo problema!

Ho scritto un articolo anche sul portale chizard.it dove ho inserito un'immagine di uno scopettone da pavimento proprio all'inizio pieno di cosini colorati che in realtà altro non sono che virus, germi e batteri di ogni tipo.

Se ti stai chiedendo il perché di uno scopettone da pavimento in un articolo che parlerà di una **Cappa Biohazard contaminata** ti rispondo subito.

Volevo farti arrivare il messaggio diretto che devi fare molta attenzione a quelle situazioni che magari non hai mai preso in considerazione seriamente, forse per il semplice fatto che nessuno te lo ha mai fatto notare.

Il mio compito è quello di darti una mano nel porre appunto attenzione anche a quei particolari che potrebbero passare inosservati.

Avere una *Cappa Biohazard Contaminata* è una gran vera problematica e lo sai benissimo in quanto:
- **rischi di buttare** nel secchio tutto il tuo lavoro
- **rischi di spendere** o far spendere molti soldi inutili
- **rischi di gettare** risorse preziose in continuazione
- **rischi di falsare** i risultati
- **rischi di compromettere** la sicurezza e quindi la **TUA STESSA VITA**

Insomma, non è piacevole come abbiamo detto, ma queste cose le sai bene perché te ne sarà capitato sicuramente una durante la tua carriera.

Diciamo che purtroppo capita anche di situazioni particolari in cui operatori come te proseguono nel loro lavoro dando risultati errati in quanto:
1. **non se ne accorgono proprio (il che è molto grave perché significa che sono incompetenti e non professionisti)**
2. **non possono invalidare i test e ripeterli perché le loro amministrazioni (sempre al risparmio) non lo permetterebbero mai**

Non sto parlando di te ovviamente, *tu sarai una persona corretta e professionale* ma credimi quando ti dico che ho visto cose veramente indicibili anche quando non si tratta di cappe ovviamente.

Giusto per capire che ci sono tanti tipi di persone, ti racconto un caso in particolare:

non posso farti nomi o darti troppi particolari perché poi ci sono state delle indagini serie a seguire (che non hanno coinvolto noi) ma ovviamente il cliente si, ma stai sereno perché se l'è proprio cercata.

Quindi, ti racconto un episodio giusto per dirti una cosa che mi ha lasciato l'amaro in bocca. Tempo fa da un EX cliente, ho visto con i miei occhi decine di frigoriferi/congelatori spenti completamente (perché non erano state pagate le bollette della corrente) ma la cosa scandalosa non è questa ovviamente, ma il fatto che fossero pieni di materiale!!!

Vuoi sapere cosa contenevano questi frigoriferi?

giusto per dirti un paio di cose delle decine e decine:
- i campioni di decine di test eseguiti per cause di DNA (che penso siano finiti nel secchio)
- parti anatomiche di progetti in essere per studi di ricerca

e molto altro ancora che non posso dirti assolutamente!!!

Perché ti ho raccontato questo? per il semplice fatto che non tutti sanno essere così corretti e professionali nel loro lavoro come te purtroppo!

Questo accade anche quando si parla di Cappe ovviamente!!!

Infatti, i 5 principali colpevoli che ti portano ad avere una Cappa Biohazard Contaminata sono:
1. **Impresa di pulizia** incompetente e mal informata sulle cappe
2. **Assistenza tecnica DPC** non specializzata sulle cappe
3. **Personale di laboratorio** non formato correttamente su utilizzo cappe
4. **Responsabili sicurezza e prevenzione** non formati sui rischi di utilizzo delle cappe
5. **Datori di lavoro o preposti vari** che dispongono delle cappe male informati o non curanti

Adesso ti spiegherò più nel dettaglio il perché queste figure lavorative sono spesso la causa dei problemi della contaminazione delle cappe.

1) Cappa Biohazard Contaminata per colpa delle Imprese di pulizia incompetenti e male informate:

Spesso nessuno si rende conto di quanto sia importante l'impresa di pulizie al quale viene affidata appunto una fase così delicata di detersione delle superfici comuni.

Ma non tutti sanno che queste imprese usano degli stracci magici...si possono pulire milioni di metri quadri senza mai essere puliti, lavati ma soprattutto con un'unica pezza possono fare sia i pavimenti che le cappe.

Ovviamente sto sdrammatizzando... perché il PROBLEMA É SERISSIMO e REALE!

Purtroppo, lo sanno tutti che in tale settore la parola d'ordine è una sola:

RIBASSO DEI PREZZI VERAMENTE "STRACCIATI"

per poter vincere le gare ovviamente.

Ma la professionalità e la specializzazione dove sono finite?

La sicurezza e la qualità nonché la garanzia del risultato?

Purtroppo, non si possono vedere i danni ad occhio nudo e ne paghiamo tutti le conseguenze!!

NON É UN CASO CHE CI SIANO MIGLIAIA DI CASI

DI INFEZIONI NELLE STRUTTURE SANITARIE NO?

Queste imprese, che il più delle volte sono cooperative, affidano la vostra e nostra sicurezza nelle mani di persone sfruttate ovviamente che non sono assolutamente preparate per il compito che dovranno svolgere.

Infatti, gli addetti alle pulizie, potrebbero usare lo stesso straccio (scopettone della foto)
- **per pulire i vostri laboratori**
- **per pulire la tua cappa**
- **per pulire la tazza del bagno del piano di sotto**
- **per pulire un laboratorio di altro cliente potenzialmente contaminato**
- **per pulire una cappa Biohazard contaminata o potenzialmente contaminata**

Purtroppo, queste persone spesso sono proprio ignare dei problemi di contaminazione che possono creare con il loro operato, io però non me la prendo con loro che devono lavorare a "prezzi stracciati" giusto per rimanere in tema, me la prendo con chi accetta questa situazione e non fa nulla per cambiare le cose.

Quindi da adesso in poi, fai una cortesia a te stesso e a tutti noi, verifica che l'impresa di pulizie sia preparata oppure segnalalo a chi di dovere **SUBITO** e se hai anche qualcuno che ti ascolta fagli capire che aggiudicare gare o lavori sempre al ribasso totale non è propriamente consigliato.

2) Cappa Biohazard Contaminata per colpa dell'assistenza tecnica incaricata della manutenzione cappe (NON specializzata) che hai scelto tu o chi per te:

Questa è un'altra problematica molto seria, sottovalutata assolutamente e che invece spesso e volentieri è una realtà e dobbiamo parlarne, perché è meglio esserne consapevoli sin da subito così da prendere le dovute precauzioni non trovi?

Perché nei miei articoli precedenti ti parlo sempre di:
- **fare attenzione alla ricerca preventiva**
- **scegliere un'assistenza cappe certificata e qualificata**
- **trovare un'assistenza cappe specializzata proprio sui <u>DPC</u>**
- **incaricare della manutenzione un'assistenza cappe certificata ISO**
- **seguire, verificare e controllare sul campo l'operato dell'assistenza cappe**

Proprio perché una delle problematiche maggiori nella quale puoi incorrere è che i tecnici possano portare contaminazione dall'esterno!!

Non mi credi?

ti ricordo che parlo con cognizione di causa in quanto ho un'azienda di assistenza tecnica (www.<u>technocappe.it</u>) quindi credimi quando ti dico che l'operato di noi assistenze tecniche è probabilmente una delle cause maggiori che porta ad avere una cappa Biohazard Contaminata.

Un'assistenza tecnica poco preparata e non qualificata potrebbe contaminare te, il tuo laboratorio e la tua cappa con:
- virus
- batteri
- spore
- funghi

Ragiona:
- l'assistenza tecnica cappe entra ed esce da laboratori di ogni tipo anche di massima sicurezza come BL II e BL III
- viene appunto a contatto con virus, batteri, funghi, spore
- gli attrezzi impiegati per sostituzioni filtri vengono usati in cappe Biohazard contaminate o potenzialmente contaminate
- gli strumenti scientifici impiegati per farti le verifiche sono stati dentro cappe Biohazard contaminate o potenzialmente contaminate
- gli indumenti indossati dai tecnici vengono a contatto con cappe Biohazard contaminate o potenzialmente contaminate
- per non parlare poi dei tecnici che usano il cellulare durante le fasi di lavorazione di cappe Biohazard contaminate o potenzialmente contaminate

E potrei continuare ancora ma non voglio tediarti oltre, voglio solo farti ragionare sul fatto che non vanno sottovalutati certi aspetti.

Ecco perché la disinfezione da parte dell'assistenza tecnica delle cappe è fondamentale per prevenire una cappa Biohazard contaminata!

Così come la disinfezione che i tecnici stessi della manutenzione cappe devono eseguire su loro stessi mediante prodotti disinfettanti e strumentazione apposita oltre alla disinfezione con medesimi processi anche di tutta l'attrezzatura impiegata, delle valigie appoggiate per terra nei laboratori, scale, ecc.

Ti sembro troppo pignolo?

No. Non credo, voglio solo renderti più consapevole. Sì, consapevole che essere superficiali in fasi così delicate può portare con estrema certezza a rischi per la sicurezza delle persone, di molte persone!

A tal proposito ti consiglio, di SCARICARE GRATIS la prima ed unica guida che ti permetterà di individuare un'assistenza cappe Chimiche e Biohazard qualificata e seria, semplicemente inserendo una tua mail nel Form del sito web: www.chizard.it

Sono sempre dell'idea che prima di chiamare noi, che siamo a Roma, devi cercare un'assistenza seria ed affidabile vicino a te.

Certo se poi proprio non la trovi…

3) Cappa Biohazard Contaminata per colpa del personale

di laboratorio operante sulle cappe:

Dai non sgranare gli occhi...

Lo sai benissimo che tantissimi problemi sono proprio causati da operatori di cappe **che sono professionisti nel loro lavoro assolutamente (proprio come te)** ma che spesso e volentieri non sanno minimamente come utilizzare al meglio la propria cappa.

Moltissimi operatori commettono troppi errori molto comuni che potrebbero essere evitati abbattendo di molto i rischi di cappe Biohazard contaminate.

Se hai dato un occhio alla ricerca che ho inserito in questo libro, avrai notato che spesso gli operatori di cappe non hanno la minima idea di quanto sto scrivendo qui.

Non fraintendermi, tutte ottime persone e oltretutto colte, molto più di me sicuramente, preparatissime nel loro lavoro ma...

Nello specifico del proprio lavoro, significa analizzare delle piastre e colture varie piuttosto che estrarre il DNA e così via dicendo. Ma siamo sicuri che in questo essere persone competenti rientri anche il saper utilizzare le cappe nel modo appropriato?

Siamo sicuri che gli operatori non facciano cose, spesso legate alle abitudini, che li portano a contaminare il piano?

Dai ti rispondo io, perché invece è proprio così.

Gli operatori spesso sono la causa del loro male, tutto sta

nell'aggiustare il tiro e si può fare benissimo e in pochissimo tempo, basterà volerlo ovviamente.

Spesso molti sono troppo chiusi ad imparare e formarsi e rispondono negativamente al recepire le istruzioni o informazioni che io voglio passare anche se sono gratuite e disinteressate al massimo.

Perciò ti consiglio di non fare altrettanto, di sospendere il giudizio e documentarti prima di arrivare a conclusioni affrettate nel momento in cui ti si dovesse presentare l'opportunità di imparare cose nuove e che nessuno si è mai preso la briga di insegnarti.

4) Cappa Biohazard Contaminata per colpa dei Responsabili sicurezza e prevenzione (RSP e ASP) non correttamente formati sulle cappe in genere:

Non è un caso che ai corsi che abbiamo organizzato negli anni proprio su questo argomento, "il corretto utilizzo delle cappe chimiche e Biohazard nonché eventuali problematiche" abbiano partecipato moltissimi **RSP e ASP.**

Ovviamente sto parlando di responsabili sicurezza e prevenzione **UMILI** che, accorgendosi di non saperne troppo di questo mondo abbastanza complesso delle cappe, hanno messo da parte l'orgoglio e si sono messi in gioco imparando moltissime nozioni che non avrebbero mai avuto la possibilità di imparare.

Hanno avuto la possibilità di essere **CONSAPEVOLI** finalmente e di poter fare delle scelte **SENSATE** e non più a casaccio.

Invece a tutti quegli **altri** che continuano a prendere decisioni sulla sicurezza delle persone senza capirne assolutamente nulla di cappe, dispensando consigli o dando direttive magari scopiazzate da qualche parte, spesso neanche da fonti attendibili, voglio dire una cosa:

ma siete sicuri che sia corretto quello che state facendo?

Sicuri che essendo un po' troppo superficiali e a volte creduloni non vi stiate cacciando in guai seri ma soprattutto che non stiate cacciando nei guai persone che devono affidare la loro vita nelle vostre mani?

In conclusione, quindi, ci sono cappe Biohazard contaminate per colpa appunto di questi **ASP** che non si preoccupano di formarsi adeguatamente e che quindi non possono in nessun modo aiutare i loro collaboratori purtroppo.

Poi spesso nessuno li cita, ma non dimentichiamoci che ci sono anche gli RLS nonché i responsabili per la sicurezza dei lavoratori eletti direttamente da loro e che dovrebbero curare i loro interessi.

Sinceramente è una figura obbligatoria in tutte le strutture ma non sono mai riuscito a parlare con un RLS, o meglio con un RLS serio e che fosse stato eletto altrettanto seriamente al fine di poter discutere meglio su come tutelare la sicurezza dei propri colleghi.

Ad ogni modo anche per voi ho un buon consiglio cari RLS che probabilmente siete anche operatori di cappe:

Dovete formarvi ed informarvi!!! Costantemente!

Se non sapete da chi andare potete rivolgervi a noi su Roma e vi daremo le informazioni del caso, ci tengo a precisare che non siamo noi ad eseguire i corsi agli **ASP** piuttosto che al personale di laboratorio...

Assolutamente no...

Non sarei coerente con quello che dico

Anche qui ti consiglio di affidarti a un vero professionista del settore e non al primo ciarlatano qualsiasi che capita ma solamente a un vero esperto di tali tematiche che potrà formarti adeguatamente perché svolge e organizza corsi specifici.

La TechnoCappe organizza dei corsi (almeno uno l'anno) proprio sulle cappe da laboratorio ma solo su ROMA per dare la possibilità ai propri clienti e non solo e soprattutto anche ai giovani utilizzatori di cappe come universitari, di avere un'istruzione che li può salvaguardare seriamente.

Poi non dire che non sapevi a chi rivolgerti...

Se invece parliamo di scendere più a fondo su come utilizzare correttamente la propria cappa chimica o Biohazard che sia, allora bisogna fare un altro percorso perché bisognerà scendere più nel dettaglio e capire precisamente che lavorazioni svolgi, in che modo, che sostanze utilizzi e così via.

Solo in questo modo qualcuno può aiutarti e darti una mano vera che tu possa impiegare direttamente nel tuo lavoro.

Ad ogni modo, un passo avanti è sicuramente leggere questo libro e nel caso consigliarlo a tuoi amici che lavorano in laboratorio e usano le cappe.

Poi ti invito a restare in contatto direttamente sul portale www.chizard.it e a commentare gli articoli che troverai.

5) Cappa Biohazard Contaminata per colpa dei Datori di lavoro stessi o loro Preposti incaricati della gestione delle Cappe:

E infine, come non dare la colpa a chi poi in realtà ha la **PIENISSIMA RESPONSABILITÀ** della sicurezza di tutti i lavoratori che dipendono da lui o loro???

Sto parlando appunto dei
- **Proprietari**
- **datori di lavoro**
- **amministratori**
- **o preposti incaricati da essi**

Che **NON SANNO ASSOLUTAMENTE** di cosa stiamo parlando in questo libro perché conoscono solo il far quadrare i conti o contare i quadri???

Ad ogni modo, queste figure il più delle volte non sanno neanche cosa sta accadendo sotto di loro (parlo di realtà più grandi ovviamente non del laboratorio piccolino che lo sa benissimo e che pensa solo a risparmiare).

Come dicevo, spesso non sanno nulla per il semplice fatto che pensano di dover semplicemente delegare tale controllo all' **ASP** che a sua volta dovrà impegnarsi per raggiungere un risultato.

Questa devo dire che è anche la verità, è corretto che un datore di lavoro deleghi ad altri tali compiti, solo che dovrebbero preoccuparsi di più all'inizio quando fanno la scelta dell'affidare un compito così delicato ad altri!

Se facessero più attenzione a questa ricerca iniziale incaricando una persona qualificata con caratteristiche degne di nota e si preoccupassero anche della loro formazione specifica allora non avremmo grosse problematiche di sorta.

Ovviamente ci sono realtà in cui l'amministratore di una società è anche l'RSP, qui non ci sono scusanti di nessun tipo!!

Spero come sempre che queste poche righe portino a un unico e semplice risultato:

RENDERTI CONSAPEVOLE

Perché fare le scelte in modo consapevole può migliorare di molto la qualità della vita, nonché la sicurezza tua e della collettività intera.

Me e la mia famiglia compresa.

Il capitolo che hai appena letto puoi trovarlo anche online a questo link:

www.chizard.it/730

Oppure scansiona
il QR-Code qui in basso:

5. Neon UV Germicida su una cappa Biologica, soluzione o problema? Scopri finalmente come tutelare te stesso!

Vorresti fare un po' di chiarezza su questi Neon UV germicida avendo qualche informazione utile a riguardo? Allora continua a leggere perché le stai per scoprire

Infatti prima di utilizzare un *Neon UV germicida in una cappa Biologica.*

Scopri le risposte alle domande più frequenti che utilizzatori di cappe si fanno o che si dovrebbero fare così da evitare gli errori madornali che più comunemente si fanno per mancanza di informazione.

Ho deciso quindi di parlare di questo argomento in quanto come al solito mi sono reso conto che è difficilissimo se non impossibile trovare qualche informazione veramente utile e specifica in materia di cappe.

Possibile che sono decine di anni che vengono costruite le cappe biologiche e mai nessuno si sia interessato minimamente di dare degli spunti per gli utilizzatori delle stesse?

Se anche tu utilizzi il **NEON UV GERMICIDA CAPPA BIOLOGICA**, allora **DEVI** assolutamente continuare a leggere questo articolo **LA TUA SALUTE** ti ringrazierà!

Credimi!

Intanto voglio dirti che continuo a parlare sempre e solo di cappe Biologiche e non mi sentirai mai parlare di Cappe Chimiche e Aspiranti in genere, perché il neon UV Germicida proprio per concezione è una lampada particolare che emette luce ultravioletta di tipo UV-C con una lunghezza d'onda corta che agisce direttamente sul DNA delle Cellule uccidendole.

Quindi le lampade con neon UV germicida sono molto efficaci su virus, batteri o altri microrganismi vari, avrai quindi capito che possono essere impiegate solo nell'ambito biologico su cappe Biohazard e non su cappe chimiche dove si dovrebbe lavorare solamente con sostanze chimiche per l'appunto.

Ma più avanti approfondiremo anche questo argomento che è proprio uno degli errori da evitare.

In genere quindi i costruttori montano già da principio i Neon con UV Germicida sulle cappe Biologiche di default in quanto sono molto richiesti dai clienti in genere, probabilmente perché non si ha la piena conoscenza del raggio di azione o della pericolosità che ne può derivare dall'utilizzo inappropriato da parte di un utilizzatore.

Immagino che neanche a te nessuno abbia mai spiegato come utilizzare un neon UV cappa biologica.

VERO?

Pensi che la tua esperienza, che i tuoi molti anni di lavoro ti mettano al sicuro?

Pensi che lavorando con qualcuno che abbia molta più esperienza di te tuteli la tua sicurezza?

NON È COSÌ PURTROPPO

La routine è una brutta bestia, molte persone ne pagano il prezzo perché fa abbassare la soglia di percezione del pericolo.

Mi dispiace ma devo darti questa brutta notizia "tra capo e collo" come si dice a Roma.

Se non ti sei mai posto delle domande su questo argomento è meglio che inizi subito a farlo ed io sono qui proprio per aiutarti, ti elencherò una serie di domande che più comunemente ci vengono fatte dai nostri clienti così che anche tu possa trarne vantaggio:
1. Ha senso montare un neon UV germicida in una cappa chimica?
2. È importante capire il funzionamento del neon UV germicida?
3. È realmente efficace un neon UV germicida?
4. Come devo utilizzare un neon UV germicida?
5. Quanto deve restare acceso un neon UV germicida?
6. È pericoloso un neon UV germicida?
7. Perché è pericoloso un neon UV germicida?
8. Quando è pericoloso un neon UV germicida?
9. Devo sostituire il neon UV germicida?
10. Che tipologia di rifiuto da smaltire è il neon UV germicida?

Pensi che siano delle domande intelligenti? Pensi che leggere le risposte possano prevenire eventuali problemi?

Se è così continua a leggere perché sto per darti delle indicazioni veramente introvabili e che valgono come oro perché quando si tratta di tutelare la propria sicurezza non bisognerebbe badare mai al costo.

Perché ti dico questo?

Semplice, in quanto troppo spesso la fonte primaria di ogni tuo problema che hai avuto o che non sai di aver avuto o che probabilmente avrai è dettato dall'aver applicato durante questi anni la regola della scelta secondo il

"PREZZO PIÙ BASSO"

Quando si sceglie un'assistenza di cappe chimiche e Biohazard appunto bisogna andarci con i piedi di piombo, non dico che devi pagare più del dovuto ma neanche prenderti un servizio scadente pur di risparmiare, non credi?

Avere una buona assistenza tecnica può aiutarti ad avere quelle importanti risposte a domande come quelle sopra, in teoria una buona assistenza di cappe che si occupa appunto della manutenzione delle stesse cercherà in ogni modo di metterti in condizione di lavorare tranquillo e in sicurezza, cercherà di metterti a conoscenza di quegli aspetti meno conosciuti che potrebbero salvarti la vita.

Non è stato così?

Nessuno ti ha supportato in questo?

Adesso hai finalmente la possibilità di tutelarti e imparare qualcosina in più. Veniamo a noi quindi, ora ti risponderò puntualmente ad ogni domanda sopra riportata:

1. **Ha senso montare un Neon UV Germicida in una cappa Biologica?**

Proprio per quello che ti ho scritto all'inizio dell'articolo e cioè che un Neon UV GERMICIDA è efficace su organismi, non puoi e non avrebbe senso utilizzarlo su una cappa chimica.

Ma perché tocco questo punto? perché mi è capitato purtroppo di vedere situazioni in cui dei clienti hanno deciso di farsi fare delle modifiche a delle cappe chimiche andando ad installare Neon UV all'interno improvvisati.

Il brutto è che proprio chi doveva tutelarli e impedirglielo, la loro assistenza tecnica di cappe, gli ha fatto tali modifiche pur di guadagnare qualche euro in più o semplicemente per ignoranza.

Non scandalizzarti, se hai già letto qualche altro mio articolo ti sarai reso conto che non è proprio tutto oro quello che luccica, no? Spesso vengono fatte anche modifiche a cappe in classe 1 per farle diventare cappe in classe 2 (come se si potesse fare senza incorrere in problemi!).

Insomma, voglio dirti che, se hai necessità di lavorare col biologico, comprati una cappa biologica e non adattare una cappa chimica per entrambi gli scopi perché saresti un PAZZO.

2. È importante capire il funzionamento del Neon UV Germicida in una cappa Biologica?

Spero non ti stia chiedendo cosa ci sarà da sapere sull'utilizzo di una luce che tutti usano da sempre.

Fai attenzione, soprattutto a quelli che sembrano apparentemente esperti o che hanno moltissimi anni sulle spalle perché non è detto che sappiano usare le cappe al meglio, sicuramente sono esperti nel loro mestiere, sapranno utilizzare una pipetta o leggere dei risultati ma sei sicuro che sappiano manipolare sotto una cappa?

Una sana dose di curiosità legata a una dose di diffidenza ti permetterà di tutelarti sempre in ogni circostanza.

È proprio per questo che ti dico che le mie sono solo indicazioni dettate da tantissimi anni svolti ad osservare proprio utilizzatori come te (che probabilmente siete degli autodidatti) sull'uso di una cappa con tutti i rischi e problemi del caso.

È da sempre per me fonte di interesse, non mi sono mai spiegato il perché di tanta ignoranza, perché nessuno fino ad oggi ha mai trattato certi argomenti dal semplice punto di vista di un operatore?

Perché nessuno si preoccupa di mettere te e i tuoi collaboratori in sicurezza facendo della semplice informazione?

Purtroppo, non ho una risposta a questo... ma è la motivazione che mi spinge a scrivere. Voglio cercare di aiutare quante più persone possibili dando spunti e facendo riflettere su alcuni argomenti tenuti nascosti e per soli pochi privilegiati.

Quindi la risposta alla domanda è

SI è **FONDAMENTALE** essere **INFORMATO** sul corretto funzionamento di **NEON UV GERMICIDA CAPPA BIOLOGICA**

Quindi continua a leggere grazie.

3. È realmente efficace un Neon UV Germicida in una cappa Biologica?

Adesso sono dolori...

Quello che sto per dirti potrebbe intaccare alla radice quanto hai fino ad oggi saputo su questi neon, sei pronto a leggere?

BENE

Perché è una domanda che NESSUNO mi fa mai sinceramente e questo mi fa veramente paura perché molto probabilmente significa che l'operatore non è correttamente informato.

All'inizio dell'articolo ti ho scritto che un neon UV GERMICIDA agisce sugli organismi ma non ti ho detto che questo AVVIENE SE E SOLO SE VI È UN CONTATTO DIRETTO.

Si, hai letto bene, se pensavi che ti bastasse accendere i tuoi UV per sterilizzare la tua cappa a fine lavoro, non è proprio così.

Infatti, è importante sapere che ci sono dei problemi quando si usa un neon UV germicida cappa biologica e i 2 colpevoli sono:
- **COSTRUTTORE DELLA CAPPA**
- **OPERATORE**

Si hai letto bene...

e ti dico subito il perché!

I costruttori delle cappe biologiche in genere sono molto scrupolosi e attenti nella costruzione delle cappe e quindi può capitare che spesso le **lampade UV germicida** che si trovano all'interno delle cappe vengano protette con delle **griglie metalliche** così da prevenire rotture da urti accidentali appunto...

Hai mai giocato alle ombre con tuo figlio?

Beh, quando si accende un UV sotto cappa che è protetto da una griglia metallica si ha lo stesso effetto perché viene proiettata una rete romboidale di ombra su tutta la superficie della cappa e quindi non ci sarà un vero contatto degli UV-C con i microrganismi che potranno quindi continuare a fare baldoria.

Non te lo aveva mai detto nessuno vero?

Ma adesso veniamo a te...

Sì perché anche tu hai le tue colpe purtroppo...

Magari sei più fortunato e non hai questa griglia sul neon UV e allora decidi di metterti di impegno per neutralizzare l'azione degli UV in quanto per lo stesso principio di sopra se hai la brutta abitudine al termine del lavoro di lasciare qualsiasi tipo di ingombro nella tua cappa, sappi che questo creerà un'ombra al di sotto e dietro tali oggetti, il che contribuirà al mancato contatto dei raggi UV con i microrganismi.

So che adesso ti starai chiedendo:

Ma che cavolo li hanno montati a fare questi UV? Ti risponderò nella prossima domanda...

4. Come devo utilizzare un Neon UV Germicida cappa Biologica?

Adesso che sai perfettamente che un Neon UV è efficace solo a contatto è importante sapere come utilizzarlo al meglio...

Ti consiglio quindi di utilizzarlo a fine lavoro ovviamente quando non ci sarà più personale di laboratorio all'interno per evitare l'esposizione.

Evita di guardare la luce UV ad occhi nudi assolutamente e se possibile utilizza i DPI adeguati.

Togli ogni ingombro dall'interno della cappa che possa creare dell'ombra.

5. Quanto deve restare acceso un Neon UV Germicida in una cappa Biologica?

Se anche tu sei un fautore del *NEON UV GERMICIDA CAPPA BIOLOGICA* utilizzato a mo' di luci da discoteca per tutta la notte allora sappi che stai sbagliando totalmente l'approccio.

Infatti, è importante che tu sappia che dopo circa 25/30 minuti al massimo il Neon UV ha svolto la sua azione germicida, quindi lasciarlo acceso tutta la notte comporterà solo una serie di problematiche ulteriori che probabilmente non conosci o che nessuno si è mai preso la briga di spiegarti:

- o Usura degli UV stessi
- o Usura dei filtri Hepa all'interno della cappa
- o Rischio che passanti inconsapevoli vengano a contatto con gli UV (ferendosi)
- o Consumo energetico inutile

Infatti, la radiazione UV-C è in grado di distruggere i legami chimici dei materiali. Questo porta ad un veloce deterioramento degli isolamenti e delle guarnizioni di plastica oppure di altri materiali in genere.

Infatti, i materiali venduti in commercio resistenti ai raggi UV sono stati testati per i raggi UV-B, dal momento che l'UV-C usualmente non raggiunge la superficie della Terra.

6. È pericoloso un Neon UV Germicida in una cappa Biologica?

ASSOLUTAMENTE SI

Il danno provocato dall'esposizione degli UV-C è stato comprovato e quindi è da fare molta attenzione sicuramente.

Mi viene in mente proprio un caso accaduto in un ospedale del quale non posso farti il nome per ovvi motivi dove una ragazza giovanissima, laureanda, si è messa a manipolare davanti a una cappa biologica molto vecchia e che non aveva le protezioni funzionanti al punto che la stessa non correttamente informata da chi di dovere ha acceso gli UV rimanendo esposta durante la manipolazione sotto cappa.

Ovviamente si è lesa gli occhi ed è stata ricoverata d'urgenza.

Non voglio spaventarti... o forse si, un pochino...

Credo che la giusta dose di paura possa tutelarti il più delle volte quindi è bene che tu sappia che **RAGGI UV-C** possono essere dannosi **agli OCCHI.**

Infatti l'esposizione a questa radiazione UV può causare infiammazioni molto dolorose della cornea e problemi alla vista temporanei o permanenti, fino alla cecità. L'UV può danneggiare la retina dell'occhio.

Ma anche dannosi alla **PELLE** causando eritemi o peggio tumori cutanei.

Quindi la prossima volta che utilizzerai un neon UV ricordati di questo articolo e usali al meglio.

Se invece sei responsabile di altri collaboratori, invitali a leggere questo articolo e aiutali a tutelare la loro sicurezza oltre che evitarti da solo di incorrere in responsabilità civili e penali.

7. Perché è pericoloso un Neon UV Germicida in una cappa Biologica?

Oltre per quanto detto nel precedente punto, credo che sia molto pericoloso l'utilizzo di neon UV in quanto ti da una falsa percezione di sterilità delle superfici della tua cappa mettendoti in grave pericolo e a rischio di contaminazione anche del prodotto che andrai a manipolare ovviamente.

Conoscere il funzionamento degli UV ti permette di sapere che, quando accendi la tua cappa Biohazard e attendi circa 20 minuti fin quando non si stabilizza il flusso, sai anche che le superfici non sono state sterilizzate al 100% e quindi dovrai fare anche un'azione manuale di disinfezione per maggiore sicurezza.

Ti consiglio di utilizzare un disinfettante idoneo, i nostri clienti stanno utilizzando il disinfettante battericida, virucida, sporicida e fungicida.

8. Quando è pericoloso Neon UV Germicida in una cappa Biologica?

È pericolosissimo quando si sottovaluta il suo funzionamento e qualora venga utilizzato in modo inappropriato.

È molto pericoloso se non si è correttamente informati e se non si hanno delle linee guida di utilizzo da chi avrebbe dovuto redigere un documento di valutazione dei rischi (DVR) appunto.

Può essere pericoloso quando si crede nel motto "chi fa da sé, fa per tre" e non chiede a chi di dovere cosa deve fare, che dispositivi di protezione individuale deve utilizzare in caso di prolungata esposizione per qualche motivo, ad esempio.

Quindi, in definitiva, è pericoloso sempre, soprattutto se un vostro collega non sa assolutamente cosa sta facendo e mette in pericolo anche a voi oltre che se stesso, in questo caso vi invito a essere molto diretti e a spiegare al vostro collega quanto detto sopra così da prevenire rischi inutili.

9. Devo sostituire il Neon UV Germicida in una cappa Biologica?

Come ti dicevo all'inizio dell'articolo, i Neon UV dopo circa 30 minuti massimo hanno esaurito la loro funzione e possono, anzi devono essere spenti perché appunto non sono eterni e dopo qualche migliaio di ore vanno sostituiti anche se apparentemente sembrano funzionare perché emettono luce.

Quindi, se accendi la cappa normalmente e non la lasci accesa anche tutta la notte con gli UV puoi pensare di cambiarli ciclicamente.

Dipende quindi da quanto vengono realmente utilizzati ecco perché non si può parlare di sostituirli dopo 2 anni o 3.

10. Che tipologia di rifiuto da smaltire è il Neon UV Germicida in una cappa Biologica?

Il neon UV germicida in una cappa biologica è da considerarsi un rifiuto speciale e va gestito e smaltito come tale.

Dovrai quindi preoccuparti che non venga gettato nel secchione più vicino, se della sostituzione se ne occuperà la tua assistenza tecnica assicurati che lo tratti come rifiuto speciale appunto, se invece intendi sostituirtelo da solo allora fai attenzione a quanto detto e informati con il tuo trasportatore di rifiuti speciali.

Il capitolo che hai appena letto puoi trovarlo anche online a questo link:

www.chizard.it/6

Oppure scansiona il QR-Code qui in basso:

6. Scopri i rischi quando si usa una Cappa per Antiblastici per preparati chemioterapici

Adesso ti faccio tre domande in rapida sequenza e se la tua faccia assume le sembianze di una medusa lasciata al sole allora forse è il caso che continui a leggere con molta attenzione quello che ho da dirti:

Utilizzi farmaci per preparazioni chemioterapiche sotto una cappa per antiblastici?

Sei sicuro che la tua sia proprio una cappa idonea di tipo H?

E ancora più importante, sai usarla nel modo corretto senza rischiare di farti male?

Beh, ti sei avvicinato a una medusa o a qualcosa di simile?

Tranquillo, stai per avere informazioni importantissime per la tua salute e la sicurezza del tuo lavoro.

Infatti, spesso si sottovaluta soprattutto il fatto che molti operatori non sanno proprio utilizzare la propria cappa.

Ad esempio, un banale coltello da cucina può essere facilissimo da usare e svolgere la sua funzione al meglio ma se lo mettiamo nelle mani di un bambino che lo utilizza per la prima volta, probabilmente rischierà di tagliarsi impugnandolo nel modo sbagliato dalla parte della lama, non trovi?

Perché se invece il coltello girato dalla parte della lama affilata lo metto nelle tue mani pensi di riuscire a rimanere indenne nel tagliare un ananas, ad esempio?

Magari solo perché hai un po' più di anni di esperienza che alcuni confondono con l'età anagrafica (che il più delle volte non significa proprio un bel niente) credi di essere immune a tutto?

Io attualmente ho 34 anni e sto scrivendo un libro sul mio lavoro, dopo 15 anni di esperienze sul campo, ma 15 anni di duro sacrificio e formazione.

Invece c'è chi ha imparato mezza cosa 30 anni prima e pensa di potersela portare dietro per tutta la vita; questo è sbagliatissimo perché non si smette mai di imparare.

Ecco, questa piccola metafora deve farti capire che anche la tua cappa per antiblastici, se non utilizzata in modo corretto può divenire un problema e causarti danni seri.

In giro su internet si trova già moltissimo materiale relativo ai preparati antiblastici, alla loro pericolosità per gli operatori che devono manipolare tali farmaci e così via.

Ma nessuno, e ribadisco nessuno, ha mai approfondito tale argomento così delicato mettendo sotto i riflettori la cappa per antiblastici.

Ho letto moltissimi documenti su queste preparazioni, tanti professionisti hanno scritto montagne di documenti relativi a come usare tali farmaci, a come stoccarli, come smaltirli ma soltanto pochi hanno a malapena accennato ai dispositivi di protezione collettiva che servono per fare questi preparati.

Ma soprattutto nessuno e dico nessuno ha scritto qualche informazione veramente utile per tutti al fine di poter garantire la sicurezza degli operatori.

Qualcuno ha scritto semplicemente cose tipo: bisogna usare una cappa con filtri HEPA.

Ma che significa veramente? Quale cappa con filtri HEPA bisogna usare?

E poi ancora più importante, come deve essere usata correttamente una cappa per antiblastici?

Quindi ecco perché ho deciso di scrivere questo articolo, vorrei darti quelle informazioni essenziali che vanno a completare questi bellissimi e articolatissimi documenti che si trovano online.

Ho sempre saputo che i farmaci per antiblastici erano pericolosi per l'uomo ma approfondendo l'argomento ancora di più non capisco come fate a sottovalutarli in questo modo.

Leggendo tutte le problematiche che possono causare inalandoli o venendone semplicemente a contatto non capisco come si fa a non voler capire meglio come usare una cappa per antiblastici.

Infatti, è ormai risaputo da tutti che gli operatori che utilizzano i farmaci antiblastici sono a rischio di:
- effetti farmacologici (vomito, vertigini, cefalea ecc.)
- effetti allergici (dermatiti, orticaria, prurito ecc.)
- effetti geno tossici (rischio di tumori)

- effetti sulla gravidanza (rischio di aborti)
- effetti a lungo termine sull'organismo (rischio leucemia e altri rischi vari)

Ma facciamo un passo alla volta perché altrimenti diamo per scontato che tu stia usando la cappa corretta e magari non è così, quindi prima di tutto vorrei darti qualche dritta sulla tipologia di cappa che devi usare quando utilizzi farmaci antiblastici.

La prima domanda da porsi è:

Ho veramente una cappa per antiblastici?

Una cappa per antiblastici è un dispositivo di protezione collettiva, cappa Biohazard a flusso laminare di **classe II tipo H.**

È una cappa a flusso laminare verticale che utilizza filtri HEPA in genere H14 di altissima efficienza, un filtro HEPA chiamato principale è montato proprio sopra la zona di lavoro ed è anche visibile nella maggior parte dei casi, di colore bianco ed ha lo scopo di rendere sterile la zona di lavoro in quanto il flusso d'aria in uscita dal filtro HEPA dall'alto verso il basso è privo di particelle.

Questo flusso d'aria verso il basso fa prendere la denominazione di cappa a flusso laminare verticale.

Giusto per notizia, esistono anche cappe a flusso laminare orizzontale quindi, sempre con un filtro HEPA ma come avrai capito l'aria in uscita dal filtro viene sparata direttamente in faccia all'operatore e quindi assolutamente queste cappe non vanno bene per preparazioni pericolose come queste.

Ma torniamo alla nostra cappa per antiblastici.

Oltre al filtro HEPA principale, c'è anche un filtro HEPA più piccolo montato prima dell'espulsione dell'aria fuori dalla cappa per avere una garanzia quindi anche sull'eventuale aria in ambiente che in questo modo viene filtrata.

Devi sapere che i filtri HEPA H14 sono veramente incredibili dal punto di vista di efficienza, giusto per darti un'idea, devi credermi quando ti dico che se viene eseguita una verifica conta particellare dell'aria esterna alla cappa per antiblastici troveremo miliardi di particelle, un po' meno se ci troviamo all'interno di una stanza con filtrazione a soffitto ma comunque avremo molte particelle di polvere nell'aria.

Invece sotto la cappa nella tua zona di lavoro in uscita dal filtro HEPA avrai **ZERO** particelle di pulviscolo.

Quindi **STERILITÀ ASSOLUTA.**

Infatti, si chiamano proprio **FILTRI ASSOLUTI.**

Ma veniamo al punto più importante di tutti...

Avrai notato che ho indicato una lettera vicino alla descrizione?

cosa significa quella lettera H?

Bene, lo stai per scoprire subito ed è la caratteristica che contraddistingue una cappa per antiblastici da una cappa Biohazard di uso comune.

Significa che è una cappa studiata appositamente per questo genere di manipolazioni e preparazioni di chemioterapici in quanto subito sotto il pianale di lavoro dove vengono utilizzati i farmaci antiblastici è montato un filtro **HEPA** chiamato in genere **CYTO** di dimensioni molto più grandi di quelli standard montati sopra la zona di lavoro.

Per farti capire la differenza, quello principale è alto circa 7 cm mentre il filtro HEPA è alto circa 30 cm.

Ora ti spiego anche perché questo filtro è di fondamentale importanza e rende tale cappa l'unica utilizzabile quando si preparano dei chemioterapici.

Infatti, il filtro subito sotto il pianale ha il compito importantissimo di trattenere il 100% del contaminante chimico potenziale che viene aspirato dalla cappa, essendo installato a monte di tutto il sistema di aspirazione sotto la tua cappa per antiblastici, è la primissima barriera di protezione in quanto filtra tutta l'aria che passa al suo interno.

Questo piccolo dettaglio è **CRUCIALE** in quanto fa sì che il vano motore e gli altri due filtri HEPA non vengano contaminati chimicamente. Ti ricordo che non è possibile decontaminare una cappa o una superficie che è stata contaminata chimicamente.

Infatti, spesso, prima di una sostituzione di filtri HEPA, avrai sentito parlare o avrai letto una voce sull'offerta della tua assistenza tecnica di questo tipo:

Decontaminazione dei filtri HEPA prima della sostituzione.

Ti è capitato vero?

Bene, devi sapere che questo genere di decontaminazione può funzionare ed è efficace solo e soltanto dal punto di vista biologico e non assolutamente chimico.

Ribadisco, non è possibile in alcun modo conosciuto dall'uomo e convenzionale decontaminare una cappa o filtri da una contaminazione chimica.

Ameno che non la porti a incenerire (Non sto scherzando). Vabbè, magari adesso potresti anche dire, ma a me che lavoro sotto cappa che me ne frega se c'è un filtro anche sotto il pianale o meno tanto ci sono comunque altri 2 filtri che mi tutelano, quindi sto apposto.

Potresti fare come fanno molti che se ne fregano altamente che poi magari un tecnico disgraziato che magari non ne capisce molto vada ad aprire la cappa per un semplice guasto elettrico e si possa contaminare.

Quello che pochi sanno in realtà è che il filtro HEPA Cyto sotto il pianale è una vera e propria garanzia anche per gli operatori che usano la cappa per antiblastici per le loro lavorazioni giornaliere.

Si, infatti l'assistenza tecnica qualificata e formata adeguatamente sa che è molto pericoloso sostituire i filtri su queste cappe perché tutto il contaminante chimico in dosi anche massicce è contenuto proprio nei filtri che erano posti lì proprio per trattenerli.

Quindi faranno moltissima attenzione a utilizzare i dispositivi di protezione individuale adeguati.

Non si permetterebbero mai di aprire una cappa senza avere una tuta di massima protezione, una mascherina facciale di massima protezione, occhiali, guanti idonei, ecc.

Allora, adesso ti dico anche che se i tecnici si bardano così per fare una sostituzione di filtri sicuramente saranno più sicuri di te che in realtà non indossi solo quelli base perché hai la cappa che ti protegge (quando funziona e se la sai usare bene ovviamente).

Questo per dirti che se non c'è un filtro **HEPA CYTO** sotto il pianale che è molto più facile ed accessibile ai tecnici in fase di sostituzione che trattiene il 100% del contaminante, allora tu stesso sarai a rischio durante e dopo la sostituzione dei soli filtri HEPA.

Mi spiego meglio perché capisco che può sembrare complicato, devi sapere che il filtro HEPA Cyto sotto il pianale viene immediatamente imbustato in sacchi idonei e quindi è molto più difficile che il contaminante vada in giro essendo appunto accessibile direttamente sul fronte semplicemente con un pannello metallico e qualche vite.

Invece se non è presente tale filtro come ti dicevo, i tecnici quando andranno a sostituire i 2 filtri HEPA, inevitabilmente avranno qualche difficoltà maggiore nell'estrazione e anche nel chiuderli nei sacchi idonei, avranno comunque già tutte le superfici contaminate interne e il rischio di portare tale contaminazione anche su altre superfici è elevatissimo.

Il rischio di sbattere leggermente un filtro e produrre un sollevamento e fluttuazione nell'aria di pulviscolo contaminato è altissimo.

Questo pulviscolo può essere trasportato dall'aria e tu o altri anche molto distanti sarete a rischio di inalazione con tutte le conseguenze sopra descritte.

Inizi a capire un pochino meglio la mia preoccupazione quando vedo che si preparano chemioterapici sotto una cappa che in realtà non è una ***cappa per antiblastici di tipo H?***

Dovresti aver capito che non è una preoccupazione esagerata per i miei tecnici quanto invece per gli stessi operatori che ci dovranno poi vivere tutti i giorni.

Voglio quindi darti qualche dritta in più che va anche contro i miei interessi diretti in qualità di assistenza tecnica ma la sicurezza delle persone è per noi prioritaria.

I miei consigli se devi fare preparazioni di chemioterapici sono le seguenti:
- o indossare sempre i dispositivi di protezione individuale idonei
- o utilizzare una cappa per antiblastici (con le caratteristiche indicate poco fa)
- o avere una cappa per antiblastici all'interno di una stanza con filtrazione di aria con HEPA
- o canalizzare la cappa per antiblastici all'esterno dell'edificio (ove possibile)
- o posizionare la cappa per antiblastici lontana da fonti di disturbo con flussi d'aria elevati
- o far svolgere l'attività di manutenzione e sostituzione filtro solo a personale altamente qualificato

- evitare di cambiare i filtri HEPA troppo spesso perché non serve, è uno spreco di soldi e pericoloso
- in ultimo, utilizzare la cappa per antiblastici nel modo corretto (non sottovalutare questo aspetto)

Ovviamente se non hai una cappa per antiblastici tipo H quindi, non sarai a rischio durante le lavorazioni tranquillo ma ti sconsiglio di eseguire la sostituzione dei filtri HEPA se non assolutamente se strettamente necessario e categoricamente eseguita solo da tecnici sensibili ed esperti che ti tutelino.

Sono riuscito a trasmetterti l'importanza di avere una cappa per antiblastici e non una cappa comune?

Spero di sì, ma adesso vorrei soffermarmi ancora un pochino su un altro aspetto che secondo me è quello **PIÙ IMPORTANTE DI TUTTI.**

Il corretto utilizzo di una cappa per antiblastici!

Infatti, per quanto la cappa sia stata pagata molto e sia anche quella idonea di tipo H per manipolare i farmaci antiblastici, per quanto tu possa stare dentro una stanza filtrata con HEPA sul soffitto e una cappa ben disposta all'interno di esso,

NON SEI AL SICURO credimi.

Devi difenderti dal nemico più nascosto e pericoloso che ci sia...

Dovrai combattere contro un problema che spesso può essere insormontabile per alcuni...

QUEL PROBLEMA SEI TU!

Non voglio offendere nessuno, devi solo credermi quando ti dico che sono moltissimi anni che osserviamo gli operatori che usano le cappe, interveniamo in caso di problemi e via dicendo

e ti posso garantire che nell'80% dei casi siete voi stessi operatori che vi create da soli dei problemi auto-contaminandovi e facendovi del male da soli impiegando male la cappa.

Ovviamente non è volontaria questa cosa, purtroppo spesso siete inconsapevoli di quanto accade e il mio compito oggi è proprio questo.

Spiegarti perché sei la maggiore causa dei tuoi problemi ma soprattutto come puoi risolverli.

Ti interessa?

Spero di sì, anche perché non me ne viene nulla in tasca, sto facendo tutto questo solo ed esclusivamente per cercare di portare un po' di informazione ed aiutarti.

Quindi leggi attentamente le prossime righe perché potrebbero salvarti la vita.

Infatti, sono sicuro che tu sei un operatore esperto e lungi da me insegnarti come fare un preparato chemioterapico.

MA SEI UN OPERATORE ESPERTO NEL TUO MESTIERE

Spesso ci si confonde con essere anche esperto nel saper utilizzare una cappa per antiblastici che è cosa ben differente non trovi?

Probabilmente vieni da una scuola di utilizzo come autodidatta o magari all'inizio della tua carriera qualche anima pia ti ha spiegato come usare una cappa al meglio vero?

Sei sicuro che quella persona che ha insegnato a te ad utilizzare correttamente una cappa sia stata formata adeguatamente a tale compito?

Metteresti la mano sul fuoco e affideresti la tua vita nelle mani della sorte?

Io sinceramente no e quindi dico che è meglio fare un po' di chiarezza.

Infatti, ti posso assicurare che quasi tutti gli utilizzatori di cappe sono messi male, questo perché principalmente non esiste materiale informativo, non esistono libri sul corretto utilizzo di una cappa, non esiste documentazione ben fatta che aiuti gli operatori a preservare la loro sicurezza.

Quindi qualche dubbio sul fatto che hai imparato da qualcuno che ha insegnato a te che forse ha imparato da altri che a loro volta sono stati informati da chissà chi non ti rende un po' nervoso?

Ecco che entro in gioco io che ho avuto le tue stesse difficoltà quando all'inizio della mia carriera volevo capirci qualcosa di più sulle cappe e non ho trovato proprio nulla.

So cosa si prova a dover prendere per buono quello che uno dice e non avere la possibilità di essere certo che sia così.

Infatti, a distanza di molti anni, mi sono reso conto che in realtà moltissime cose che mi avevano raccontato "i famosi esperti" erano tutte cavolate.

Infatti, avevo confuso queste persone che lavoravano da moltissimi anni nel settore cappe con i veri esperti, purtroppo l'anzianità di servizio non conta un granché, lasciatelo dire.

Ovviamente se un operatore lavora per 30 anni e si è anche dedicato in parallelo a capire perfettamente ogni fase della sua lavorazione compreso l'utilizzo di una cappa per antiblastici) come in questo caso allora tanto di cappello.

Ma sarà una mosca bianca.

Dopo questa breve introduzione quindi ti ribadisco che devi fare molta attenzione al corretto utilizzo della tua cappa per antiblastici o cappa Biohazard in generale se anche non prepari chemioterapici.

All'interno di questo portale troverai moltissime informazioni su come utilizzare al meglio una cappa quindi ti consiglio di leggerli e approfondire.

Giusto per farti capire di cosa sto parlando, vediamo se ti ritrovi in alcuni di questi errori che la maggioranza degli operatori di cappe commettono quando eseguono le loro lavorazioni:
- o riempire la zona di lavoro con materiali vari
- o muovere le braccia verso sé stessi troppo velocemente

- utilizzare dei panni o pezzi di carta sulle griglie frontali di aspirazione
- utilizzare il cestino per lo smaltimento rifiuti fuori dalla cappa
- lavorare troppo vicino al bordo di ingresso dell'aria
- non pulire mai il sotto pianale di lavoro
- non far eseguire almeno un controllo annuo da un'azienda tecnica specializzata
- affidarsi alla manutenzione interna (per le manutenzioni magari dei condizionatori)
- posizionare la cappa in punti non idonei con flussi che possono disturbare la protezione
- accendere un condizionatore con un flusso diretto sul fronte cappa
- sparare un condizionatore direttamente sui sensori sopra la cappa (ove presenti)
- lavorare con la fretta e quindi rischiare di commettere errori
- far aspirare garze, pipette o altro al motore della cappa (con rischio rottura)
- lavorare in troppe persone davanti a cappe idonee per meno
- lavorare con la cappa subito dopo averla accesa senza attendere almeno 15/20 minuti
- lavorare con i neon UV germicida accesi nella cappa (le cappe più vecchie lo permettono ancora)
- utilizzare il becco Bunsen sotto cappa
- utilizzare una cappa biologica con sostanze che generano vapori chimici
- passare con le braccia sopra la zona di lavoro durante le lavorazioni comprometendo la sterilità
- introdurre il proprio cellulare o altro nella cappa (credimi

l'ho visto fare)
- o lavorare in prossimità di porte e finestre aperte che possono creare turbolenze varie dei flussi
- o lavorare con passaggio di operatori dietro la schiena che possono generare velocità di oltre 0,2 m/s

E potrei continuare ancora...Se anche tu commetti uno o più di questi errori ti consiglio di evitarli ma soprattutto di approfondire leggendo molti altri articoli che parlano proprio di questo molto più nel dettaglio.

Ci sono persone che mi accusano di scrivere articoli che mettono paura alla gente e io rispondo:

Lo so che i miei articoli possono far paura, ma io avrei più paura di qualcosa che mi sta uccidendo senza saperlo piuttosto che di qualcosa che potrebbe uccidermi e avere le informazioni necessarie per prevenirlo.

Adesso anche tu hai molte informazioni che possono aiutarti nel tuo lavoro e qualificarti sempre di più come esperto ovviamente.

Credo molto nella formazione continua e nel detto "chi non si forma si ferma".

Ovviamente anche questa è formazione oltre che informazione.

Spero di essere riuscito ad aiutarti nel capire che si può fare molto se si conoscono i limiti delle macchine oltre che i propri limiti.

Il capitolo che hai appena letto puoi trovarlo anche online a questo link:

www.chizard.it/031

Oppure scansiona
il QR-Code qui in basso:

7. Filtri HEPA intasati su una cappa Biohazard? Scopri finalmente le verità che ti hanno nascosto per decenni.

Ti sarà mai capitato di sentir parlare di **FILTRI HEPA INTASATI**?

Si parlo proprio di filtri HEPA **intasati** come un colino nel tuo lavandino quando hai finito di lavare i piatti.

Beh, se anche tu hai una cappa Biohazard nel tuo laboratorio, al 100% monterà dei filtri HEPA ed ecco perché ti consiglio di leggere attentamente, così da avere la possibilità di scoprire finalmente le verità che nessuno vorrebbe tu sapessi.

Come già citato nel titolo, in questo articolo tratteremo solo ed esclusivamente realtà connesse appunto ai filtri HEPA che vengono montati su cappe ad uso Biohazard che necessitano di una filtrazione del pulviscolo presente nell'aria al fine di raggiungere diversi scopi.

Svelerò importanti informazioni che ti saranno assolutamente utili durante la tua carriera lavorativa visto che in via generale il principio di funzionamento quando si parla di filtri HEPA è sempre il medesimo, avrai la possibilità di **RISPARMIARE** e di **GARANTIRE LA TUA SICUREZZA**.

Avrai anche la possibilità di capire finalmente qualcosina di più su questi filtri HEPA di cui ormai si sente parlare anche in altri campi, come ad esempio nell'ambito delle automobili avrai sicuramente sentito parlare di filtro antiparticolato non è vero?

Bene si tratta anche in questo caso di filtri HEPA che sono adibiti a trattenere il pulviscolo presente nell'aria, spesso si parla di filtri antipolline nelle auto ma questo è abbastanza riduttivo perché in realtà tali filtri trattengono un po' di tutto e non solo il polline ovviamente.

Con questo non vorrei confonderti, nel senso che i filtri antipolline installati nelle auto non hanno di certo il livello di efficienza di un filtro HEPA installato in una cappa Biohazard ad esempio.

Infatti, alcune case costruttrici di auto, riportano filtrazione "Like HEPA" ma non sono assolutamente gli HEPA che intendiamo noi, ad oggi l'unica macchina che monta filtri HEPA veri è la Tesla per tua informazione.

Continua a leggere perché cercherò anche di darti qualche notizia in più sui filtri HEPA in generale, qualche caratteristica tecnica sicuramente ma non ti annoierò con inutili numeri e diciture che potrai trovare in abbondanza su internet, quello che mi interessa è metterti in condizione di capirci veramente qualcosa in più e darti gli strumenti per non farti fregare da eventuali aziende "disoneste" che si approfittano di clienti fiduciosi e ignari ovviamente.

Nello specifico quindi ti risponderò alle 7 domande più frequenti sui filtri HEPA:
1. Esiste una norma che regolamenta il cambio dei filtri HEPA in una cappa Biohazard?
2. Perché sostituire i filtri HEPA?

3. Quando sostituire i filtri HEPA?
4. Se presenti, conviene sostituire i **PRE-Filtri** oltre ai filtri **HEPA**? differenza tra i due?
5. Si può verificare l'intasamento dei filtri HEPA in una cappa a flusso laminare?
6. Cosa sono i filtri HEPA e ULPA?
7. Chi può sostituire i filtri HEPA in una cappa, specialmente di tipo Biohazard?

(1) Esiste una norma che regolamenta il cambio dei filtri HEPA in una cappa biohazard?

CERTAMENTE... NO!!!

Attualmente non esiste appunto nessuna norma, legge o altro che regolamenta il cambio dei filtri HEPA in una cappa biologica o anche Biohazard che sia.

Le norme attuali regolamentano solo le verifiche da eseguire su tali cappe:
1. la **EN 12469** (per quanto riguarda le velocità dei flussi che devono avere le cappe biologiche)
2. la **EN 14644** (per la classe di pulizia che devono avere le cappe biologiche)

Ma in entrambe non troverai mai nessun riferimento che riguarda appunto i tempi di sostituzione dei filtri HEPA, neanche un piccolo consiglio quindi.

A volte sento citare la **EN 1822-1:2009** ma questa è la norma che regolamenta e classifica la costruzione e grado di filtrazione dei filtri di cui ti parlerò più avanti, quindi non è assolutamente da confondere con la norma che (**NON ESISTE**) obbliga al cambio dei filtri.

(2) Perché sostituire i filtri HEPA in una cappa Biohazard quindi?

I filtri HEPA devono essere sostituiti solo ed esclusivamente

QUANDO NON STANNO PIÙ SVOLGENDO LA LORO FUNZIONE PRIMARIA

Oppure se possono diventare causa di altri problemi.

Infatti, devi sapere che i filtri HEPA svolgono diverse funzioni:
1. proteggere l'operatore cappe mantenendo pulita l'aria che respira
2. creare un flusso d'aria sterile sul prodotto che si sta manipolando

Nel primo caso, sto parlando dei filtri HEPA così detti di Exaust (secondari) che sono posti a valle del sistema di filtrazione in una cappa e che filtrano quindi l'aria che entra all'interno dal fronte, prima che venga espulsa nel tuo laboratorio dove passi la maggior parte del tuo tempo.

Credi sia un filtro importante?

Ovviamente più è particolare la manipolazione che viene eseguita sotto cappa e più questo filtro diverrà importante per te operatore.

Ad esempio, se stai utilizzando una cappa Biohazard, probabilmente le lavorazioni che stai facendo saranno dannose per l'uomo che non deve entrarne in contatto.

Ci possono essere casi in cui le cappe Biohazard sono collegate all'esterno dell'edificio e in quel caso la funzione del filtro HEPA di Exaust non cambia, perché si è solo spostato il problema da dentro il laboratorio a fuori in ambiente ma come apri una finestra l'aria che ti respiri sarà sempre quella che è stata filtrata dall' HEPA della tua cappa quindi avrà sempre un'importanza, non trovi?

I filtri HEPA svolgono anche la funzione di creare un flusso d'aria sterile che investe il prodotto che tu stai manipolando quindi anche in questo caso immagino che sia importante sia per te che per i tuoi clienti o pazienti.

Quando parlo di flusso d'aria sterile, sto realmente parlando di un'aria completamente sterile e quindi priva di pulviscolo che viene trattenuto dal filtro cosiddetto (primario) cioè di mandata dell'aria in down flow direttamente sul tuo piano di lavoro.

Tali filtri HEPA riescono a trattenere particelle piccolissime nell'ordine dei 0,3 micron, impercettibili alla vista umana ma che possono essere veicolo per microrganismi e quindi non rendere più sterile la tua zona di lavoro.

Ti accennavo anche al fatto che i filtri vanno cambiati in caso possano creare problemi di altro tipo quali:
- riduzione della velocità dei flussi di down flow sul piano

di lavoro
- intasamento eccessivo con aumento dei consumi energetici
- intasamento eccessivo che rischia di mettere sotto sforzo le componenti meccaniche e hardware in generale

Questo lo approfondiremo nel prossimo punto.

Spero di averti dato una panoramica veloce e di averti fatto comprendere che sicuramente, i filtri svolgono una funzione importantissima e quindi **SE NECESSARIO**, devono essere sostituiti con altrettanti filtri di pari o superiore efficienza.

(3) Quando sostituire i filtri HEPA in una cappa Biohazard?

Questa è una delle domande più scottanti che mi vengono generalmente fatte, a primo impatto mi verrebbe da rispondere,

MAI

Ovviamente questo non è vero ma soprattutto possibile in tutti i casi ovviamente.

Sicuramente i tempi sono molto più lunghi di quello che magari qualcuno vi ha detto, probabilmente per un interesse specifico e diretto come ad esempio un'agenzia di assistenza tecnica.

Diciamo che in generale, vige la regola di valutare caso per caso appunto perché bisogna tenere in considerazione una serie di cose come ad esempio:

- tipologia di cappa
- ambiente in cui si trova (se più o meno polveroso)
- posizione in cui è collocata la cappa
- tipologia di manipolazioni svolte
- tempo di utilizzo giornaliero della cappa
- esperienza dell'operatore nell'utilizzo della cappa
- procedure utilizzate (inizio-durante-fine lavoro)
- assistenza tecnica che esegue la manutenzione della cappa

E molto altro ancora perché come vedi ci sono moltissime cose che possono influire sulla durata dei tuoi filtri e quindi ecco spiegato il motivo per il quale non esiste una norma che possa regolamentare appunto il quando sostituire i filtri HEPA così come non esiste una norma che regolamenta la sostituzione dei filtri a carboni attivi nelle cappe chimiche.

Se vuoi approfondire tale tematica, più avanti troverai interessanti informazioni anche su questi filtri a carboni attivi, nella sezione cappe chimiche ovviamente.

Però può capitare di trovare dei filtri a carboni attivi anche su delle cappe Biohazard, dipende soprattutto dall'utilizzo che si vuole fare.

Ad ogni modo, sicuramente solo del personale realmente qualificato può aiutarti a capire meglio il contesto in cui ti trovi e darti un'indicazione più corretta, ma puoi certamente capire se quello che ti viene detto è in linea con la tua situazione lavorativa.

Ti ho indicato molti punti che influiscono sulla durata dei filtri HEPA, in particolare mi preme dirti che nell' 80% dei casi un operatore poco informato è la principale causa di tutti i suoi problemi.

Ti dico questo perché se la cappa sterile non viene trattata con il dovuto rispetto e anzi viene equiparata a un grosso frigorifero con un ventilatore aspirante avrai sempre qualche problema.

Nell'osservare gli operatori durante le loro lavorazioni mi sono reso conto che non sanno come deve essere usata correttamente una cappa,

anche se l'ambiente che circonda la cappa sarebbe meglio fosse poco polveroso e quindi pulito, se poi l'operatore non chiude il fronte cappa con il suo vetro abbassandolo fino in fondo oppure non sigilla l'ingresso con l'apposito pannello frontale che molte cappe hanno,

in automatico permetterà alla polvere di entrare e di depositarsi sul pianale durante tutto il tempo delle non lavorazioni, poi la mattina accendendo la cappa in automatico tutta quella polvere verrà aspirata e pulita dal filtro HEPA di mandata e di espulsione che faranno sempre il loro lavoro ma che si intaseranno prima di altri filtri non trovi?

Oppure operatori che manipolano molto velocemente sotto cappa agitando le mani frontalmente permettendo così all'aria di entrare dall'esterno direttamente sul pianale e rischiando anche una contaminazione anziché muoverle lentamente in orizzontale ad esempio (modo corretto)

Oppure casi di neon UV germicida lasciati tutta la notte accesi inutilmente danneggiando il setto filtrante oltre che gli stessi UV accorciandone la vita.

Come vedi, conoscere bene la propria cappa è fondamentale al fine di allungare la vita dei filtri HEPA.

Giusto per dare un'indicazione generale, i filtri HEPA sarebbe bene sostituirli almeno ogni 5/6 anni di vita, ciò non toglie che eseguendo un costante monitoraggio semestrale o quantomeno annuale da parte di aziende specializzate in assistenza e manutenzione di cappe biologiche, si potrà avere una indicazione reale del grado di intasamento dei filtri.

(4) Se presenti, conviene sostituire i PRE-Filtri oltre ai filtri **HEPA? Qual è la differenza tra i due?**

CERTAMENTE SI

Ecco in questo caso mi sento di dirti di sostituire i prefiltri con quanta più frequenza possibile, secondo le tue esigenze ma di non superare in ogni caso l'anno di vita.

I prefiltri sono in genere costituiti in materiale lana fibra di vetro e servono essenzialmente come primo stadio di abbattimento e filtrazione del pulviscolo più grande che è presente nell'aria e che spesso è anche visibile ad occhio nudo quando un raggio di sole attraversa una stanza buia.

Svolgono quindi una funzione importantissima sia nel caso vengano posti prima di filtri HEPA ma anche in caso vi siano prefiltri prima di filtri a carboni attivi evitando così che tali filtri vengano ostruiti non svolgendo più la loro funzione primaria.

In genere è consigliata una sostituzione trimestrale o semestrale, ci sono casi in cui vengono lavati, asciugati e poi riposizionati come nel caso di UTA (unità trattamento aria) poste sul tetto degli edifici ma il mio consiglio è quello di sostituirli sempre anche perché lavandoli semplicemente verrà accorciata la vita degli stessi.

Sulle cappe, la sostituzione è sempre consigliatissima e non il lavaggio.

(5) Si può verificare l'intasamento dei filtri HEPA in una cappa a flusso laminare?

CERTO è **POSSIBILE** verificare l'intasamento dei filtri HEPA mediante il **DOP** test che permette di stabilire, mediante il metodo della dispersione di un aerosol a monte e la misurazione a valle dell'eventuale o meno penetrazione appunto dell'aerosol stesso che non dovrà superare lo 0,001%.

Tale test, è sicuramente molto costoso e in genere dovrebbe essere effettuato almeno una volta ogni 2 anni, soprattutto quando i filtri HEPA iniziano ad essere datati.

Questa verifica ad ogni modo è diretta a verificare l'intasamento dei filtri HEPA. Questo, secondo il mio modesto parere, non va inteso come una regola per il quale dover sostituire i filtri facendosi prendere dall'ansia poiché è bene che tu sappia che i filtri HEPA man mano che passano gli anni aumentano la loro efficienza di filtrazione.

L'esempio che ti ho fatto all'inizio del colino, ha un senso ovviamente, ad esempio, se nel tuo lavandino di casa dopo aver

lavato i piatti noti che l'acqua non scende più in maniera fluida perché dei residui di cibo sono andati ad intasare i forellini questo provocherà due situazioni:
1. la filtrazione dell'acqua sarà sicuramente migliorata in quanto i residui di cibo aiuteranno a bloccare altri residui non permettendo anche ai residui più grandi di passare
2. l'acqua ci metterà più tempo a scendere nei tubi ma prima o poi defluirà tutta assicurato (ovviamente i fori non devono essere completamente ostruiti)

Ovviamente il lavandino non ha un motore che spinge o che aspira l'acqua quindi bisognerà solo affidarsi alla forza di gravità che spingerà l'acqua verso il basso con i suoi tempi, invece nelle cappe abbiamo un motore che autoregolandosi aumenterà la sua potenza al fine di far comunque passare l'aria dal filtro intasato dandoti un'aria sempre più sterile sul tuo piano di lavoro.

Questo per dirti che **NON DEVI FARTI PRENDERE DALL'ANSIA** in caso in cui qualcuno ti dovesse dire che il filtro è intasato e che andrebbe sostituito perché non stai correndo alcun rischio diretto.

INVECE DOVRAI PREOCCUPARTI seriamente qualora, durante un controllo periodico vengano riscontrate molte particelle in uscita dal filtro HEPA di mandata perché questo potrebbe significare soltanto una cosa, ossia che il tuo filtro HEPA potrebbe avere un "buco" causando appunto il passaggio di molte particelle che non ti permettono di avere un flusso d'aria sterile sul piano di lavoro.

In più mi sento di dirti anche che un'attenta analisi inziale è sempre quello che occorre perché oltre che non necessario cambiare i filtri, potrebbe anche esporti a rischi inutili.

Ad esempio, sostituire i filtri Hepa Cyto in una cappa per preparazioni di chemioterapici non è consigliatissimo, soprattutto se l'assistenza che deve fare tale lavorazione non è stata sensibilizzata a dovere.

Accertati che siano dei veri professionisti con la P maiuscola perché rischi veramente grosso oltre che rischiare loro stessi. Il senso è che se si presenta un'azienda che fa condizionamento per capirci o ripara i frigoriferi spacciandosi anche per manutentori di cappe, io mi preoccuperei.

Poi fai un po' come credi ma sicuramente stai mettendo a rischio oltre te stesso anche il tuo laboratorio e i tuoi colleghi perché una volta contaminato chimicamente qualcosa è quasi impossibile decontaminarlo purtroppo.

Diverso per la parte biologica legata ai microrganismi che possono sempre essere distrutti.

(6) Cosa sono i filtri HEPA e ULPA?

Sembra un controsenso, ma ho lasciato apposta all'ultimo la spiegazione di cosa è un filtro Hepa perché alcuni di questi dati potresti reperirli abbastanza facilmente mentre quello che ti ho scritto prima no che non puoi trovarlo.

Ma visto che vuoi proprio approfondire adesso ti do in pasto un po' di numeri e sigle così sono contenti anche i più analitici e tecnici del settore. Probabilmente giusto qualche competitor che è rimasto in dietro e vuole recuperare formandosi e va benissimo così, le avessi avute io certe nozioni 15 anni fa.

Ad ogni modo, la normativa europea per la classificazione dei filtri e che ne definisce le classi è la **EN 1822-1:2009**

La definizione corretta di **HEPA** (dall'inglese *High Efficiency Particulate Air filter*) appunto è un sistema filtrante di particolato d'aria ad altissima efficienza.

I filtri HEPA sono costituiti da fogli filtranti di microfibre in più strati sovrapposti, separati da setti in alluminio.

I filtri HEPA fanno parte della categoria dei "filtri assoluti", così come anche i filtri **ULPA (Ultra Low Penetration Air)**.

Per capire meglio la differenza tra le due tipologie di filtri, gli HEPA presentano un'efficienza di filtrazione compresa tra l'85%(H10) e il 99,995% (H14) mentre gli ULPA hanno un'efficienza tra il 99,9995% (U15) e il 99.999995% (U17).

Puoi approfondire su Wikipedia le informazioni e le varie tabelle con tutti i valori relativi.

In genere nel 90% dei casi, la tipologia di filtro più usata dai costruttori di cappe Biohazard che poi hanno la necessità di sottoporre a certificazione le proprie cappe, **è la tipologia di filtri HEPA H14 quindi con efficienza filtrante di > 99,995 %** è difficile infatti che vengano montati filtri inferiori affinché venga garantita la sterilità del piano di lavoro.

Quindi per la tua sicurezza e per la sicurezza del tuo lavoro, verifica sempre ed esigi che sulla tua cappa biologica, soprattutto se Biohazard, vengano montati solo ed esclusivamente filtri HEPA H14 o superiori.

Ovviamente montare filtri ULPA va benissimo, ma il costo superiore in genere non li rende commerciali.

Anche perché con un filtro HEPA H14 si riesce ad avere tranquillamente una cappa sterile in classe ISO5, migliore quindi alla maggior parte delle vere e proprie sale operatorie che sono presenti nelle varie strutture sanitarie.

Attualmente sono pochissime le cappe che montano filtri ULPA, che però riescono a portare tali cappe a una classe ISO3.

Velocemente ti dico che la classe ISO dipende dalla quantità di particelle totali massime che ci possono essere sotto cappa e dalla loro dimensione che viene presa come riferimento ma puoi trovare queste informazioni tranquillamente su internet.

(7) Chi può sostituire i filtri HEPA in una cappa, specialmente di tipo Biohazard?

Arrivati a questo punto dovrebbe essere superfluo ma forse è il caso di dare qualche indicazione anche su tale tematica.

Spero di aver fatto passare il messaggio nelle risposte precedenti che i filtri HEPA sono fondamentali e vanno trattati al meglio ed è proprio per questo che la sostituzione non è una cosa da sottovalutare.

Abbiamo visto in precedenza che la sostituzione dei filtri HEPA può anche essere ponderata con l'attesa di diversi anni ma quando poi si decide di cambiarli per un motivo o per un altro

TI CONSIGLIO VIVAMENTE di affidarti a dei veri professionisti del settore se non vuoi incorrere in una serie di problematiche future non indifferenti.

Un'assistenza seria ma soprattutto qualificata e certificata per tali lavorazioni potrà garantirti la tua sicurezza e il risparmio nel tempo.

- Ad esempio, una delle fasi primarie nonché obbligatorie per legge è la decontaminazione dei filtri della tua cappa Biohazard prima della sostituzione al fine di preservare la sicurezza dei tecnici stessi che opereranno ma anche la tua di sicurezza in quanto del pulviscolo sottilissimo potrebbe comunque sollevarsi dai filtri HEPA contaminando il tuo laboratorio e l'aria che respiri.
- Avere un'azienda seria ti permetterà di non preoccuparti dei filtri che ti verranno forniti perché saranno sicuramente HEPA H14 per quanto detto prima e ti metteranno anche in condizione di risalire a tutte le specifiche, ti daranno i numeri di serie nonché il certificato singolo del filtro HEPA specifico che ti hanno installato.
- È fondamentale che i filtri siano ben posizionati al fine da non far passare aria non filtrata all'interno o all'esterno della cappa stessa
- Un'azienda di assistenza cappe competente avrà tutta la strumentazione necessaria per verificare che i filtri siano installati correttamente e nel caso sistemarli al meglio.
- Potrai anche stare tranquillo dal punto di vista della sicurezza in quanto un'azienda seria avrà certamente fatto

- ai propri tecnici i corsi relativi al rischio biologico
- Potrai anche stare tranquillo che non ti girino i filtri facendo finta di cambiarteli e invece montando semplicemente gli stessi. Di questa cosa puoi accorgertene facilmente perché ogni filtro Hepa è certificato e numerato, SEMPRE. Ti basterà prendere le schede tecniche e verificare che i numeri di serie cambino e che non siano stati invertiti con altri numeri di altre cappe. (altro giochetto che qualcuno ha escogitato)
- In ultimo non dovrai nemmeno preoccuparti di eventuali contaminazioni crociate dall'esterno portate appunto dai tecnici stessi delle cappe

Insomma, affidati sempre a un'azienda esterna che è concentrata solo sulle cappe e mai a personale o aziende improvvisate che dicono di farlo ma poi non hanno la reale percezione di come debba essere fatto peggio mi sento se decidi di affidare la sostituzione dei tuoi filtri a manutentori interni "tuttofare" che tratteranno la tua cappa come un condizionatore credimi.

Non voglio prendermela con quei poveretti che oltretutto mettono a rischio la loro vita perché spesso e volentieri neanche hanno i KIT DPI (dispositivi di protezione individuale) adeguati contaminando non solo loro stessi ma anche tutto il resto.

con questo credo di averti dato una panoramica ampia e abbastanza dettagliata sui filtri HEPA, il loro utilizzo e la loro importanza ma soprattutto spero di averti dato qualche strumento in più per difenderti da eventuali "approfittatori" del mercato.

Se nemmeno così pensi di stare al sicuro, ti consiglio di inserire la tua mail nel Form in alto a destra nel portale Chizard e scaricarti

"GRATIS" immediatamente la guida che ho realizzato e che ti permetterà di trovare la tua assistenza cappe seria, qualificata e corretta proprio nella tua città (sempre che non sia stato tolto tale documento, nel caso contattami e vedrò di fartela avere privatamente).

Tue eventuali domande o dubbi su questa tematica o altre sono veramente ben accette e potrai lasciarle direttamente online e mi prodigherò per risponderti quanto prima.

Il capitolo che hai appena letto puoi trovarlo anche online a questo link:

www.chizard.it/8

Oppure scansiona
il QR-Code qui in basso:

8. Filtro HEPA trattiene le nanoparticelle prevenendo i tumori?

Prima ho dato una panoramica generale sui filtri Hepa, adesso voglio scendere un pochino nel dettaglio sulla parte relativa alle nanoparticelle, solo perché alcuni me lo hanno chiesto espressamente e non mi è sembrato carino ignorarli.

Se anche tu possiedi una
- Cappa da laboratorio Classe I o classe II
- Cappa MSC classe I o classe II
- Cappa Biohazard o similari

che montano appunto un filtro HEPA oppure vuoi capire meglio quello che respiri tutti i giorni allora devi assolutamente continuare a leggere perché nel caso specifico, vedremo anche se un filtro HEPA è in grado di trattenere ed intrappolare particelle nanometriche che chiameremo quindi Nanoparticelle.

Voglio dirti quindi che non andremo troppo a fondo sulla parte tecnica, esistono già articoli o altro (non moltissimo in realtà) che trattano più a fondo queste tematiche, se cerchi informazioni molto specifiche sui filtri HEPA puoi sempre visitare le pagine internet di aziende che li producono come:
- HAKEPA
- CAMFIL
- DEFIL
- ECOFILTER
- SAGICOFIM

E così via... giusto per citartene qualcuno.

Ad ogni modo, come ti dicevo, vorrei scendere un po' più nel dettaglio di utilizzo degli stessi e farti ragionare su alcune cose secondo me importanti.

Dicevamo quindi che il filtro HEPA viene montato nelle cappe da laboratorio ma quale filtro deve essere montato?

È importante che la tua assistenza tecnica ti inserisca un filtro HEPA almeno della tipologia H14 con efficienza 99,995 % e non di certo un H13, questo piccolo dettaglio può compromettere la tua salute e anche la sicurezza del prodotto che stai realizzando sotto il flusso laminare della tua cappa quindi fai attenzione.

Filtro HEPA trattiene le nanoparticelle prevenendo i tumori?

Voglio dirti che ho fatto lunghe ricerche in tal senso e si trovano veramente pochissime informazioni, ovviamente è difficilissimo se non impossibile trovare qualcuno che possa ammettere che queste Nanoparticelle generate da molteplici cose possano essere dannose per l'essere umano spesso causa di nano patologie che poi provocano i tumori.

Non hai mai sentito parlare di nano patologie?

Non si tratta di nuove malattie tranquillo, ma è una branca che si occupa di studiare appunto gli effetti delle Nanoparticelle che entrando nel nostro organismo, possono divenire la causa di moltissime patologie, alcune già note come il Morbo di Parkinson e di Alzheimer o anche il Morbo di Crohn, oppure nell'ambito sessuale varie malattie tumorali e malformazioni fetali.

Insomma, queste Nanoparticelle già si conoscono e già sappiamo

che possono nuocere alla salute,
È stato anche dimostrato dal professor Nemmar dell'Università Cattolica di Leuven che particelle da 100 nanometri, ovvero 0,1 micron, quando vengono respirate, possono attraversare facilmente la barriera polmonare in soli 60 secondi e nell'ora successiva giungono al fegato.

E poi???

Può accadere quello che ho riportato sopra, essere un inizio di problemi gravi sicuramente.

Ma perché ti sto raccontando tutto questo, semplicemente per dirti di non sottovalutare il ruolo di un filtro HEPA H14 della tua cappa a flusso laminare perché potrebbe salvarti la vita.

È ormai una costante per me, trovare clienti che sono concentratissimi nel loro lavoro perché veramente esperti in materia ma poco attenti allo strumento che li può tutelare, se anche tu utilizzi cappe che montano un filtro HEPA avrai capito che non è stato messo li a caso.

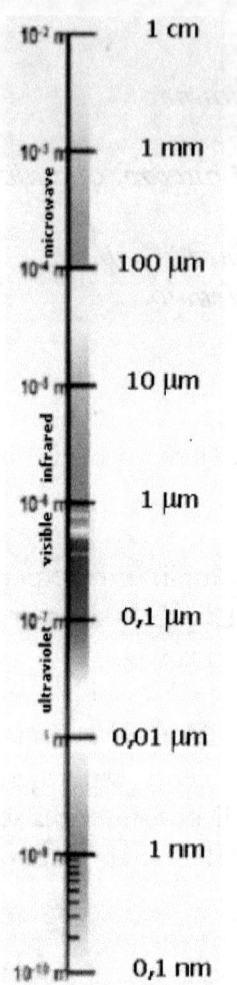

Vorrei riportarti un piccolo grafico per farti capire le dimensioni di queste particelle così piccole che passano dai micron alle nanometriche così magari è più facile per te capire quello di cui sto parlando.

L'immagine non è il massimo, presa da internet giusto per farti capire di cosa sto parlando, come puoi vedere c'è una scala intanto devi sapere che:

Il micrometro è un'unità di misura della lunghezza corrispondente a un milionesimo di metro.

Ovvero: $1\ \mu m = 1 \times 10{-}6$ m.

$0{,}1\ \mu m = 100$ nanometri

In passato era usata la dizione micron usata ancora oggi in realtà

Dove leggi 10 μm quindi puoi associarlo alle famose PM10

ne avrai sentito sicuramente parlare, ti sarà anche capitato di arrabbiarti perché ti hanno chiuso il traffico ai veicoli in città hanno alternato le targhe dispari con quelle pari e così via.

Bene, devi sapere che la causa "se così la possiamo definire" sono appunto il controllo di queste **PM10**

Non si tratta altro che di un controllo ambientale fatto con strumenti che appunto misurano la quantità di particelle da **10 μm** presenti in alcuni punti della città prestabiliti,

se i valori riscontrati superano quelli massimi consentiti, scattano le manovre di sicurezza per cercare di riportare i limiti nella norma.

Adesso scendiamo la scala, immagino che già da solo avrai capito che le **PM10** sono piccole ma esistono particelle ancora più piccole infatti a volte controllano anche le **PM 2,5** che sono appunto da 2,5 μm

Ma devi sapere che la tua cappa da laboratorio, visto che monta un filtro HEPA H14 come ti spiegavo prima, può trattenere particelle piccolissime (Nanoparticelle) anche fino a **0,1 μm** di diametro.

Infatti per poter verificare un filtro HEPA di una cappa da laboratorio è necessario uno strumento tecnologico chiamato contatore di particelle laser che assistenze tecniche come la nostra hanno e tarano costantemente al fine di garantirne l'efficienza e il risultato in fase di controllo ovviamente.

Forse adesso riesci meglio a comprendere quello di cui ti sto parlando, se già le particelle da 10μm sono dannose al punto che una città si DEVE categoricamente fermare costi quel che costi, bloccando traffico, lavoro, economia e tutte le normali attivitàtu non pensi di fare un pochino di attenzione in più visto che hai un filtro HEPA apposito per trattenere queste piccolissime particelle?

A volte si confonde il fatto di non lavorare direttamente con Nanoparticelle perché si fanno altre tipologie di lavori e non si riflette troppo su cosa potrebbe comportare la negligenza nell'affidare una manutenzione a personale poco esperto che nel cambiare i filtri non tutela se stesso utilizzando i dispositivi di protezione individuale come le maschere facciali filtranti idonee o peggio sbattendo i filtri con un rilascio immediato di queste microparticelle nell'ambiente circostante che fluttuano e si disperdono in giro per mesi.

Fai attenzione anche a preservare il tuo prodotto quindi, perché lo stesso filtro HEPA che monta la tua cappa tutela proprio il prodotto.

Facciamo l'esempio di una fecondazione assistita, in genere una coppia "deve" rivolgersi a queste cliniche per poter essere aiutati appunto a procreare, parliamo di persone che sicuramente già hanno delle difficoltà se devono ricorrere a questo sistema giusto?

Bene, allora spiegami perché devi mettere a rischio il risultato del tuo lavoro nonché una vita umana?

Perché? non sono matto... se lavori in una clinica del genere allora saprai anche che ci sono delle cappe così chiamate a flusso laminare orizzontale

anche queste montano un filtro HEPA h14 l'unica differenza è che il filtro è posizionato orizzontalmente sul banco di lavoro e genera un flusso che investe il prodotto al fine di preservalo da impurità di vario tipo.

Sarà importante che qualsiasi attività si svolga dentro una cappa del genere sia preservata? allora perché non sostituite mai i filtri HEPA? perché non fate le verifiche dei flussi e un controllo generale di buon funzionamento?

Io faccio sempre l'esempio del pilota di formula 1

Tu pensi possibile che si metta seduto nella sua bella macchina che sfreccia a 300Km/h senza che sia stata perfettamente collaudata e verificata solo ed esclusivamente da personale esperto e qualificato?

Dimmi la verità, tu saliresti su una Ferrari che poco prima è stata revisionata da Pasquale tutto fare che poco prima stava riparando una lavatrice?

Spero di no perché io manco morto ci salirei.

Allora perché quando si tratta di cappe da laboratorio, il tuo strumento di lavoro, oltretutto eccellente a svolgere quello per il quale è stato creato e cioè una protezione collettiva, non lo vuoi manutenere adeguatamente?

Se non hai una cappa, e stai leggendo questo articolo allora devi sapere che purtroppo questa prassi accade nell' 80% dei casi.

Infatti, le cappe biologiche che montano un filtro HEPA che poi possono essere più o meno complesse e di varie tipologie e che a volte montano anche più di un filtro HEPA come ad esempio cappe che montano:
- filtro HEPA principale di mandata (flusso laminare verticale sul piano e che viene poi ricircolato dentro la

cappa)
- filtro HEPA secondario di espulsione (flusso che fuoriesce verso l'alto da una cappa e si disperde nell'ambiente)
- possibile filtro HEPA molto grande sotto il piano di lavoro (HEPA Cyto) usato per cappe di oncologia e farmacia per preparati blastici

le cappe con filtro HEPA ed il filtro HEPA stesso sono presenti ovunque in molti campi per la pulizia dell'aria e la sterilità del flusso:
- filtro HEPA utilizzato nel **farmaceutico**
- filtro HEPA utilizzato nell'**ospedaliero**
- filtro HEPA utilizzato nell'ambito **universitario**
- filtro HEPA utilizzato nella **ricerca**
- filtro HEPA utilizzato nell'**alimentare**
- filtro HEPA utilizzato nell'**industriale**
- filtro HEPA utilizzato nel **petrolifero**
- filtro HEPA utilizzato dagli **organi di controllo**
- filtro HEPA utilizzato nei **laboratori privati**

e così via...

Insomma, queste benedette cappe, termine riduttivo perché si definiscono appunto dispositivi di protezione collettiva, sono veramente in tutti i settori.

ma il filtro HEPA è anche installato sui soffitti delle sale operatorie.

Tatataaaaa

Ecco questo è un punto delicatissimo perché è un altro aspetto che viene costantemente sottovalutato da TUTTI.

Quindi ci si va ad operare per una banalità e ops, come mai mi sono preso un'infezione?

Devi sapere che il filtro principale utilizzato nelle sale operatorie è sempre ed esclusivamente filtro HEPA H14, si proprio come quello della tua cappa, sempre per lo stesso principio che l'aria prima di essere immessa in un'ambiente così delicato, deve categoricamente essere filtrata per purificarla da tutte quelle impurità presenti.

Anche perché ormai dovresti capire facilmente che già rischiamo essendo perfettamente sani, non potendo proteggerci dalle nanoparticelle che se inalate riescono ad arrivare ai polmoni e fegato in pochissimo tempo figuriamoci se ci stanno operando e il nostro involucro esterno è stato aperto appunto per l'operazione.

Saremo un pochino più a rischio non trovi?

Purtroppo, le sale operatorie, non sono sicure e si contano solo in Italia milioni di infezioni annue, anche se c'è un numero di filtro HEPA nella misura di 4 o 6 nella stessa sala, il problema deriva da:
- mancanza di controlli adeguati
- intervento di personale qualificato e certificato per questo
- sostituzione con la dovuta accortezza e sensibilità

Infatti, spesso la gestione dei filtri HEPA di una sala operatoria li ha in gestione la stessa azienda che si occupa di condizionamento!

Non sto scherzando, è tutto vero, questi omini che probabilmente hanno una bassissima sensibilità in materia e se gli parli di nanoparticelle ti risponderanno: nano che?

Non possono essere le figure adatte a sostituire dei filtri così delicati, oltre il fatto che sono molto sicuro di alcuni casi in cui vengono montati anche filtri EPA anziché filtri HEPA per una questione di costi ovviamente.

Infatti, qui ancora oggi la fa da padrone il costo basso che più al ribasso non si può e poi spendiamo un sacco di soldi in altro modo o per curare le malattie che noi stessi abbiamo causato cercando di risparmiare sulla qualità di alcuni materiali o servizi.

Anche la tua bella cappa a flusso con il tuo bel filtro HEPA o filtri HEPA spesso si trovano in questa condizione quindi ti consiglio vivamente di fermarti un'oretta, scaricarti la guida che ho realizzato per te che ti aiuterà proprio nella ricerca di un'assistenza tecnica di cappe seria ed affidabile quanto più vicina alla tua città.

E se poi proprio non ti fidi o non riesci a trovarla vorrà dire che amplierai il budget e cercherò di venire in tuo aiuto partendo da Roma. (www.technocappe.it)

Se invece già sei a Roma, allora non perdere tempo e contattaci prima che possa essere troppo tardi.

Spero di averti aiutato ad ampliare la tua visione, non voglio fare del terrorismo, mi piace rendere le persone più consapevoli perché se si conoscono i limiti si possono evitare i problemi.

Il capitolo che hai appena letto puoi trovarlo anche online a questo link:

www.chizard.it/090

Oppure scansiona
il QR-Code qui in basso:

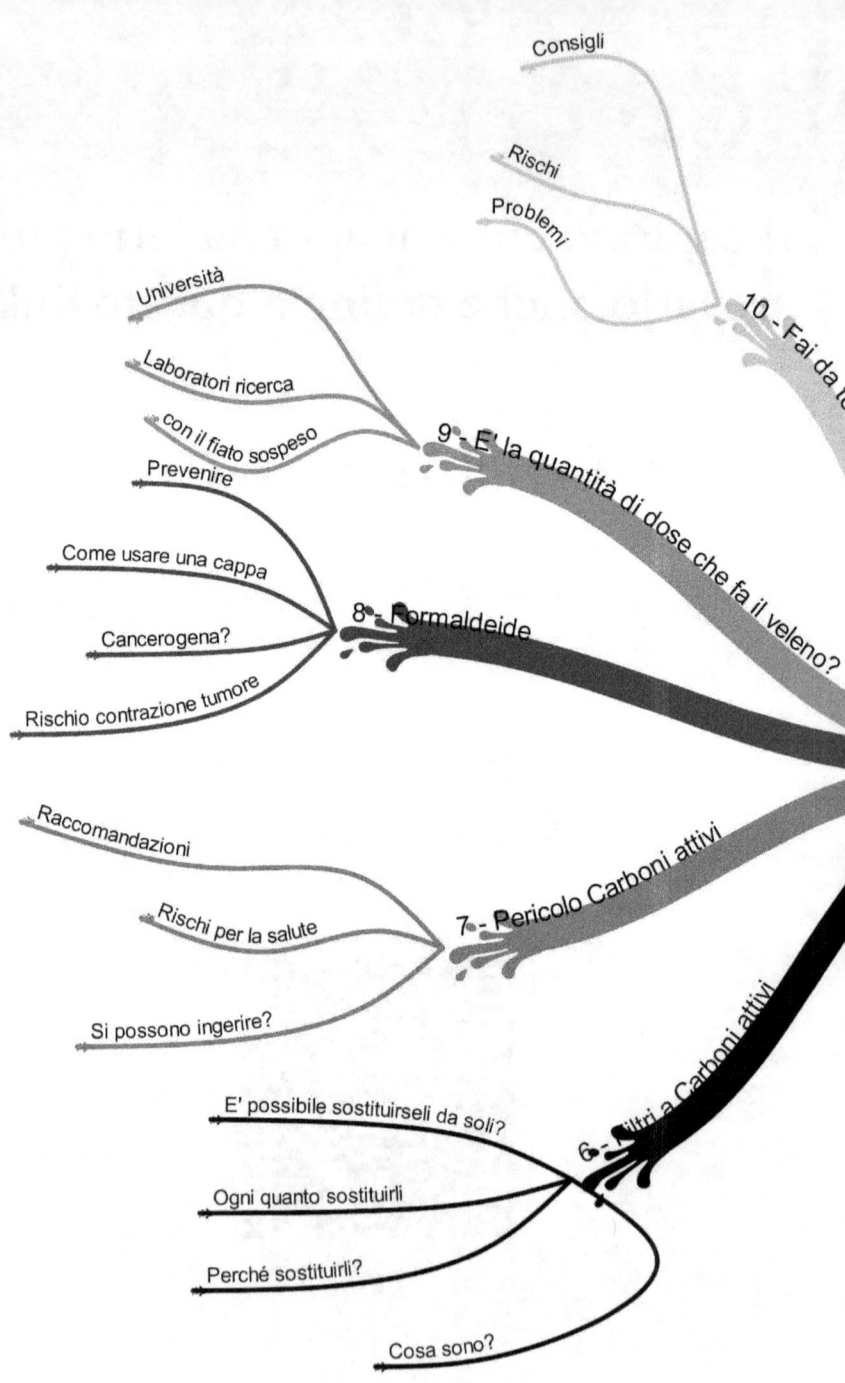

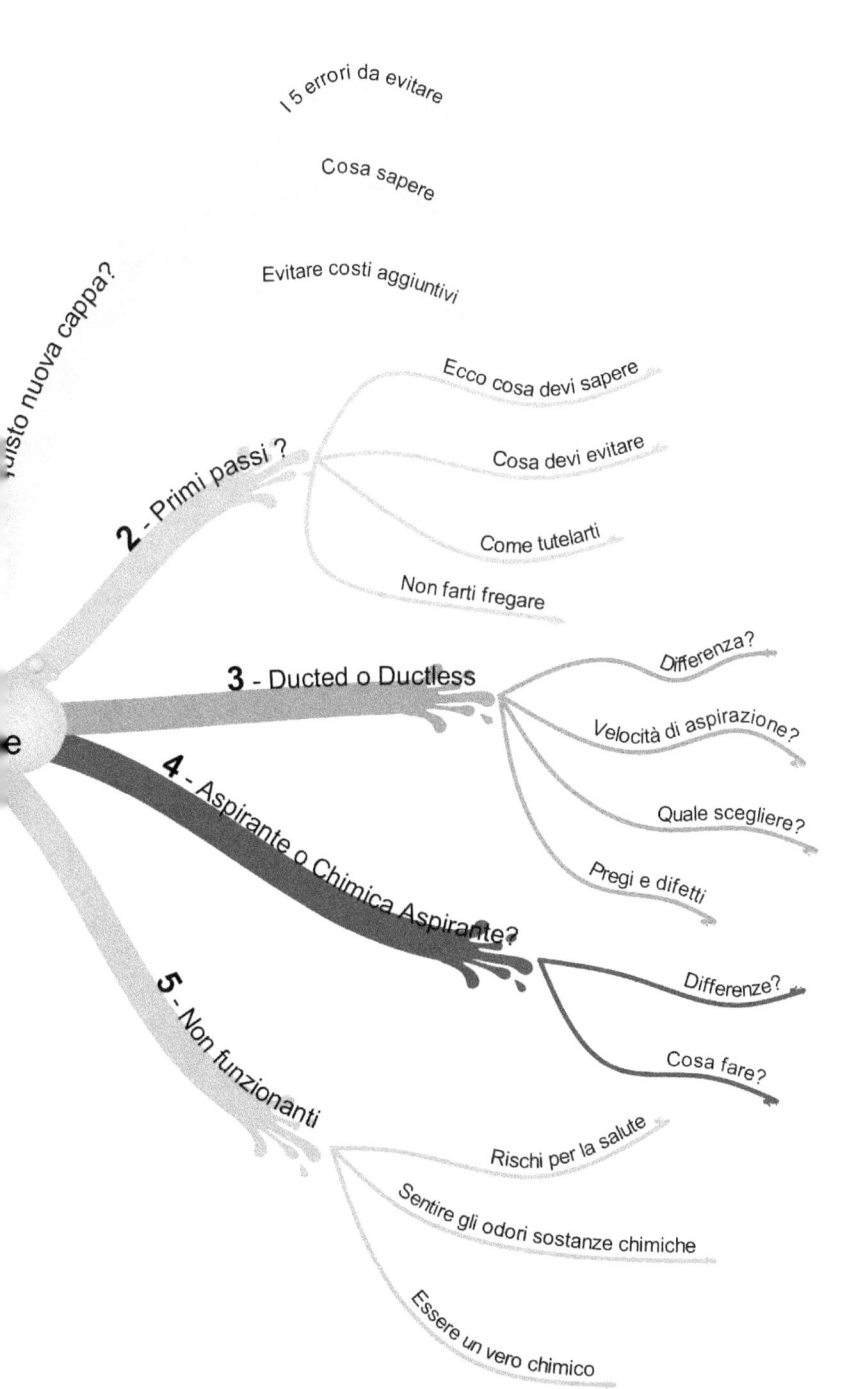

1. Acquisto di una cappa chimica? Scopri i 5 errori che rischiano di farti affondare in un mare di sprechi e insicurezza

Ti trovi nella condizione di dover fare l'acquisto di una cappa chimica e non hai la minima idea da dove cominciare?

Non preoccuparti perché analizzeremo insieme i 5 errori più comuni che tutti commettono quando devono procedere all'acquisto di una cappa chimica ed inoltre ti svelerò amare verità su quanto viene nascosto dai rivenditori delle cappe pur di piazzarle a discapito dei clienti.

Grazie a queste poche righe avrai una panoramica più chiara di cosa fare e come farlo, a cosa prestare più attenzione e cosa chiedere al tuo rivenditore di cappe "esperto" al fine ultimo di avere la migliore soluzione per te ovviamente.

Finalmente avrai la possibilità di difenderti dai continui dépliant colorati e preventivi complicati che hanno il solo scopo di incasinarti e creare confusione, potrai avere quindi una panoramica più ampia e mettere subito in pratica quanto appreso sin dall'inizio.

La fase iniziale è di fondamentale importanza per prevenire eventuali problemi futuri, in quanto, sottovalutando alcuni aspetti, vengono provocati guai seri sia dal punto di vista funzionale delle cappe chimiche stesse che della sicurezza degli operatori con dispendio di energie e soldi che potevano essere risparmiati.

Non voglio fare del sarcasmo su tragedie che sono avvenute ma semplicemente far ragionare sul fatto che spesso la poca considerazione di alcuni dettagli può provocare delle vere e proprie catastrofi mettendo a rischio la sicurezza delle persone.

In genere l'acquisto di una cappa chimica nasce da un'esigenza lavorativa nonché normativa al fine ultimo di proteggere operatori e ambiente, ma si danno per scontati molti aspetti che invece non lo sono e che portano inevitabilmente a problemi futuri.

Ecco quindi i 5 errori:
1. Errore di mancata analisi preventiva delle esigenze lavorative del personale di laboratorio al fine di tutelare la loro salute nel manipolare le sostanze chimiche
2. Errore di mancata analisi preventiva del laboratorio stesso dove si pensa di andare a collocare la cappa chimica
3. Errore nella scelta della cappa chimica più idonea alla lavorazione che si intende fare (il più delle volte scegliendo il prezzo più basso)
4. Errore di non richiedere che la cappa chimica, una volta installata, venga nuovamente verificata totalmente per essere sicuri che stia funzionando
5. Errore diffuso di pensare di avere una garanzia sulla manutenzione delle cappe chimiche e verifica della sua funzionalità (nessun contratto con assistenza tecnica esterna)

1) Errore di mancata analisi preventiva delle esigenze lavorative del personale di laboratorio al fine di tutelare la loro salute nel manipolare le sostanze chimiche

Si proprio così... il primissimo errore che viene fatto nella fase di acquisto di una cappa chimica è quello di non partire da un'attenta valutazione dei rischi derivanti dalle lavorazioni che devono essere eseguite, piuttosto dal fatto che qualcuno ha detto che ha sentito da altri che serve una cappa chimica.

Questo accade molto spesso... si parla di cappa chimica ma in realtà molti non sanno neanche perché la stanno usando o se è quella giusta.

Tu ti sei mai posto domande del genere?

Spero di sì, ad ogni modo l'errore di valutazione iniziale che ho menzionato parla appunto del fatto che prima ancora di richiedere preventivi o peggio mi sento, fare dei bandi di gara, chi di dovere esegua appunto un'indagine interna al fine di avere più chiara la situazione lavorativa che si deve andare a gestire.

È più facile a dirsi che a farsi, basterebbe parlare con gli operatori che sono sempre in prima linea e ai quali interessa più di tutti che le cose vengano fatte bene e da loro scopriresti già moltissime informazioni utilissime poi al momento di richieste di preventivo.

ALT, mi fermo subito o meglio ti fermo subito nella lettura...

Se il fine ultimo è quello di risparmiare il più possibile (sprecando i soldi, soprattutto quelli pubblici) lavorando male sulla pelle degli altri (che poi tanto ci rimetti anche tu) allora queste pagine non prenderle proprio in considerazione.

Purtroppo, se devi fare una gara al ribasso che un po' "se ne frega" di scegliere uno strumento realmente utile come una cappa chimica intesa come DPC e che sia realmente in linea a quanto necessario ai tuoi operatori allora non siamo in sintonia.

Se invece vuoi dare il prezzo corretto alle cose e spendere i soldi nel modo corretto, un'analisi preliminare è quello che ti occorre e stai leggendo l'articolo giusto che potrebbe farti riflettere su tematiche al quale magari non hai pensato o non hai dato il giusto peso per vari motivi.

Conosco benissimo le dinamiche delle gare pubbliche che mirano a risparmiare il più possibile, e sono anche d'accordo, purché non si spenda due volte alla fine dovendoci rimettere mano.

Infatti, spesso manca una vera e propria analisi preventiva corretta che lascia troppo spazio ad interpretazioni di vario tipo dove poi i fornitori di servizi sguazzano per portare l'acqua al proprio mulino.

Troppo spesso vedo gare completamente pilotate da qualcuno che ha scritto il capitolato al posto del cliente e questo posso anche capirlo perché a volte non si sa proprio cosa scrivere, solo che se è troppo vincolante e per giunta su questioni neanche troppo corrette si rischia di rimanere fregati.

Ecco perché devi conoscere e informarti, ecco perché se ti trovi ad essere una figura che ha facoltà di scegliere all'interno della tua amministrazione, devi più di tutti capire certe dinamiche e avere certe informazioni.

Quindi dicevamo, prima di tutto puoi:
- parlare con gli operatori e farti un'idea delle lavorazioni che devono eseguire o che eseguono già da diversi anni
- chiedere quali sostanze chimiche useranno e in che concentrazioni (giornaliere, settimanali e mensili così da farti un'idea e poterlo comunicare al tuo consulente)
- chiedere quanti operatori dovranno lavorare contemporaneamente sotto cappa
- chiedere dove pensano di far installare la cappa
- Verificare che il percorso per raggiungere tale luogo dal punto di scarico sia agevole per il trasportatore, cosa importantissima
- Analizzare il luogo prescelto al fine di capire se è quello idoneo (lo vedremo più avanti)
- Chiedere agli operatori se già avessero in mente qualche cappa chimica e perché

Insomma, con una giornata ben fatta o meglio qualche ora sarai già un passetto avanti e avrai le idee più chiare.

Ovviamente se tu stesso devi procedere all'acquisto di una cappa chimica per te allora potrai velocemente rispondere a queste domande utilissime e fare un'autoanalisi approfondita.

Ti ricordo che il fine ultimo è quello di tutelare l'operatore e la collettività (da cui ne deriva il nome: DPC - dispositivo di protezione collettiva) ma adesso passiamo all'errore successivo.

2) Errore di mancata analisi preventiva del laboratorio stesso dove si pensa di andare a collocare la cappa chimica

Penso sia importantissimo questo aspetto che invece, stranamente, viene sottovalutato da tutti.

Posso affermare tranquillamente che a nessuno frega molto dopo l'acquisto di una cappa chimica, dove venga posizionata perché in tutti questi anni di carriera come assistenza di cappe chimiche ho visto certe cose che fanno venire la pelle d'oca.

Purtroppo, c'è da dire una cosa, i rivenditori nonché i costruttori stessi vi hanno abituato a vedere le cappe chimiche come semplici arredi da laboratorio anziché come dispositivi di protezione collettiva quali sono.

Vi hanno sempre fatto credere che un bancone e una cappa fossero praticamente la stessa cosa ma lasciati dire che questo è quanto di più errato ci possa essere.

Se ti stai chiedendo il perché, beh non posso rispondere io a questa domanda, ovviamente mi sono fatto delle mie idee e teorie che da un certo punto di vista nel tempo stanno trovando le loro conferme, parlo della **TOTALE IGNORANZA** di molti rivenditori nonché agenzie di vendita varie e perché no, anche di assistenza tecnica che non sapendo neanche loro bene il funzionamento delle cappe chimiche hanno da sempre sminuito l'importanza e manipolato i clienti al fine ultimo di non essere troppo esigenti e capirci realmente qualcosa a riguardo.

Premetto che io nonché la mia agenzia di assistenza tecnica **"TechnoCappe"** non abbiamo alcun mandato di vendita per nessun tipo di cappa esistente proprio perché nel tempo abbiamo voluto mantenere una sorta di indipendenza in quanto non sposiamo molto il concetto del "me la canto e me la suono".

Questo per dirti quindi che purtroppo ognuno tirerà sempre l'acqua al suo mulino e se tu pensi di affidarti a qualcuno (a caso) affinché ti dia la migliore soluzione possibile per quello che ti serve beh, forse sei fuori strada.

O meglio, non che questo non possa capitare certo è che dovrai vedere con estrema chiarezza che l'interessamento sia totale e che l'agenzia alla quale ti affidi esegua per tuo conto un'attenta analisi delle tue reali esigenze come al punto 1, ricordi?

Se non c'è questo allora aspettati di essere trattato come tutti gli altri e di ricevere un arredo da laboratorio (perché anche nella mente del rivenditore ci sarà l'idea del "una cappa vale l'altra").

Io ti consiglio di fare tu queste valutazioni e dare indicazioni precise a riguardo, così facendo avrai un minimo di scarico di responsabilità ma soprattutto dormirai più sereno pensando di andare nella direzione giusta.

Coinvolgendo il personale di laboratorio, gli utilizzatori della cappa chimica che andrà acquistata, otterrai il beneficio di non avere grosse obiezioni e problematiche future.

Al termine dell'acquisto di una cappa chimica quindi, parlavamo di fare un'analisi sull'ambiente nel quale deve essere collocato il DPC ma in che modo? cosa tenere presente?

Te lo indico subito riassumendolo anche qui per punti senza

snocciolarli troppo singolarmente ma che ti consiglio di stamparti e usare come una check list vera e propria:

- Presenza di una parete della larghezza idonea facendo attenzione a non incastrare la cappa a ridosso di muri
- Presenza di un tavolo di appoggio idoneo (se non lo acquisti appositamente)
- Presenza di eventuali fonti di disturbo come condizionatori, finestre, porte, corridoi, prese d'aria soffitto, ecc.
- Presenza di un punto di passaggio o apertura armadi che possano creare correnti d'aria anche minime
- Possibilità di collegare la cappa all'esterno mediante dei canali della larghezza idonea (meglio se sul tetto)
- Possibilità di montare box filtri a carboni attivi (nel caso si necessiti dell'abbattimento prima dell'espulsione)
- Calcolo delle eventuali portate di aspirazione aria per sapere se necessaria un'immissione aria esterna
- Verificare compatibilità con altre eventuali cappe limitrofe (volume aria necessaria)
- Verifica di eventuali dislivelli della pavimentazione
- Verifica delle altezze necessarie al fine di poter installare la cappa in modo idoneo lasciando il giusto spazio sopra
- Verifica degli spazi necessari in caso di manutenzione di un'assistenza tecnica di cappe chimiche
- Previsione futura di eventuale acquisto di una cappa chimica ulteriore (se possibile e necessaria)

Giusto per citartene qualcuno.

Se hai già acquistato cappe chimiche, hai mai fatto certe considerazioni? Le ha fatte chi ti ha venduto la cappa chimica?

Non credo, per come vedo le disposizioni delle cappe chimiche in generale è già tanto se sono state montate in verticale anziché in orizzontale perché non c'è stato criterio o considerazione da parte di chi avrebbe dovuto darti la corretta informazione.

Ovviamente spesso ci si scontra con realtà, come nelle gare pubbliche, nelle quali chi predispone il bando non ne capisce proprio niente e fa degli strafalcioni allucinanti, basterebbe seguire un po' di logica o in questo caso seguire qualche consiglio utile come quanto riportato in questo articolo.

E poi fai attenzione a chi monterà la tua cappa chimica, a volte si compra da una parte e si fa montare da altri perché spesso chi vende non svolge tale servizio.

Ovvio, è la parte più complicata di tutte, è la progettazione e il cuore del sistema di aspirazione che, se lasciato al caso o nelle mani di incompetenti, porterà inevitabilmente a svariati problemi come ad esempio l'aspirazione bassa sul fronte cappa.

Capisco che non ci siano queste informazioni in rete ne tanto meno vengono date da chi di dovere però troppo spesso lasciamo al caso molti dettagli che poi di dettagli non si tratta.

3) Errore nella scelta della cappa chimica più idonea alla lavorazione che si intende fare (il più delle volte scegliendo il prezzo più basso)

Quindi a questo punto dovreste già avere sia il dettaglio di cosa occorre a voi o al vostro personale operante (sostanze chimiche utilizzate, misure cappa utile, quantità, ecc.) che un'idea sulla giusta collocazione della cappa chimica che intendete acquistare.

Ecco, spesso l'errore è anche nella scelta ovviamente, il più delle volte nella fase iniziale di acquisto di una cappa chimica si fanno richieste di preventivo e poi, non capendo moltissimo delle informazioni che ci vengono date si sceglie per il prezzo più basso o per quella che a vostro giudizio è più corretta senza però avere alcun riferimento reale su cosa veramente sia giusto per voi.

Infatti, come dicevo al punto precedente dovete togliervi dalla testa di acquistare un arredo ma essere consapevoli che state procedendo all'acquisto di una cappa chimica da laboratorio.

Adesso però devo fare un po' di precisazioni in quanto il mondo delle cappe in generale è ampio e anche se scontato vorrei sottolinearlo principalmente si divide in:

CAPPE per uso CHIMICO e

CAPPE per uso BIOLOGICO

Questo a grandi linee, poi scendendo nel dettaglio delle cappe uso biologico ci sono tante altre tipologie che non cito per non confonderti visto che dobbiamo parlare di cappe chimiche.

Quindi le Chimiche si dividono in 2 famiglie principali:

DUCTED e DUCTLESS

Cappe chimiche **DUCTED** (significato inglese "**canalizzato**")

Sono sempre cappe appunto canalizzate all'esterno mediante dei condotti (canali) possibilmente rigidi e lisci, quindi le chiameremo cappe a **estrazione totale dell'aria** che viene aspirata sul fronte.

Queste cappe sono molto diffuse perché sono state tra le prime cappe a uscire sul mercato e ad essere vendute come complemento di arredo insieme alla realizzazione dei laboratori, ne troviamo infatti moltissime negli ospedali e nelle Università ma anche in molti altri posti ovviamente.

Le caratteristiche di tutte le cappe chimiche è quella di aspirare semplicemente aria dal fronte della cappa per evitare che l'operatore possa in qualche modo inalare i vapori più o meno nocivi che possono svilupparsi dall'utilizzo delle sostanze chimiche sotto cappa durante la fase di lavorazione.

Come dicevamo sopra, le cappe **DUCTED** "canalizzate" le riconoscete immediatamente perché presentano un canale che esce sopra la cappa stessa da un foro di uscita predisposto dal costruttore che serve appunto a convogliare l'aria aspirata sul fronte della cappa, questa aria viene il più delle volte aspirata da un elettro aspiratore posto a valle del condotto immediatamente vicino all'espulsione finale dell'aria.

Solitamente il posto più idoneo è in copertura sul tetto, ad ogni modo i motori di aspirazione dovrebbero essere accessibili alla manutenzione tecnica comodamente e in sicurezza, inoltre se vogliamo essere proprio precisi il motore aspirante corretto per l'impiego di sostanze chimiche (potenzialmente infiammabili) è quello antideflagrante (in genere viene chiamato anti scintilla o antiscoppio).

Questo motore è in classificazione **ATEX** e significa che la componentistica che lo compone è stata studiata appunto per far si che non sia possibile provocare eventuali scintille e quindi deflagrazioni poiché nelle cappe chimiche, nonché nei condotti di espulsione, potrebbero ristagnare vapori potenzialmente infiammabili che al contatto con una scintilla potrebbero esplodere letteralmente coinvolgendo anche l'operatore stesso.

Ecco perché si consiglia sempre di "pulire" la cappa chimica al termine del suo utilizzo lasciandola accesa per 10/15 minuti senza alcun tipo di materiale sotto cappa così da far espellere tutti gli eventuali vapori presenti nella cappa e nelle condotte.

Inoltre, evitare anche di lasciare flaconi sotto cappa e via dicendo.

Invece, quando sentite parlare di cappe chimiche **DUCTLESS** si intendono cappe a **"ricircolo dell'aria"** aspirata sul fronte.

Per ricircolo dell'aria si intende che fisicamente l'aria aspirata sul fronte della cappa prima di fuoriuscire nuovamente dalla stessa, attraversa uno o più filtri che in genere sono del tipo a carboni attivi.

Occhio, perché esistono molte tipologie di carboni attivi e, visto che in genere i clienti non ne hanno proprio idea, vengono raggirati dai più furbetti che per risparmiare gli installano carboni attivi generici che di solito sono per trattenere i solventi organici.

Ti dico occhio perché se ad esempio nella tua analisi è emerso che l'operatore dovrà utilizzare per le sue lavorazioni in prevalenza e tutti i giorni "acidi" quei carboni generici non saranno idonei e rischierai che dopo pochissimo questi acidi si disperdano nell'ambiente e qualcuno se li respiri totalmente.

Idem per la formaldeide che oltretutto è stata classificata cancerogena.

Queste cappe chimiche a ricircolo Ductless quindi sono cappe che possono andare benissimo previa attenta analisi a monte dell'acquisto e monitoraggio nel tempo delle stesse al fine di cambiare i filtri installati se necessario perché cambiata la tipologia di lavorazione.

Il tutto per dirti che nel dubbio il consiglio è sempre quello di canalizzarle all'esterno se possibile, le cappe a ricircolo nascono per ovviare a problemi che ci possono essere per mancata possibilità di portare le condotte in esterno, per vincoli paesaggistici o strutturali e via dicendo.

Magari adesso ti starai chiedendo come fai quindi a sapere se una cappa chimica è realmente **DUCTED o DUCTLESS** visto che anche queste ultime se possibile è meglio canalizzarle all'esterno. Beh, questo non è semplicissimo devo dire... perché i filtri sono chiusi all'interno e generalmente non facilmente accessibili:
- o diciamo che un trucchetto veloce e indolore potrebbe essere il fatto di verificare l'esterno della tua cappa chimica, se non trovi viti o altro che ti permetta l'accesso al vano cappa allora molto probabilmente si tratta di una cappa non apribile perché **DUCTED**
- o oppure puoi avvicinare l'orecchio al cassone quando l'accendi e se fai attenzione dovresti sentire se c'è un motore all'interno che soprattutto quando la spegni continua a girare ancora un po'

Ovviamente questi sono dei metodi molto grossolani ma che possono farti capire qualcosina di più sulla tua cappa, quelli più

corretti sarebbero:
- guardare il manuale tecnico nonché di uso e manutenzione che ti ha dovuto fornire il costruttore nella fase di acquisto di una cappa chimica
- oppure affidarti all'esperienza di un'assistenza tecnica valida e seria

Ma siccome sia il manuale che le assistenze serie faticherai a trovarle allora ho preferito darti sin da subito due dritte "a gratise" come si dice a Roma.

Ora, non vorrei tediarti oltre perché magari già sai tutte queste cose, se vuoi approfondire puoi leggere altri articoli che ho scritto in cui parlo espressamente di queste cose che potrai trovare all'interno di questo portale.

Arrivati a questo punto, ormai sei un esperto nel riconoscere le cappe e quindi, visto che devi scegliere quale cappa richiedere al tuo fornitore o ai tuoi fornitori, ti informerai sul fatto di poterla canalizzare all'esterno magari dalla tua manutenzione interna e dopodiché deciderai.

Giusto per darti qualche indicazione veloce e suggerimento:
- Se puoi canalizzarla, prevedilo sempre anche se scegli una cappa a ricircolo
- Se dovranno essere utilizzati cancerogeni come la "formaldeide" dovrai canalizzarla obbligatoriamente
- Se non puoi canalizzarla e devi per forza di cosa installare una cappa chimica a ricircolo allora assicurati che i carboni siano corretti
- Se vuoi acquistare una cappa a ricircolo per avere già i carboni va benissimo e tieni in conto la sostituzione degli

stessi almeno ogni 12 mesi
- Se scegli una cappa a estrazione totale fai attenzione affinché il motore che venga montato sia corretto e dimensionato per darti la velocità desiderata
- Se scegli una cappa a ricircolo che poi canalizzi, tieni presente che il motore è standard e quindi non puoi fare 50 metri di canali

e adesso voglio indicarti alcune note positive e negative secondo me di un tipo di cappa e dell'altra

ACQUISTO DI UNA CAPPA CHIMICA DUCTED (aria canalizzata all'esterno):

Pregi:
- L'operatore si trova sempre in sicurezza perché l'aria viene aspirata ed espulsa fuori
- Si può dimensionare il motore correttamente in base ai reali metri di condotte e curve presenti per avere la velocità di aspirazione desiderata
- Se cambiano le lavorazioni nel tempo e si necessita di velocità maggiore si può pensare di sostituire il motore con uno più performante

Difetti:
- Se non previsto un box filtri a carboni attivi, l'aria aspirata sul fronte viene sparata semplicemente fuori in ambiente con l'ipotesi che ti rientri dalla finestra
- Se viene sbagliato il dimensionamento del motore non si può fare molto per aumentare la velocità ma bisognerà cambiare il motore
- Viene in genere venduta come un arredo da laboratorio

insieme ai banconi e i lavandini
- Bisogna prevedere il costo extra per l'installazione del motore ed eventuale box filtri sul tetto o altra parte idonea che incide parecchio

ACQUISTO DI UNA CAPPA CHIMICA DUCTLESS (ricircolo dell'aria):

Pregi:
- Filtri a carboni attivi specifici già a bordo macchina che filtrano l'aria prima di essere espulsa in ambiente per il benessere collettivo
- Può essere installata anche senza canalizzazione e quindi non necessarie opere murarie o altri costi extra
- Prezzo finito e cappa chiavi in mano pronta all'utilizzo sin da subito
- Dimensioni in genere più contenute e cappa già montata direttamente in sede

Difetti:
- La cappa, se canalizzata, non può avere 30 metri di canali perché il motore è standard di default
- Se ci sono molti metri di condotte (es. 50 metri) va previsto un motore che aiuti l'aspirazione per aumentare la velocità di aspirazione frontale
- Se si tende a risparmiare fino all'ultimo euro e non si cambiano i filtri poi saturandosi non svolgeranno più il loro compito
- Non è possibile cambiare le velocità frontali più di quanto non imposto dal costruttore perché le prestazioni del ventilatore sono di fabbrica

4) Errore di non richiedere che la cappa chimica, una volta installata, venga nuovamente verificata totalmente per essere sicuri che stia funzionando

Questo errore comunissimo e generalizzato in fase di acquisto di una cappa chimica è quanto di più assurdo venga fatto a mio avviso.

Ipotizziamo che ti sei sbattuto per arrivare a identificare correttamente la tipologia per l'acquisto di una cappa chimica seguendo tutti i punti che ti ho riportato sopra e non facendo nessun errore dopo tutto questo lavoro di analisi, verifiche, accertamenti vari tu che fai...

E poi non ti sinceri che la cappa montata nel posto che hai indicato sia realmente verificata nel luogo dell'installazione e collaudata da personale qualificato ed esperto??????

Fammi capire...

Siccome la cappa chimica che hai acquistato, ha la certificazione ISO o altro allora dai per scontato che da te nel tuo laboratorio stia funzionando correttamente e per quello che tu hai richiesto che facesse?

Questa superficialità nel collaudo finale di una cappa chimica piuttosto che una cappa biologica (peggio mi sento perché ci sono anche i filtri Hepa molto delicati) è pericolosa e deleteria. È di fondamentale importanza non trascurare MAI e poi MAI la verifica della cappa il giorno del collaudo.

Sai che la tua unica chance di poter verificare che il prodotto acquistato sia corretto e perfettamente funzionante è in quel fatidico giorno dell'installazione /collaudo?

Se non è così che l'hai mai visto preoccupati... il trasportatore stesso potrebbe averla sbatacchiata oppure potrebbe essere stata montata male oppure potrebbero essere stati fatti male i calcoli per le specifiche del motore (una delle cose che accade più spesso).

E TU NON VUOI SAPERLO?

Stai spendendo magari 8.000/10.000 euro per una cappa chimica e pecchi di superficialità proprio su questo aspetto?

Molti, quando lo faccio presente mi dicono... a io no assolutamente, l'installazione e il collaudo vengono fatti a dovere ecc. ecc., come se si stessero difendendo o dovessero difendere l'azienda che ha venduto le cappe, a me non frega niente tanto poi faccio i controlli e se le cappe non funzionano, non funzionano punto.

Io lo dico per voi, spendete un sacco di soldi quindi pretendete che questi collaudi (compresi il più delle volte) vengano eseguiti correttamente e seriamente e chiedete sin da subito in fase di offerta, chi eseguirà tali collaudi in fase di installazione.

Non darlo per scontato perché ad oggi accade che il 90% delle case costruttrici intende collaudo come un attaccare la spina alla corrente e accendere la cappa, infatti spesso gli stessi trasportatori fanno questo (ma con quale esperienza e titolo?), ed ecco fatto il collaudo.

Invece per collaudo si intende il fare tutte quelle verifiche sulla cappa che ne determinano il reale funzionamento, in pratica come fossero i controlli che dovresti fare quanto meno ogni anno quindi, se chi dice di averti fatto il collaudo non ti fa molti test con diversi strumenti (smoke test con fumogeno, verifica velocità anemometriche, controllo rumorosità aspirazione ecc.), allora sta solo attaccando la spina e devi avere paura.

In più sarebbe quasi obbligatorio fare un corso agli operatori sul CORRETTO UTILIZZO della cappa appena installata secondo le loro tipologie di lavorazioni.

Pensa a questo...

È come se comprassi un bel televisore nuovo di zecca, con tanti sacrifici economici fatti nei mesi precedenti, il trasportatore lo consegnasse a casa e anziché provarlo utilizzandolo per un po' guardando le varie funzioni, lo lasciassi nella scatola.

Poi dopo una decina di giorni aprendo quella scatola ti accorgi che mancano i cavi di alimentazione o che lo schermo è rotto.

Ecco, il collaudo che tu firmi è un po' una cosa del genere, getta su di te la responsabilità che la cappa stia funzionando correttamente anche senza aver eseguito tutti i test come riprova finale scagionando il trasportatore da qualsiasi responsabilità e lasciando all'azienda venditrice il compito di decidere se poi occuparsi della tua problematica o meno.

Devo dire che piano piano le cose stanno cambiando perché attualmente alcune case madri, nel Lazio ci contattano per eseguire i collaudi post installazione da parte del corriere perché stanno capendo che è importantissimo.

E anche perché i clienti hanno deciso di togliere le mani dagli occhi e alcuni fanno più attenzione di altri.

Ci vuole tempo ma tutti si dovranno allineare a questo approccio (anche perché non credere che il collaudo "attacco la spina" sia gratuito).

5) Errore diffuso di pensare di avere una garanzia sulla manutenzione della cappa chimica e verifica della sua funzionalità (Nessun contratto con assistenza tecnica esterna)

In ultimo, ma non meno importante, in questo caso al termine dell'acquisto di una cappa chimica è diffusissimo il pensiero da parte dei clienti di "pensare" che la garanzia a volte citata dai costruttori o venditori di 12 o 24 mesi comprenda praticamente tutto.

Ecco, vorrei sfatare questo mito. Nel senso che la garanzia è espressamente su problematiche dovute a problemi eventuali di carattere elettronico, rottura motore o schede in maniera accidentale e che non possano dipendere in alcun modo dal cliente ma assolutamente non prevede la garanzia sui consumabili come i filtri ad esempio o l'eventuale verifica dell'aspirazione della cappa o dei controlli obbligatori che andrebbero fatti.

In genere soprattutto chi ha la garanzia di 24 mesi pensa che per 2 anni dall'acquisto non debba fare alcun tipo di verifica e forse solo trascorsi i 24 mesi si preoccuperà di far fare tali verifiche obbligatorie.

Questo non è assolutamente così. La cappa, dal momento

che viene installata, diventa un vostro problema così come la sicurezza degli operatori è un vostro problema e quindi anche solo semplicemente per la legge 81 (sicurezza sul lavoro) siete obbligati a sincerarvi che la vostra cappa stia funzionando correttamente e costantemente tutti i giorni.

Quindi, per semplificare il messaggio che voglio riportarvi è che almeno a 12 mesi dall'installazione fate verificare la vostra cappa da professionisti del settore, se non sai come trovarli ti invito a scaricare la guida **"GRATUITA"** che ho realizzato semplicemente lasciando una mail in cambio per potertela inviare, tutto qui.

Procurati una tua assistenza tecnica di cappe chimiche valida e possibilmente quanto più vicina a te affinché possa supportarti seriamente e velocemente in caso di bisogno, non capisco quelli che pur di risparmiare si accattano un 'assistenza che si trova a 800 km dalla propria sede.

Che poi parliamoci chiaro... secondo te, come fa a costare meno di un'assistenza specializzata dietro casa tua? Già solo per benzina e casello autostradale dovresti chiedere il doppio…

Quindi dove altro stai risparmiando?

Spero di essere stato utile, forse mi sono dilungato un tantino ma di cose da dire ce ne sono un'infinità e vorrei mettere tutti nella condizione di potersela cavare, soprattutto quando si deve procedere all'acquisto di una cappa chimica dovendosi confrontare con gli avvoltoi del settore che sguazzano nella disinformazione.

Il capitolo che hai appena letto puoi trovarlo anche online a questo link:

www.chizard.it/3

Oppure scansiona
il QR-Code qui in basso:

2. Primi passi con una Cappa Chimica e non sai cosa fare? Scoprilo subito in questo articolo

Ti senti come un bambino che deve imparare a camminare e vorresti evitare di sbattere il faccino 200 volte per terra prima di imparare?

Oppure già utilizzi una cappa chimica ma finalmente hai preso coscienza che è il caso di capire meglio il suo funzionamento?

Allora posso venirti in aiuto perché troverai preziose informazioni proprio su come imparare a usare una cappa chimica ma senza dare facciate inutili.

In entrambi i casi ti faccio i miei complimenti perché una cappa Chimica utilizzata in modo scorretto può essere pericolosa e causare gravi danni a te stesso e a chi ti sta intorno in quanto serve proprio per manipolare sostanze chimiche veramente pericolose, quindi non puoi permetterti di sbagliare, neanche una volta.

Voglio ricordare, per non dimenticare, i fatti accaduti all'università di Catania e se non hai mai sentito certe notizie puoi visitare il sito (www.conilfiatosospeso.it) e rimanere basito da quanto è accaduto. Ci hanno fatto anche un film/documentario pluripremiato.

Alcuni mi hanno detto che faccio terrorismo, che agito le folle e mi è capitato anche di ricevere qualche "invito" non troppo velato a smettere di raccontare la verità che è stata sepolta per più di 40 anni su queste cappe.

Ovviamente non mi faccio intimorire da nessuno perché sono convinto che l'informazione è importante soprattutto nel caso di una cappa chimica come quella che utilizzi o utilizzerai tu.

Se andrai a visitare il sito che ho menzionato, ti invito a leggerti le storie vere di ragazzi ma anche di persone di una certa esperienza (nella sezione le vostre storie), ma siediti comodo e prenditi un bicchiere d'acqua a portata di mano perché potrebbe servirti per riprenderti alla fine della lettura.

Si perché dopo aver letto certe storie, storie vere su ragazzi che hanno utilizzato e purtroppo utilizzano una cappa chimica non funzionante e descrivono perfettamente cosa accade in un laboratorio che non cura troppo questi aspetti, ci vuole un po' di tempo per riprendersi.

Ma quello che mi chiedo è invece come si fa a rimanere immobili davanti a certe evidenze?

Se ci tieni alla tua salute e a quella di chi ti sta vicino allora continua a leggere i miei articoli ma non fermarti, approfondisci, studia, confrontati con gli altri e diventa un operatore esperto nell'utilizzo di una cappa chimica e non solo un esperto chimico perché non ti salverà la vita.

Ora, non so precisamente in quale condizione lavorativa o di studio ti trovi, non so assolutamente se lavori in un laboratorio chimico dell'università o presso qualche azienda o se hai intenzione di lavorarci... ma una cosa la so: se hai intenzione di fare il chimico o in qualche modo lavorare con sostanze chimiche prima o poi ti troverai a manipolare sostanze più o meno tossiche o peggio sostanze cancerogene e quindi spero per te, lavorerai con una cappa Chimica.

Devi solo sperare che sia funzionante ovviamente e che sia idonea.

Prima di cominciare a lavorare con sostanze chimiche, ti consiglio sempre di porti alcune domande:
- Vuoi affidarti completamente agli altri o preferisci approfondire alcune questioni?
- Ti dicono che per certe manipolazioni la cappa Chimica non serve, ti senti sicuro lo stesso?
- Conosci realmente la pericolosità delle sostanze che andrai a manipolare?
- Hai verificato che ci sia una cappa Chimica nel laboratorio?
- Sai per certo che ci sia una cappa Chimica libera per quando dovrai manipolare?
- Sei sicuro che la cappa Chimica presente sia funzionante?
- Sei sicuro che la cappa Chimica sia idonea???

Se hai dato una risposta esauriente alle seguenti domande allora non hai grossi problemi e stai partendo con il piede giusto, ma so per certo che spesso tutte queste domande non se le pone nessuno, è già difficile trovare un posto dove lavorare figuriamoci se ti metti a fare anche storie.

Ecco questo è il grande problema che ci portiamo dietro, LA **PAURA** . Paura di dire troppo e divenire scomodi per qualcuno ed essere tagliati fuori.

Parlando con gli operatori delle cappe, quando i professori non ascoltano, escono fuori storie agghiaccianti che farebbero venire i brividi anche a un orso Grizzly credimi, i ragazzi, spesso neanche troppo giovani, vivono nella paura giorno dopo giorno.

La paura di parlare, la paura di chiedere e mettere in discussione alcune cose perché appunto qualcuno gli ha detto che certe cose si fanno così ed è meglio mantenere il silenzio.

Invece dovrebbero avere paura di come stanno utilizzando una cappa chimica, paura di utilizzare una cappa chimica non idonea o non funzionante e invece niente quella paura svanisce in un secondo al solo pensiero di poter essere allontanati, di essere bocciati o altro.

Se anche tu ti trovi in questa condizione, ti capisco, non è facile per niente e ci credo ma hai un'alternativa validissima:

INFORMARTI e **FORMARTI** sul corretto utilizzo di una cappa.

Come dicevo prima, mi dicono che faccio del terrorismo ma in realtà voglio solo aprire gli occhi ai molti operatori e dargli una via alternativa.

Non voglio di certo dire che bisogna prendere e andarsene, quella è l'ultima spiaggia se proprio non si hanno altre alternative ovviamente, dico soltanto che se chi ti dovrebbe formare ed informare ne sa veramente poco allora è il tuo compito tutelare la tua vita e quindi, prima di utilizzare una cappa chimica, sincerati di alcune cose che adesso andremo a vedere insieme.

Visto che il titolo dell'articolo è proprio:

Eccoti una veloce Check list da utilizzare come valida alternativa al solito metodo: "fanno tutti così o mi hanno detto di fare così":
1. Identifica che sia realmente una cappa Chimica e che sia idonea al tuo lavoro
2. Fai attenzione che non vi siano fonti di disturbo sul fronte della tua cappa Chimica
3. Accendi la tua cappa Chimica e aspetta (non è ancora pronta per essere usata)
4. Verifica che il pianale sia sgombero e che non vi siano versamenti nella cappa Chimica
5. Verifica che la Cappa Chimica stia funzionando correttamente (con i mezzi a tua disposizione)
6. Usa la tua Cappa Chimica nel modo più appropriato alle tue esigenze

Magari detta così non ti dice molto e ti starai chiedendo come posso aiutarti, quindi andiamo a snocciolare ogni singolo punto così da darti qualche informazione in più e ricorda che tali informazioni sono generiche in quanto per avere una vera e precisa procedura di utilizzo di una cappa Chimica idonea per il tipo di manipolazione che TU devi fare bisogna fare un'attenta valutazione dei rischi, di quantitativi delle sostanze manipolate e via dicendo.

In via generale però puoi prendere spunto da questo, soprattutto in mancanza di informazioni da parte di chi dovrebbe essere preposto a tale scopo

(1) Identifica che sia realmente una cappa Chimica e che sia idonea al tuo lavoro

Eccoci al primo punto, il più importante secondo me perché spesso e volentieri nel fare dei sopralluoghi presso i miei clienti o più semplicemente ricevendo le liste delle cappe per una gara mi accorgo già stesso dal modello della cappa e dal costruttore che il cliente ha fatto confusione denominando cappe Biohazard come cappe aspiranti, cappe Chimiche come cappe a flusso orizzontale e così via.

È chiaro che c'è una confusione generalizzata e, visto che non stiamo parlando di cappe da cucina ma di cappe chimiche, forse è il caso di partire da qui.

Visto che dovrai manipolare sostanze Chimiche ti servirà una cappa Chimica ovviamente. Come fai a distinguere velocissimamente che non sia biologica?

- inizia da un'analisi esterna della stessa, cerca un'etichetta che in genere il costruttore dovrebbe apporre magari qualche informazione base la riesci a reperire così, niente da fare?
- hai un manuale della cappa in qualche cassetto nascosto nel laboratorio? chiedi in giro e, se lo trovi, confronta che sia il manuale proprio di quella cappa tramite illustrazioni grafiche, etichette o altro
- chiedi in giro anche a personale più esperto, ma sempre con un po' di sana curiosità di verificare che sia vero
- se hai trovato il nome del tuo modello ma non hai il manuale potresti provare a cercare su internet se esce fuori qualche informazione in più
- se hai ancora dei dubbi, usa internet, cerca cappa chimica

sul motore di ricerca usando l'impostazione "immagini di Google ad esempio"
- verifica che NON abbia un filtro HEPA, in genere è di colore bianco ed è fatto come carta con una struttura pieghettata e una rete protettiva dello stesso colore
- verifica che ci sia un vetro molto grande frontale che puoi far salire e scendere a piacimento modificando l'ampiezza dell'apertura frontale

A questo punto dovresti essere sicuro che ti trovi davanti una cappa chimica o quantomeno aspirante, ma non di certo biologica.

Ho sottolineato il fatto di verificare che sia idonea perché è molto importante che tu prendi coscienza della tipologia di sostanze che andrai a manipolare, della tossicità o della cancerogenicità.

Ad esempio, spesso si pensa di poter manipolare qualsiasi sostanza chimica anche su semplici cappe aspiranti ma in realtà non è così, devi pensare che una cappa aspirante non cappa chimica la puoi paragonare a quelle da cucina.

Soprattutto se ti trovi a manipolare sostanze **CANCEROGENE**.

Ti ricordo che la nuova normativa europea n. 605/2014, in vigore a partire dal 1° gennaio 2016, classifica la formaldeide come cancerogena di categoria 1B/2.

Quello che è allucinante è che tale sostanza viene usata praticamente da sempre e solo oggi nel 2016 si sono decisi a dare questa informazione?

Vedi quando ti dico di non fidarti, intendevo proprio questo...

Tu e solo tu puoi decidere della tua vita e cosa respirarti, io sinceramente preferisco dell'aria quanto più pulita possibile e tutto ciò che non si avvicina minimamente a questa aria la tratto come potenzialmente pericolosa per me, può valere anche per un deodorante spruzzato in un bagno pubblico che non so che sostanza sia e se chi ha deciso di usarla abbia fatto delle reali considerazioni a riguardo o meno.

Oggi quindi c'è un allarmismo diffuso per via di questa recente normativa ma la Formaldeide viene utilizzata in diversi settori in tutto il mondo da anni e anni.

Prima non era cancerogena?

CERTO CHE LO ERA!!!

Solo che, siccome non era stata varata nessuna legge, tutti se ne sbattevano ampiamente di mettersi in regola e tutelare gli operatori delle cappe chimiche, tutto qui.

Oggi invece per scaricarsi dalle responsabilità, molti stanno correndo ai ripari cercando soluzioni, facendo i corsi obbligatori e informando il personale.

Questo perché la formaldeide può contaminare gli ambienti di lavoro con gravi rischi per la salute dei lavoratori.

Infatti, tutti i responsabili in materia di sicurezza sul lavoro sono tenuti ad aggiornare le procedure aziendali e adottare una serie di misure di prevenzione e controllo per raggiungere i nuovi standard di sicurezza richiesti dalla legge.

Comunque, anche la legge 81 dice la stessa cosa solo più generica, lascia al datore di lavoro l'obbligo di verificare che i lavoratori siano tutelati.

Ti ho fatto questa breve parentesi per dirti che se appunto usi dei cancerogeni devi fare attenzione e non sono io a dirlo come vedi...

Quindi parlavamo di cappa Chimica idonea giusto?

Devi sapere che in genere si può dire che una cappa Chimica è idonea per una particolare manipolazione nel momento in cui vi è il **CONTENIMENTO** della sostanza chimica che devi manipolare quindi se non lo hai mai fatto ti consiglio vivamente di farlo.

Ovviamente è un test molto particolare che solo alcune agenzie sono attrezzate e preparate per farlo, vi è necessità di strumentazione scientifica di un certo livello, tarata e utilizzata in modo appropriato.

Sicuramente un test di questo tipo ti dà una tranquillità in più quando si parla di cancerogeni soprattutto se, abbinata a altre verifiche come velocità, smoke test e altro ti danno la possibilità di stare più tranquillo durante le manipolazioni.

Se non hai modo di fare tale test velocemente, ti consiglio di far verificare che vi sia almeno una velocità tale da non far fuoriuscire i vapori generati durante le lavorazioni.

Ad ogni modo devi sempre fare attenzione al tuo modo di lavorare perché spesso è una delle problematiche maggiori che porta alla fuoriuscita dei vapori dalla cappa, ma questo lo tratteremo nell'ultimo punto.

(2) Fai attenzione che non vi siano fonti di disturbo sul fronte della tua cappa Chimica

In genere una cappa Chimica viene posizionata un po' a casaccio in un laboratorio seguendo i vincoli strutturali o di bellezza e comodità piuttosto che di efficacia del ruolo per il quale è predisposta.

Ti ricordo che una cappa Chimica viene definita dispositivo di protezione collettiva proprio perché serve a proteggere tutti, anche da se stessi quindi per dare modo a una cappa chimica di svolgere il proprio compito la prima cosa da fare è posizionarla in modo adeguato.

Se hai un manuale che accompagna la cappa troverai proprio queste informazioni, spesso i venditori se ne fregano di dirti come posizionarla o che sarebbe meglio non posizionarla proprio in certi punti perché dopo una volta installata, anche se la cappa chimica è di ottima qualità, non potrai mai contrastare delle problematiche che derivano dalle strutture, dal vento o altro.

Infatti, è importante che capisci una cosa fondamentale:

La tua cappa chimica è stata certificata e verificata nella condizione ottimale in un laboratorio del costruttore che non ci pensa minimamente ad inserire fonti di disturbo esterne, altrimenti non passerebbe mai la certificazione non credi...???

Detto questo...

Quando hai intenzione di manipolare sotto la tua cappa chimica, devi fare attenzione che:
- sia collocata in un luogo idoneo possibilmente non di passaggio
- NON vi siano finestre o porte che generino corrente sul fronte cappa chimica
- NON vi sia un condizionatore che spara aria sull'apertura della cappa chimica
- i tuoi colleghi NON organizzino una maratona dietro di te
- tu stesso non sia la causa dei tuoi mali manipolando in modo inappropriato

(3) Accendi la tua cappa Chimica e aspetta (non è ancora pronta per essere usata)

Come indica il titolo, accendi sempre la tua cappa chimica e attendi 15/20 minuti prima di iniziare a manipolare. Spesso devi dare il tempo al motore di raggiungere la velocità giusta affinché venga generata una velocità di aspirazione frontale che ti permetta di lavorare in sicurezza.

Nel frattempo, soprattutto le prime volte che utilizzi la tua cappa chimica, ti consiglio di guardarla e ascoltarla. No, non sono pazzo, devi proprio ascoltarla, devi imparare a capire in base alla rumorosità della tua cappa se sta andando oppure no.

Perché ti dico questo. Non pretendo che diventi un esperto ma credimi, nessuno più di te può accorgersi se la cappa stia funzionando oppure no, se impari ad ascoltare come lavora tutti i giorni dopo averla accesa ti renderai subito conto se qualcosa non sta andando qualora dovesse avere qualche problema.

Poi ovviamente non hai gli strumenti per poterla verificare e ti serve sempre un'assistenza tecnica esterna che sia competente e qualificata ma non è dentro il cassetto quindi se impari a capire il tuo strumento ti si accenderanno i campanelli di allarme quando servirà.

Dai, non dirmi che non fai la stessa cosa con la tua macchina ad esempio? Immagino che se da un momento a un altro inizia a borbottare oppure se senti qualche rumorino strano come minimo la porti subito dal meccanico, vero?

Ecco vorrei che tu facessi la stessa cosa con la tua cappa.

La cappa chimica è uno strumento meccanico che può rompersi o che può funzionare male così come tutto il resto, il problema è solo che se non riesce a mantenere il contenimento e tu che ormai sei assuefatto non ti accorgi che in realtà i vapori stanno fuoriuscendo, diventa un problema!

(4) Verifica che il pianale sia sgombero e che non vi siano versamenti nella cappa Chimica

Spesso vedo operatori iniziare manipolazioni con sostanze pericolose nella loro cappa chimica che in realtà sembra più un magazzino che una cappa.

Ti consiglio di lasciare sgombero quanto più possibile il piano di lavoro per vari motivi,

- hai necessità di spazio di sicurezza per manipolare
- i flussi possono creare vortici in corrispondenza di boccette o strumenti
- il flusso di aspirazione potrebbe esse più debole perché incontra resistenza

E molto altro...

E poi ti consiglio di verificare che la cappa chimica sia pulita prima di iniziare a manipolare. Sembra una sciocchezza, ma ho visto con i miei occhi operatori scambiarsi la postazione con altri operatori poco puliti che avevano lasciato i pianali in un modo indecente.

Premesso che devi indossare i dispositivi di protezione individuale sempre e comunque, devi immaginare che alcune sostanze potrebbero miscelarsi non volutamente sviluppando vapori più tossici di quanto ti aspetti ad esempio e questo lo sai bene visto che sei un chimico.

Se un tuo collega è sporco, e purtroppo ci sono diverse persone che non si preoccupano minimamente di questo, l'onere di tutelare te stesso spetta a te come sempre quindi PULISCI e poi manipola con la tua cappa chimica.

(5) Verifica che la Cappa Chimica stia funzionando correttamente (con i mezzi a tua disposizione)

Ora ti starai chiedendo: ma come faccio io a sapere se la mia cappa sta funzionando oppure no?

Ti svelo un piccolo trucco molto banale ed economico che non è preciso ma che sicuramente ti darà la percezione veloce di capire se qualcosa non va.

Ecco cosa puoi fare...

Immagino che a casa hai un filo di lana, tagliane un pezzetto e poi portalo a lavoro, possibilmente di un colore visibile come il rosso ad esempio.

Prendi un pezzetto di scotch carta e adesso attacca un pezzetto di filo di lana all'estremità destra e sinistra del vetro della tua cappa chimica.

Accendi la tua cappa e osserva cosa accade, vedrai il filo di lana pian piano alzarsi e venire risucchiato verso l'INTERNO della tua cappa. Ecco che così hai uno strumento efficace, gratuito ed immediato per renderti conto visivamente che la tua cappa chimica stia aspirando.

Il fatto che il filo di lana venga risucchiato è quanto di più fondamentale possa accadere, il principio di funzionamento di TUTTE le cappe chimiche è il medesimo, devono aspirare aria dall'esterno verso l'interno perché è l'unico modo esistente per garantire a te che i vapori non fuoriescano verso l'esterno compromettendo la tua sicurezza.

Visto che chicca che ti ho dato?

Ovviamente non prenderlo come un metodo scientifico, se hai problemi chiama la tua assistenza cappe e se non hai problemi fai almeno un controllo all'anno sempre con l'ausilio di un'assistenza tecnica qualificata, in fondo sono 365 giorni, credimi sono veramente tanti figuriamoci se fai passare 730 giorni e così via.

Se non sai come e dove trovare un'assistenza tecnica valida, ti invito a scaricarti la guida che trovi nella Home del portale www.chizard.it semplicemente inserendo una tua mail e capirai meglio di cosa sto parlando.

(6) Usa la tua Cappa Chimica nel modo più appropriato alle tue esigenze

Questo credo sia il punto più cruciale di tutti e che spesso ingenera moltissima confusione negli operatori e non solo...

Devi sapere che a differenza delle cappe Biohazard che sono regolamentate e con normative uniformi e lineari ben definite, per una cappa chimica non è proprio così.

Quando ti trovi davanti una cappa chimica e vuoi avere il parere di qualcuno sul suo utilizzo e su come dovrebbe funzionare, sentirai tutti pareri discordanti.

CREDIMI

È un po' come se vuoi avere un'informazione dal tuo operatore telefonico e per prendere una decisione chiami dalle 3 alle 5 volte parlando con diversi operatori che poi ti diranno la loro e la decisione reale spetta sempre a te.

Con questo non voglio dire che non ci siano delle linee guida ma non sono così lineari e precise come nel caso appunto delle Biohazard.

Allora ai miei clienti che mi chiedono come dovrebbe funzionare la loro cappa chimica, che velocità dovrebbe avere per funzionare bene e così via dico loro di fare una breve indagine che poi dovrebbe essere obbligatoria con la valutazione dei rischi interna:

- partire sempre da un'attenta analisi della propria situazione lavorativa
- verificare quali sostanze vengono utilizzate per capire se sono cancerogene o tossiche
- farsi un'idea sui quantitativi che vengono manipolati sotto cappa chimica
- verificare che gli operatori siano stati formati correttamente sull'utilizzo delle sostanze da manipolare e loro pericolosità
- verificare che gli operatori siano stati formati sull'utilizzo di una cappa chimica in modo adeguato
- verificare di quante cappe chimiche si ha a disposizione e che funzionino
- se si utilizzano più cappe chimiche, destinare le singole cappe a lavorazioni specifiche e non mischiare il tutto

Una volta fatta questa breve indagine e con la situazione sottomano puoi pensare di approfondire meglio il tutto e capire come lavorare con la tua cappa chimica.

Ad esempio, se devi lavorare con sostanze cancerogene come la formaldeide che sviluppa dei vapori molto pericolosi, dovrai pensare che la tua necessità è quella di contenere al meglio il tutto e quindi devi sapere precisamente a che altezza abbassare il vetro frontale della cappa per avere una velocità di aspirazione tale che gli operatori vengano tutelati.

Questo alzare e abbassare il vetro frontale di una cappa chimica è fatto apposta per poter modificare l'impostazione con una facilità disarmante, ma allo stesso tempo questa facilità è un'arma a doppio taglio credimi...

Proprio perché non ci sono molti vincoli, vedo operatori lavorare sulla stessa cappa con altezze del vetro sempre differenti anche se poi manipolano la stessa sostanza e questo è allucinante.

Devi sapere che alzando il vetro la velocità di aspirazione frontale si abbassa e abbassando il vetro frontale invece la velocità di aspirazione si alza.

Quindi se per caso decidi di lavorare con tutto il vetro alzato al massimo possibile come mi è capitato di vedere molto spesso, semplicemente perché così ti è più comodo ficcare la tua bella testolina all'interno della cappa chimica per manipolare meglio,

SAPPI CHE STAI FACENDO PROPRIO UNA CAVOLATA ENORME!!!!

Probabilmente la velocità frontale è scesa talmente tanto che la cappa non sta più contenendo i vapori e tu stesso farai da filtro umano assorbendoli con il tuo corpo.

Ma il problema inverso è abbassare troppo il vetro perché questo ti porterà ad avere delle velocità elevate che spesso possono diventare anche di 1,00 m/s generando vortici sul fronte o semplicemente facendoti venire il colpo della strega.

Purtroppo, da solo non puoi sapere a che altezza lavorare per essere sicuro, hai necessità di avere delle indicazioni scientifiche che solo mediante una verifica anemometrica del flusso frontale **da parte di un'assistenza tecnica di cappe chimiche puoi avere.**

In parole povere...

Devi cacciare due soldi per la tua sicurezza e non pensare a risparmiare per una verifica del genere, non pensare a risparmiare sul controllo una volta ogni 365 giorni sulla tua cappa chimica perché appunto è un dispositivo di protezione collettiva e serve per proteggere te stesso e tutti noi.

Ricordati una cosa fondamentale però:

Tu stesso sei e sarai la fonte dei tuoi guai se non capisci che devi avere degli accorgimenti quando usi una cappa chimica.

Quindi puoi incominciare evitando questi errori comuni:
- Evita di rischiare la tua sicurezza non indossando i KIT DPI
- Evita di utilizzare il tuo cellulare quando manipoli e in presenza di sostanze infiammabili
- Evita di muovere le braccia troppo velocemente durante le manipolazioni
- Evita di riempire il pianale di milioni di cose che neanche ti servono realmente
- Evita di introdurre sostanze biologiche in una cappa chimica
- Evita di lavorare in ambiente sporco e nel caso pulisci se versi qualcosa prima di continuare
- Evita di accenderti il tuo ventilatore personale perché hai i calori
- Evita di sparare l'aria del condizionamento direttamente

- sulla cappa
- Evita di creare fonti di disturbo sul fronte cappa in ogni modo possibile
- Evita di far aspirare carta o altro alla cappa con rischio di rotture del motore
- Evita di riempire la tua cappa come un deposito di stoccaggio durante le manipolazioni
- Evita di infilare la testa dentro la cappa chimica per qualsiasi motivo
- Evita di lasciare sostanze all'interno a fine lavoro e a cappa spenta
- Evita di prendere per buono tutto quello che ti dicono gli altri (sincerati delle informazioni che ti danno)
- Evita di dire bugie, se fai un danno avvisa subito chi di dovere e non cercare una tua soluzione
- Evita di alterare la tua cappa chimica in qualsiasi modo possibile
- Evita di introdurre grosse strumentazioni che escono fuori dalla cappa chimica e sollevala con dei piedini
- Evita di lasciare la cappa sporca al termine dei lavori
- Evita di farti male avendo le necessarie accortezze

Con questo è tutto, spero di essere stato esauriente e di averti dato qualche spunto su cui lavorare.

Come dico sempre, non prendere per buono tutto quello che dico, approfondisci, chiedi, studia e documentati ma non lasciare al caso la tua vita.

Il capitolo che hai appena letto puoi trovarlo anche online a questo link:

www.chizard.it/854

Oppure scansiona
il QR-Code qui in basso:

3. Hai una cappa chimica DUCTED o DUCTLESS? Scopri la velocità di aspirazione che devono avere

Se anche a te è capitato di aver sentito parlare di ***cappa chimica DUCTED*** o ***cappa chimica DUCTLESS*** senza capire cosa siano, adesso avrai la possibilità di scoprirlo.

Infatti, vorrei spiegarti velocemente di cosa si tratta e poi darti qualche spunto in più in via generale su queste due tipologie di cappe.

Devi capire una cosa fondamentale, sono due tipologie di cappe differenti soprattutto dal punto di vista costruttivo.

Cercherò di darti quante più informazioni possibili affinché tu possa capire per bene la differenza tra le due tipologie.

Per capirci, diresti mai che una Panda è alla pari di una Ferrari? E una Ferrari alla pari di una Panda?

Intendo il fatto che la scelta migliore spesso non è quella più scontata e la parola giusta è DIPENDE.

Da cosa dipende quindi? Sicuramente da un'analisi iniziale di quello che realmente ti occorre o dove dovrà essere collocata.

Ecco perché, se dovrai correre in pista in pianura o vorrai sfoggiare quanti soldi hai e farti una passeggiata a Montecarlo, la macchina più appropriata può essere una Ferrari ma se devi lavorare tutti i giorni in città e parcheggiare comodamente senza avere paura che qualcuno ti freghi la macchina forse la scelta giusta è la Panda, non trovi?

Certo… c'è chi dice, meglio essere tristi e stressati su una Ferrari che su una Panda ma questa è un'altra storia.

Ora torniamo a discorsi più seri perché voglio riportati le 2 domande che in genere mi vengono fatte più spesso quando si parla di cappe chimiche:
1. Quale velocità di aspirazione deve avere la mia cappa per lavorare in sicurezza?
2. Esiste una tabella che indichi le velocità da poter utilizzare a seconda della sostanza che viene manipolata così da regolare anche il saliscendi?

Intanto è di fondamentale importanza capire se all'interno del tuo laboratorio hai una:
- **cappa chimica DUCTLESS (a ricircolo)**
- **una cappa chimica DUCTED (a estrazione totale)**

Infatti, questo è il bivio cruciale che tu come tutti gli operatori di cappe dovete tenere seriamente in considerazione sin dal principio, sarebbe meglio farlo in fase di acquisto ma se la cappa chimica è già presente l'importante è capire la tipologia in tuo possesso.

Se ti approcci all'utilizzo di una cappa chimica per la prima volta o credi di non essere stato istruito per bene allora ti consiglio di leggere anche altri capitoli quali:

Primi passi con una Cappa Chimica e non sai cosa fare? Scoprilo subito

Oppure puoi trovare qualche indicazione in più sulle cappe chimiche DUCTED o cappe Chimiche DUCTLESS in questo capitolo:

Carboni attivi cappe chimiche da sostituire o ingerire? Quando e perché?

CAPPA CHIMICA DUCTLESS

Cosa vuol dire in parole povere possedere una cappa a **RICIRCOLO DUCTLESS**?

Significa semplicemente che la tua cappa chimica è già dotata all'interno di essa o mediante un box sopra di essa di **filtri a carboni attivi per sostanze chimiche** così da poter filtrare l'aria aspirata sul fronte per poi poterla appunto **"ricircolare"** in ambiente.

Esistono diverse case costruttrici di cappe chimiche di questa tipologia come:

- Aquaria S.r.l.
- Faster
- Erlab
- Asal
- Folabo

E altre ancora che ora non sto qui ad elencarti perché poco rilevante, ti basti sapere che puoi trovare in commercio quindi tante tipologie di cappe e ti consiglio di non dare per scontato il fatto che siano tutte uguali perché credimi quando ti dico che una cappa chimica DUCTLESS è diversa da un'altra con la stessa denominazione e concezione.

Un po' come la Ferrari e la Panda ricordi?

Infatti, possono differire per molti aspetti come:
- qualità dei materiali di costruzione
- velocità di aspirazione
- tipologia di carboni installati
- spessori massimi di carboni installabili
- quantità di carboni installabili
- reale contenimento dei vapori
- regolazione velocità più o meno sensibile
- sensori e display digitali o meno
- durata nel tempo delle parti meccaniche e di costruzione
- componentistica hardware (motori, schede e sensori)

E potrei continuare ancora a lungo ovviamente, ma non sono un costruttore e non mi interessa venderti una cappa, magari il collaudo o la manutenzione negli anni sì ma venderti una cappa proprio no, tranquillo.

Sicuramente negli anni ho avuto modo di verificare oltre **15.000** Dispositivi di protezione collettiva e quindi anche molte cappe chimiche **DUCTED** e **DUCTLESS,** conosco tutti i pregi e difetti delle varie tipologie di cappe.

Devi immaginare le cappe come delle automobili e quindi come ben saprai anche tra le auto puoi trovare il TOP di gamma a scendere.

Una Ferrari NON è come una utilitaria sia per prestazioni che per costi ovviamente e non è detto che sia sempre necessaria come ti spiegavo prima.

La differenza è sostanziale anche tra le molte cappe in commercio, solo che potresti mettere seriamente in pericolo la tua vita non solo per la scelta ma anche per il fatto che non hai una reale esperienza di corretto utilizzo di una cappa chimica.

Infatti, se ti metti alla guida di una FERRARI senza aver mai fatto un corso di guida veloce o altro, stai pur tranquillo che rischi di farti male, ma puoi farti male anche alla guida di una Panda non trovi?

Ecco che non c'è grandissima differenza con le cappe perché davanti qualsiasi cappa ti trovi, rischi di farti male se non conosci perfettamente come va utilizzata al meglio.

Ci sono cappe chimiche DUCTLESS (che possono essere collegate all'esterno) e in questo caso la tua cappa, sebbene abbia i filtri a carbone attivo all'interno prenderà le caratteristiche di una cappa chimica DUCTED a tutti gli effetti, probabilmente con l'unica differenza di avere anche dei carboni installati a monte dell'espulsione.

Ti consiglio quindi di prendere il manuale della tua cappa per approfondire il tutto oppure chiedere alla tua assistenza tecnica.

Ti chiedo di approfondire prima di proseguire nella lettura perché, se per caso ti trovi ad avere una cappa Ductless, la stessa monterà dei filtri a carboni attivi e devi sapere che non esistono dei filtri in commercio cappaci di trattenere qualsiasi tipologia di sostanza chimica.

Infatti, i carboni attivi, sono appunto attivi/attivati chimicamente per reagire con le diverse sostanze specifiche che uno deve manipolare quindi se usi Formaldeide.

NON puoi avere un carbone generico per tutte le sostanze chimiche e così via.

Questo quindi ancora prima di parlare di velocità dell'aspirazione perché se hai anche una ottima velocità sul fronte ma poi il tuo carbone attivo all'interno non è idoneo per trattenere o meglio **ASSORBIRE** le sostanze che manipoli, allora cosa ci fai di una buona velocità sul fronte?

Capito adesso il perché è fondamentale questo primo step?

CAPPA CHIMICA DUCTED

Se invece hai una **cappa chimica DUCTED** con l'espulsione totale dell'aria all'esterno del tuo laboratorio (spero sul tetto e non fuori dalla finestra affianco), allora possiamo iniziare a ragionare un pochino diversamente sull'utilizzo del saliscendi-vetro frontale a un'altezza piuttosto che un'altra a seconda della sostanza manipolata.

Rimane il fatto che, se anche butti all'esterno l'aria, andrebbe sempre filtrata prima soprattutto se usi sostanze cancerogene. Devi considerare che, inquinando l'aria esterna al tuo laboratorio inquini anche te stesso perché sposti semplicemente il problema dal tuo ambiente di lavoro all'ambiente esterno che tutti noi respiriamo, compreso tu e i tuoi familiari. Non trovi?

Dicevamo quindi che se hai una cappa particolarmente

performante e che ti permette di poter gestire al meglio il tuo vetro saliscendi così da agire sulla velocità frontale allora devi capire che prima di tutto non esiste una normativa unica che regolamenti queste velocità.

Se capisci però il funzionamento della tua cappa potrai sicuramente evitare rischi dovuti a inalazione di sostanze chimiche.

Esistono quindi diversi riferimenti per le velocità delle cappe chimiche, in genere si utilizzano le **UNICHIM** ma ci sono anche le **SAMA**, le **BS** per la cappa chimica **DUCTED** e poi ci sono le **AFNOR** che vengono utilizzate per la cappa a ricircolo **DUCTLESS**.

Ad ogni modo si puoi alzare ed abbassare il vetro frontale per diminuire o aumentare la velocità di aspirazione a patto che la tua cappa abbia una regolazione della portata in funzione quindi di tale apertura.

Ecco a te un estrapolato della tabella ufficiale.

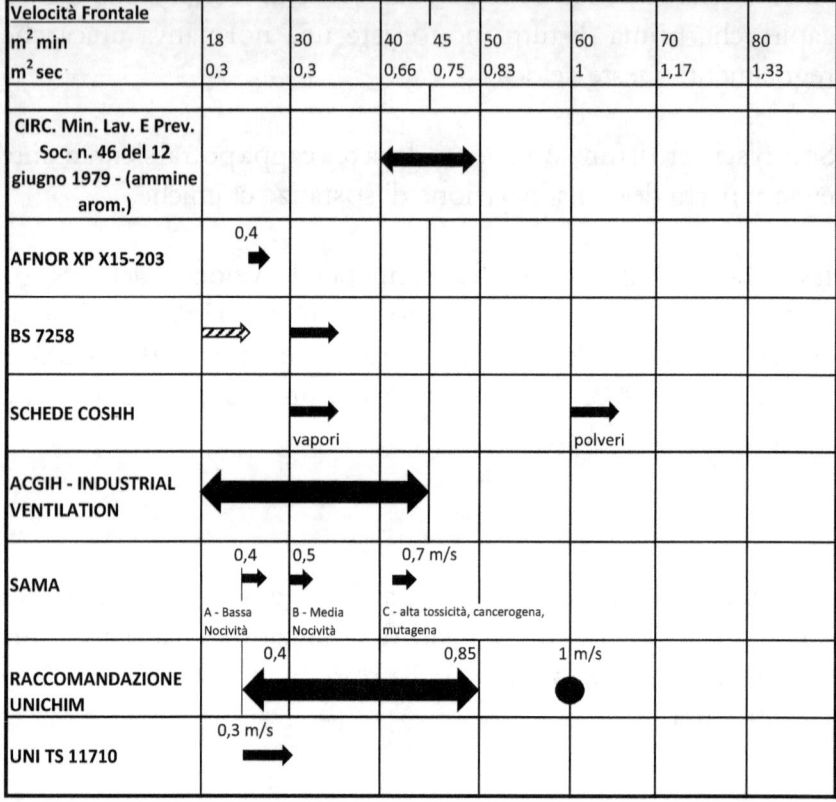

Classificazione INDICATIVA di una cappa chimica DUCTED a estrazione totale, mediante lettera del pericolo secondo linee guida INAIL e UNICHIM192/3

Ti ho inserito solo un estrapolato appunto dalla Unichim perché preferisco non inserire una foto di alta qualità, è giusto che se ti occorrono seriamente le acquisti così come abbiamo fatto noi anche perché ci sono molte altre indicazioni che potresti trovare all'interno della guida.

Volevo solo farti capire il motivo per cui non esiste una regola unica che regolamenti tutte le cappe in ogni circostanza e per ogni tipologia di manipolazione.

Magari così ti è un pochino più chiaro il tutto.

ATTENZIONE però perché queste sono puramente indicazioni. Vorrei farti un esempio molto semplice, supponiamo che tu debba analizzare della polvere di un toner che da scheda di sicurezza è cancerogeno.

A che velocità dovrà aspirare la tua cappa?

Guarda la tabella "**indicativa**" e prova a rispondere…

Se hai risposto che la velocità deve essere elevata in quanto molto tossica/cancerogena

HAI SBAGLIATO!

E te lo spiego subito. La polvere di toner, se inserita all'interno di una cappa chimica Ducted con una velocità sul fronte di 0,8 m/s, potrebbe essere immediatamente aspirata in quanto leggera, non trovi?

Non solo perderesti il tuo campione ma oltretutto contamineresti l'intera cappa chimica e intaseresti gli eventuali carboni attivi che dovessero essere montati all'interno.

Ora puoi capire perché non esiste una normativa univoca che possa regolamentare tutte le cappe in tutte le situazioni possibili e immaginabili per tutte le sostanze chimiche attualmente in

commercio sotto forma
- **Solida**
- **Liquida**

Ed ecco perché torno a dirti, come già spiegato in alcuni articoli del mio blog, perché conviene sempre fare un'attenta analisi della propria situazione lavorativa seguendo questi semplici passaggi:
- Scriversi perfettamente le sostanze manipolate e quantità
- Fare un esame dei rischi legati alle sostanze appunto
- Contattare un'azienda di assistenza tecnica seria che possa fare da consulente
- Verificare la tua cappa e capire lo stato attuale e prestazionale
- Decidere se tali dati possano essere soddisfacenti oppure dirottare su altra cappa alcune lavorazioni
- Far verificare all'assistenza la velocità di aspirazione alle varie altezze del vetro (Se la cappa lo permette)
- Predisporre quindi il vetro frontale all'altezza desiderata con un po' più di tranquillità ovviamente

N.B. quando decidi di alzare o abbassare il vetro frontale sappi che devi sempre aspettare un 10/15 minuti affinché il flusso si stabilizzi definitivamente perché appunto la velocità che verrà misurata dall'assistenza è una velocità media nel tempo quando il flusso è stabile (se è un'azienda seria e qualificata).

Quindi, sia all'accensione iniziale del mattino che in caso di apertura e chiusura del saliscendi, attendi sempre il tempo necessario affinché si stabilizzino i flussi.

È molto importante.

Ps. Spero di averti aiutato e fatto capire anche mediante la tabella che ad esempio flussi di 0,95 m/s o più non aiutano a risolvere il problema, anzi lo potrebbero aggravare sicuramente tu ti potresti svegliare con un colpo della strega alla schiena per essere stato investito da una corrente d'aria elevata durante le lavorazioni.

Credimi.

Il capitolo che hai appena letto puoi trovarlo anche online a questo link:

www.chizard.it/2

Oppure scansiona il QR-Code qui in basso:

4. Cappa aspirante o cappa chimica aspirante? Scopri l'enorme differenza e cosa fare

Anche tu ti trovi con l'enorme dilemma di non sapere se la tua cappa da laboratorio è una cappa aspirante o una cappa chimica aspirante?

Cercherò di portare un po' di chiarezza a questo dubbio che invade molte persone oltre te. Si, tranquillo… non sei il solo, è molto diffusa questa problematica ma finalmente potrai avere qualche informazione in più e poi trarre le tue conclusioni.

Spero vivamente che la tua sia una cappa chimica ovviamente ma se anche fosse una semplice cappa aspirante potrai trovare utili alcuni consigli per scegliere di continuare ad utilizzarla nell'attesa di acquistarne una nuova che sia definibile cappa chimica.

Purtroppo, è una dura realtà che va accettata, attualmente l'80% di tutte le strutture pubbliche hanno ancora moltissime cappe aspiranti all'interno dei loro laboratori che vengono utilizzate alla pari di cappe chimiche e quindi vengono manipolate sostanze chimiche di ogni tipo.

Sto parlando ovviamente di:
- Università con cappe aspiranti
- Ospedali con cappe aspiranti
- Enti con cappe aspiranti
- Laboratori con cappe aspiranti

Insomma, sono veramente ovunque perché molti anni fa, quando si scoprì l'uso di queste cappe, ci fu un boom e ne furono vendute/acquistate a migliaia.

Quando parlo con le persone comuni non vicine al mondo delle cappe da laboratorio spesso faccio fatica a fargli capire che la mia azienda esegue manutenzioni e controlli su cappe chimiche e cappe Biohazard, troppo spesso associano le cappe da cucina e mi dicono di aver capito.

Devi sapere che le cappe da laboratorio (chimiche o biologiche) sono ovunque, le cappe chimiche e cappe aspiranti possono essere anche nella farmacia sotto casa tranquillamente credimi, prova a chiedere al tuo farmacista, soprattutto se sono strutturati per preparare capsule e altro.

Magari non eseguono le manutenzioni e non cambiano i filtri, ma le cappe aspiranti le hanno eccome.

Ad ogni modo, mi interessa spiegarti prima di ogni altra cosa che c'è una differenza allucinante tra una semplice cappa aspirante e una cappa chimica, se ti interessa scoprirlo continua a leggere perché ti posso assicurare che non troverai informazioni di questo tipo da nessun'altra parte.

Sicuramente non troverai informazioni sulle cappe aspiranti dai costruttori di cappe, infatti ormai tutti si sono dovuti adeguare e non esistono più in commercio aziende che forniscano semplici cappe aspiranti nel mondo degli arredi chimici, al massimo quindi come cappa aspirante potrai trovare quelle da cucina.

Se anche tu hai sentito parlare di cappa aspirante e ne hai una proprio nel tuo laboratorio allora è meglio che inizi a conoscerne i limiti.

Intanto voglio spiegarti meglio una cosa.

Una cappa chimica è sì una cappa aspirante, ma gode di requisiti che le conferiscono appunto la denominazione di cappa chimica a tutti gli effetti, attualmente la normativa che regolamenta una cappa chimica è la **UNI EN 14175 che** appunto indica le caratteristiche di costruzione e funzionamento che deve avere al fine di poter essere definita **cappa chimica** quindi come "**dispositivi di protezione collettiva**" :

- deve essere costruita con materiali non infiammabili
- deve avere delle superfici che agevolino l'ingresso dell'aria
- deve poter contenere i vapori generati all'interno di essa
- deve avere all'interno tutti quei sistemi di sicurezza per tutelare l'operatore
- deve essere allarmata e aiutare l'operatore a capire se qualcosa non sta andando
- deve essere collegata all'esterno preferibilmente anche quando a ricircolo
- deve avere delle regolazioni automatiche al fine di gestire ogni evenienza
- aiuta a proteggere l'operatore dal rischio di inalazione di vapori tossici

Come vedi ci sono diverse cosette che portano a identificare una cappa chimica anziché una cappa aspirante.

Infatti, una **cappa aspirante** è semplicemente un cassettone (spesso in legno) collegato a un aspiratore in espulsione che aspira aria dal fronte della cappa e sputa fuori nell'ambiente il tutto:

- il più delle volte è costruita in legno o comunque in materiali infiammabili
- potrebbe non avere i blocchi salva dita/polsi
- potrebbe essere priva dei contrappesi sul vetro che potrebbe divenire una ghigliottina per l'operatore
- potrebbe essere sprovvista di allarmi
- spesso ha un piano in ceramica o non idoneo alle lavorazioni
- Una semplice cappa aspirante potrebbe non avere una regolazione automatica del flusso di velocità di aspirazione
- potrebbe avere dei vetri anche laterali alzabili che non permetterebbero il contenimento dei vapori
- non è sicuramente in regola con le normative attuali lasciando scoperti ed esposti in caso di incidenti o controlli
- potrebbe consumare molta più energia di una cappa chimica di ultima generazione
- essendo vecchia e spesso costruita in casa potrebbe non avere più pezzi di ricambio in caso di guasti
- non può essere usata per manipolazioni di qualsiasi sostanza pericolosa, al massimo come una cappa aspirazione calore

Se anche tu hai una cappa aspirante con queste mancanze allora ti consiglio di fare molta attenzione.

Quindi ti ricordo la suddivisione in:

1. Cappa chimica aspirante
2. Cappa aspirante

Adesso che ti ho chiarito la differenza tra le due tipologie di cappe, vorrei aiutarti a capire come lavorare al meglio con quello che hai perché lo sappiamo tutti che i fondi non ci sono, le possibilità di acquistare nuove cappe da laboratorio è veramente remota spesso e volentieri anche se purtroppo ancora oggi ci sono moltissimi sprechi.

È vero quindi che probabilmente non hai una cappa idonea e conforme alle normative attuali però è sempre meglio di niente o di lavorare sul bancone da laboratorio inalando i vapori tutti i giorni, a questo punto tra i due mali bisogna sempre scegliere il minore.

Quindi il consiglio, se proprio non puoi comprare una cappa nuova (condizione che non può essere per sempre) puoi:
- Ridurre le quantità di sostanze da manipolare sotto cappa (usa solo lo strettissimo necessario)
- Cambiare/sostituire le sostanze chimiche più pericolose con altre meno pericolose se possibile
- Tenere il vetro frontale quanto più basso possibile
- Metti un filo di lana sul lato della cappa che ti indicherà che il flusso di aspirazione va verso l'interno ed è adeguato
- A inizio lavoro e a fine lavoro lascia accesa la cappa almeno una 15 di minuti al fine di neutralizzare eventuali vapori
- Non lasciare nessuna sostanza sotto cappa aspirante soprattutto se i flaconi hanno dei tappi vecchi e non sigillanti
- Solleva eventuali strumenti con dei piedini al fine di permettere un passaggio di aria

- Colloca la tua cappa in una posizione o luogo più idoneo qualora non lo fosse
- Evita di avere la cappa in un punto soggetto a correnti d'aria come porte e finestre o condizionatori
- Esegui un controllo periodico mediante un'azienda di assistenza tecnica di cappe chimiche
- Fai fare verifiche sia anemometriche che di fumo tracciante per capire come si comportano i flussi
- **Infine utilizza dei kit DPI** (dispositivi di protezione individuale idonei alla manipolazione che stai eseguendo)

Magari in altri articoli possiamo approfondire meglio questi punti, alcuni li trovi sicuramente all'interno dei vari articoli, ma adesso vorrei approfondire l'ultimo punto, quello in cui ti consiglio di utilizzare i dispositivi di protezione individuale (**DPI**).

Spesso abbiamo gli occhi foderati di prosciutto e non vogliamo vedere le varie soluzioni che ci possono essere quando si è in presenza di pericoli o difformità.

Infatti se anche tu hai una cappa aspirante e come già abbiamo detto non puoi permetterti di spendere 6.000 o 7.000 euro per l'acquisto di una cappa nuova, oltre a seguire i miei consigli che ti ho riportato sopra, puoi o anzi devi quantomeno dotarti o farti dotare dei dispositivi di protezione individuale idonei.

Per DPI idonei ovviamente non parliamo di quelli base di cui può dotarsi un operatore di cappe chimiche, infatti se si possiede una cappa chimica a norma e di ultima generazione si avranno maggiori sicurezze sull'effettivo contenimento dei vapori e comunque vi è un monitoraggio costante.

Io sto invece parlando di una maschera facciale intera o semifacciale nel caso che sia provvista di filtri a carboni attivi ad uso specifico della sostanza manipolata.

Se proprio non puoi fare a meno di utilizzare una cappa aspirante e ti trovi a manipolare la formaldeide ad esempio (ti ricordo che ne è stata cambiata la classificazione e ad oggi risulta cancerogena leggi qui per approfondire), sulla tua bella maschera facciale devi montare carboni per formaldeide e non per solventi perché costano meno.

Ecco che ti ho dato un'indicazione veramente semplice, veramente poco costosa soprattutto se paragonata all'acquisto di una nuova cappa e che potrai adottare sin da subito.

Se poi vuoi il mio consiglio spassionato di come farei io andrei su internet, cercherei la maschera più idonea e mi documenterei quindi sui filtri a carboni attivi che dovrei utilizzare e me la comprerei subito di tasca mia.

Si non sono matto, ti sto dicendo di spendere dei soldi per la tua sicurezza che per me è primaria su tutto, avrai tempo per chiedere alla tua amministrazione di dotarti delle maschere o quello che occorre.

Troppo spesso sento casi di persone che hanno avuto ripercussioni di salute perché avevano deciso di esporsi a tali sostanze tossiche pur di non acquistarle di tasca propria. Certo, la dotazione dei dispositivi di protezione individuale spetta al datore di lavoro che si prende la piena responsabilità di quanto possa accadere altrimenti, soprattutto quando non si può dotare il personale di un dispositivo di protezione collettiva ovviamente, ma secondo te era il caso di giocare con la propria salute?

Giusto per dirti cosa mi è capitato, devi sapere che io ho lavorato nella polizia di Stato per molti anni come ho descritto nell'introduzione a questo libro, ad ogni modo volevo dirti che ho passato diversi anni alla polizia stradale ed ero giovanissimo, quando sono andato all'ufficio che si occupa del vestiario, mi sono fatto dare tutti gli indumenti che avrei dovuto utilizzare per uniformarmi agli altri sul luogo di lavoro così come deciso dal datore di lavoro (in questo caso il Ministero ovviamente)

Bene, quando sono arrivato agli stivali, non avevano un paio di stivali della mia taglia.

Mi spiego meglio, avevano uno stivale del mio numero di scarpe sì ma non era adatto alla mia gamba o meglio al mio polpaccio perché questi stivali erano standard per tutti e coprivano quasi tutti gli appartenenti.

Quindi li ho presi ma non ho potuto indossarli nell'immediatezza.

Un collega anziano intanto mi ha regalato un suo paio di stivali estivi vecchi che però essendo di un altro modello mi entrava, anche perché essendo la pelle consumata era più morbida ma rimanevano degli stivali estivi.

Ti starai dicendo, vabbè ma che cosa ci azzeccano un paio di stivali con i dispositivi di protezione individuale?

Te lo dico subito, di inverno le temperature scendevano anche a -15° la notte e ti posso assicurare che il freddo ai piedi è una delle cose più brutte che ci può essere, immagina io con un paio di stivali estivi e vecchi dover fare il mio lavoro.

Oltre a lavorare scomodo e dolorante con stress dovuto appunto al malcontento e alla rabbia nel dover fare un lavoro senza essere nelle condizioni per poterlo fare, stavo arrecando un danno a me stesso nel breve medio termine che probabilmente oggi sarebbe stato irreparabile.

Allora ho deciso di portare gli stivali da un calzolaio di quelli che non se ne trovano più e a mie spese far modificare gli stivali per il costo di circa 200,00 euro e magicamente la qualità della mia vita è cambiata, quelle che erano giornate lunghe e spiacevoli sono diventate finalmente giornate con delle difficoltà normali.

Allora adesso mi capisci?

Quando ti dico di dotarti di un dispositivo di protezione individuale anche mettendo mano al portafogli non sto scherzando, la tua salute è importantissima, probabilmente hai una famiglia e se ti ostini a lavorare in un laboratorio con cappe aspiranti pericoloso per la tua salute, probabilmente non hai scelta e magari perché in fondo ti piace anche il tuo lavoro ovviamente.

Ma le persone a casa contano sulla tua salute per poter mangiare, i tuoi figli ti aspettano a casa per andare a giocare al parco quindi hai l'obbligo verso di te e verso di loro di proteggere la tua salute ad ogni costo.

Per la cronaca, per quanto assurdo, il paio di stivali che mi sono comprato da solo non mi sono mai stati rimborsati nonostante il disagio fosse palese e non per colpa mia.

Possiamo paragonare gli stivali ai DPI per il semplice fatto che entrambi hanno la funzione di proteggere il corpo da qualcosa di esterno e ribadisco che dovrebbero essere a carico del datore di lavoro.

Anche io sono un datore di lavoro, anche io ho del personale che proprio come te viene a lavorare tutti i giorni e proprio come te passa l'80% della propria via sul posto di lavoro per se stesso e per la propria famiglia.

Ecco perché il nostro personale è pienamente consapevole dei dispositivi di protezione individuale che deve avere al fine di tornare a casa sani così come quando sono usciti al mattino.

Spesso dico loro, di non prendere per buono tutto quello che diciamo e facciamo, dico loro di documentarsi e verificare che il tutto sia fatto al meglio perché soltanto il lavoratore ha realmente le carte per poter dire se è protetto o meno, quindi anche tu fai lo stesso e documentati sui dispositivi di protezione individuale che hai o che dovresti avere.

Non prendere per buono tutto quello che viene detto e fatto da altri perché a volte, anche se non c'è malizia e cattiveria da parte delle persone preposte, basta anche poco per commettere errori.

A volte si va dietro al lavoro fatto da altri, perché si è sempre fatto così...

Ecco questo è quello che mi fa più paura, se mi sento dire che si è sempre fatto così allora è il momento che vado ad approfondire meglio e guarda caso escono sempre delle magagne.

Ti faccio un altro piccolo cenno ad un altro lavoro per restare in tema aspirazione. Un mio cliente ha dei plotter per la grafica, semplici plotter molto professionali utilizzati per la grafica di tutti i giorni di una stamperia.

Bene, il costruttore stesso non dava indicazioni di sorta sull'eventuale aspirazione e filtrazione dell'aria anzi, spacciava questi plotter per semplici macchine da tenere all'interno senza un problema.

Siccome a me piace andare a fondo nelle cose, ho iniziato a chiedere le schede di sicurezza dei toner di questi plotter e sai cosa è uscito fuori???

Che le sostanze che componevano questi toner erano sia **CANCEROGENE** che **MUTAGENE**, si hai sentito bene, mutagene, significa che sono in grado di modificare addirittura il **DNA** con tutte le conseguenze del caso.

Il mio cliente che è stato lungimirante perché aveva avuto qualche dubbio ed era uscito dagli schemi del "si è sempre fatto così" mi ha contattato e oggi abbiamo messo giù un sistema di aspirazione direttamente sui plotter con aria che viene convogliata all'esterno e previa filtrazione molecolare di carboni attivi che viene poi buttata all'esterno.

Secondo te, adesso i ragazzi che lavoravano tutti i giorni senza alcuna aspirazione nello stesso ambiente in cui questi plotter lavoravano e scaldando stampavano il loro lavoro generando dei vapori, sicuramente impercettibili e invisibili, adesso non stanno lavorando più tranquilli e sicuri?

È bastato porsi le giuste domande, rompere gli schemi non andando dietro al "si è sempre fatto così", chiamare un consulente specifico del settore ed ecco che hanno probabilmente prevenuto eventuali ulteriori problemi futuri.

Non è stato semplice, ci è voluto del tempo ovviamente ma alla fine hanno ottenuto quello di cui avevano bisogno e visti gli importi più elevati ovviamente il datore di lavoro si è dovuto prendere carico dell'impianto.

Ad ogni modo, questo per dirti che se anche tu, stai entrando a far parte di un mondo lavorativo che ti porterà ad utilizzare delle cappe aspiranti, non prendere per buono il modus operandi degli altri e pensa a te stesso perché l'ignoranza si nasconde proprio dietro a quelli che sembrano più sicuri di loro stessi.

Documentati e adotta il sistema che reputi più idoneo per te stesso.

Ovviamente non si possono scavalcare le figure di riferimento preposte in questi luoghi come i responsabili della sicurezza e protezione che ti consiglio di interpellare immediatamente qualora vedi qualcosa che non ti torna e di cui non sei sicuro.

Devi anche capire che per loro non è facile perché il mestiere dell'RSP è quanto di più difficile si possa fare attualmente visto che non possono essere perfettamente preparati su tutte le materie, quelli più in gamba riconoscono che non possono essere dei tuttologi e si avvalgono di esperti qualificati per le materie che non conoscono così bene e si fanno consigliare al meglio per raggiungere il loro scopo di preservare la tua sicurezza.

Quindi parlaci ed interessalo, dopodiché se non troverai le risposte che cercavi puoi sempre continuare a documentarti e vedere come muoverti.

Confrontati anche con lui facendogli vedere i consigli che ti ho dato, magari può trovarli interessanti e può implementare internamente qualche procedura o altro.

Spero che queste righe ti abbiano dato qualche spunto in più e se purtroppo ancora hai solo una cappa aspirante da poter utilizzare, spero che seguirai i miei consigli e sarei curioso di sapere cosa ne pensi perché per me è importantissimo sapere di andare nella giusta direzione e che le informazioni date siano in linea con quanto i occorre per poter lavorare sereno e sicuro.

Il capitolo che hai appena letto puoi trovarlo anche online a questo link:

www.chizard.it/1

Oppure scansiona
il QR-Code qui in basso:

5. Le cappe chimiche non funzionano e riesci a scoprire gli odori che ne fuoriescono? Allora sarai un vero chimico!

Ovviamente il titolo è una provocazione.

Esistono in commercio moltissimi sistemi per l'abbattimento totale dei vapori di prodotti chimici come i dispositivi di protezione collettiva chiamati più comunemente **cappe chimiche.**

Ma nonostante questo le persone in carne ed ossa, i nostri giovani il più delle volte, sono chiamati a diventare loro stessi degli aspiratori ambulanti filtrando con il loro corpo tutti i vapori prodotti dalle sostanze chimiche che fuoriescono nell'ambiente.

Spesso purtroppo, questi vapori escono anche dalle cappe chimiche non funzionanti o non idonee e che fanno diventare i ragazzi esperti chimici già dal solo fatto che sanno riconoscere gli odori con il loro naso.

Se anche tu ti sei trovato in un laboratorio allora forse puoi comprendere quello che dico, magari già starai annuendo con la testa mentre leggi queste righe e sinceramente mi dispiace.

Purtroppo, anche io devo girare per i laboratori, il mio lavoro non è quello di un chimico, il mio lavoro è quello di tutelare le persone che lavorano con le cappe chimiche cercando di fare al meglio quello che so fare, i controlli di funzionamento di aspirazione e cercando di combattere giorno per giorno contro quelli che se ne sbattono delle persone.

Ma per fare questo ci si deve sporcare le mani, ormai sono quasi 15 anni che sto a contatto con le persone, che sento le storie di chi ci lavora e degli odori fastidiosi provenienti da quei laboratori come:
- L'odore acuto e spesso pungente dell'acido acetico
- L'odore puzzolente di uova marce dell'idrogeno solforato
- L'odore quasi soffocante dell'acido nitrico, cloridrico o ammoniaca
- L'odore dolciastro dell'acetone o acetato d'etile
- L'odore allucinante e nauseante del solfuro di carbonio
- L'odore forte e pungente spesso irritante per occhi e naso della formaldeide

Insomma, siamo noi i veri topi di laboratorio? Qualcuno molto in alto ha deciso che dobbiamo testare su noi stessi gli effetti di queste sostanze?

Tutti sanno che nei laboratori didattici, come nelle università, si fanno le analisi qualitative e quantitative degli elementi che l'operatore deve saper riconoscere.

Per fare questo si scaldano le sostanze con dei (becchi Bunsen) direttamente nei contenitori di vetro chiamati (becher) appoggiati sui banconi da lavoro con decine e decine di operatori simultaneamente, sprigionando vapori in tutto il laboratorio e poi aspirati dai ragazzi stessi appunto che svolgono il ruolo di grossi depuratori d'aria in assenza di impianti di aspirazione dell'aria adeguati ovviamente.

Allora ti starai domandando?

Perché non vengono usate le cappe chimiche, create proprio per questo motivo?

Ti indico qualche motivazione valida per rispondere alla tua domanda:
- Il numero delle cappe è inferiore a quante dovrebbero essere per consentire a tutti gli operatori di poter lavorare contemporaneamente
- Le cappe chimiche spesso non sono cappe chimiche ma semplici cappe aspiranti e quindi non idonee all'utilizzo di molte sostanze
- Le cappe chimiche non funzionano correttamente, non contengono le sostanze chimiche utilizzate
- Le cappe chimiche non vengono manutenute adeguatamente da un'assistenza tecnica esterna
- Le cappe chimiche sono sottovalutate da tutti, anche dagli stessi utilizzatori che potrebbero usarle e non lo fanno per vari motivi

Ormai dopo molti anni mi sento di poter dire tranquillamente che non c'è consapevolezza, questo è il problema principale che si ha, c'è un menefreghismo generalizzato che unito a una ignoranza diffusa crea situazioni di pericolo estreme per tutti.

A volte sono gli stessi ragazzi che decidono di non usare le cappe chimiche sebbene le hanno a disposizione, ovviamente non prendono in seria considerazione che inalare la formaldeide ormai classificata cancerogena può provocargli il tumore a naso o gola.

Spesso i ragazzi, i laureandi, i dottorandi, gli operatori in genere, decidono di non usare le cappe chimiche perché non sanno come funzionano o non credono che gli possa realmente salvare la vita.

Beh, fatevi dire una cosa: **VI SBAGLIATE DI GROSSO!!!**

Ovviamente sono d'accordo con voi che debbano essere funzionanti altrimenti è come non averle, quindi sinceratevi di avere un'assistenza tecnica che le controlli periodicamente (preferibilmente esterna e competente) così potrete concentrarvi sul vostro lavoro.

È inimmaginabile dover pensare che si abbiano questi strumenti come le cappe chimiche e non vengano utilizzate per il semplice fatto che:

SI È SEMPRE FATTO COSÌ oppure

PERCHÈ IL PROFESSORE TI HA DETTO CHE NON SERVONO

La tua vita è importante e quindi devi preservarla in ogni modo possibile non trovi?

I mezzi ci sono e come, non serve scioperare, non serve incrociare le braccia o alzare la voce:

TI BASTERÀ INFORMARTI E FORMARTI.

Io dico sempre che se impari a usare le cappe chimiche e ne capisci bene il funzionamento, hai già fatto l'80% dell'opera, purtroppo spesso e volentieri i problemi più grandi derivano proprio dall'errore umano, dall'ignoranza nel non saper usare le cappe chimiche, ad esempio.

- o Se non ti hanno insegnato ad usare le *cappe chimiche* **è un tuo problema**
- o Se nessuno ti ha detto di usare sempre le *cappe chimiche* **è un tuo problema**
- o Se nessuno ti ha spiegato come funzionano le *cappe chimiche* **è un tuo problema**
- o Se nessuno ti ha detto che le *cappe chimiche* vanno manutenute da assistenze tecniche qualificate **è un tuo problema**

Quindi armati di pazienza e informati, all'interno di questo portale sulle cappe troverai moltissime informazioni utili, ma ti consiglio di non fermarti, approfondisci, chiedi in giro anche agli altri come fanno e cosa fanno.

E diffida solo di chi ti dice che le cappe chimiche non servono a niente.

In fondo non stai mica respirando la leggera brezza di montagna o l'odore di un buon libro nuovo di zecca ma ti stai respirando sostanze chimiche spesso tossiche o cancerogene.

Quindi non sarai mai un bravo chimico perché sa riconoscere le sostanze e gli odori sviluppati da esse ma sarai un bravo chimico se prima di tutto non ti farai male e avrai la salute per poter continuare a farlo, se aiuterai gli altri a non commettere gli stessi errori che ancora oggi vengono commessi quasi da tutti.

Sarai un bravo chimico se saprai utilizzare al meglio il tuo strumento principale, la cappa chimica.

In fondo un buon pilota di macchine da corsa come i piloti della Ferrari sono forti perché sanno usare al meglio il loro strumento, la macchina, conoscono benissimo ogni ingranaggio e questo fa la differenza, non credi?

Ecco, lo stesso principio vale per te.

Spesso non ci si rende conto che non tutte le cappe chimiche sono uguali, ci sono moltissime case costruttrici di cappe chimiche come ad esempio in ordine sparso:

- Teknoscientific
- Aquaria
- Labosystem
- Kottermann
- Asem
- Asal
- Folabo
- Ferraro
- Talassi
- Bicasa
- Faster
- Waldner

Giusto per citarne qualcuno

Così come esistono case costruttrici di macchine come:

- Fiat
- Opel
- Mercedes
- BMW
- Peugeot
- Ferrari
- E sottomarche cinesi varie

Forse così ti è più chiaro il fatto che ci sono cappe e cappe, spesso si sottovaluta questo aspetto che invece è fondamentale perché poi per risparmiare sull'acquisto delle cappe chimiche, si attrezzano i laboratori con cappe di bassa qualità che costano poco...

Chissà perché.

Non penserai mica di comprare una Ferrari al costo di una Fiat vero?

Poi, se vogliamo scendere più nel dettaglio, ci sono anche i vari modelli e tipologie di cappe chimiche

E per farti un paragone non puoi pensare di comprare una Ferrari 460 al costo di una Panda giusto?

Perché dovrebbe essere diverso nel mondo delle cappe?

Inizia ad esserti più chiaro il quadro generale? Spesso ci si focalizza sulle domande sbagliate, spesso sento gente dire che gli serve una cappa chimica ma poi non fanno delle giuste ed approfondite analisi della loro condizione lavorativa per capire precisamente di quali cappe chimiche hanno la necessità.

Quindi comprano quello che costa meno e quindi si terranno per 30 anni una panda come cappa pretendendo anche che funzioni al meglio.

Questo è il più grande problema che hanno le case costruttrici di cappe chimiche che devono partecipare alle gare pubbliche di fornitura ad esempio, si trovano con queste gare al ribasso che affossano il lato sicurezza inevitabilmente e non ci vuole un genio a capirlo.

Adesso hanno iniziato ad introdurre le gare economicamente più vantaggiose è vero... sono gare che considerano come punteggio anche quello che viene offerto in gara è vero.

Ma se non c'è competenza sulle cappe chimiche o biologiche in generale da parte di chi deve indire le gare e poi controllarle, mi spiegate come si fanno ad assegnare i punteggi nel modo corretto?

Se chi deciderà l'acquisto delle cappe in realtà non ha nessuna esperienza nell'utilizzo delle stesse, non potrà mai essere realmente obiettivo e dare un giudizio corretto purtroppo quindi il problema persisterà fin quando non faranno prima dei corsi o non decidono di affidarsi a consulenti esperti del settore esterni.

Questo problema lo riscontriamo anche noi in qualità di assistenza tecnica sulle cappe chimiche con la mia società, spesso i clienti fanno fatica a capire che anche tra le varie assistenze c'è la Ferrari 460 e la panda, e se è vero ed importante fare una buona scelta iniziale della cappa chimica idonea è ancora più importante l'assistenza che si sceglie per la manutenzione.

Immagina per un istante di avere una Ferrari 460, decideresti di affidarla a un meccanico scadente che non sa neanche da dove cominciare, senza competenza o qualifiche per controllare una Ferrari?

Quindi...

Immagina di avere una cappa chimica nuova di zecca o vecchia che sia ma in buono stato, decideresti di affidarla a un'assistenza tecnica che in realtà fa anche riparazione di frigoriferi, impiantista idraulico, muratore e dentista?

Non ti sentiresti meglio a sapere di essere sotto controllo da un'assistenza concentrata totalmente sulle cappe chimiche e biologiche?

BEH IO SI!

Ed è per questo pensiero che ho deciso di focalizzarmi con la mia azienda (www.technocappe.it) solamente sull'assistenza delle cappe chimiche e Biohazard, di formarmi e formare i miei tecnici solo su questo, proprio perché cerchiamo di dare a te come nostro cliente questa tranquillità, questa certezza di affidare la tua vita nelle mani di tecnici qualificati e pienamente sensibilizzati sulle problematiche che tu e i tuoi colleghi avete nell'utilizzo delle cappe nei vostri laboratori.

Per tutti quelli che pensano sia esagerato, li invito a fare un giro nei laboratori delle nostre università, li invito a stare un giorno interno dentro quei laboratori mentre i ragazzi lavorano e vorrei proprio sapere come si sentono a fine giornata.

Abbiamo nelle università cappe vecchissime che possiamo giusto definire cappe aspiranti e non di certo cappe chimiche, le riconosci subito perché sono in legno e quindi già quello è un primo campanello di allarme.

Se non hai ancora mai visto una cappa chimica, una cappa biologica o aspirante in genere, puoi andare sul nostro sito e guardare qualche foto di alcune cappe giusto per farti un'idea.

Il capitolo che hai appena letto puoi trovarlo anche online a questo link:

www.chizard.it/9

Oppure scansiona
il QR-Code qui in basso:

6. Vuoi sostituirti i Carboni attivi della tua cappa chimica? Scopri come, quando e perché non farlo da solo.

Hai una cappa chimica da laboratorio e vorresti sostituirti i carboni attivi da solo per risparmiare tempo e denaro anche se non sei un professionista del settore?

Allora continua a leggere perché è importante che tu conosca un pochino più a fondo tale questione e a cosa vai incontro nell'effettuare tale manovra o peggio se hai deciso di farla fare al tuo manutentore tuttofare interno.

In questo articolo infatti ho deciso di dare delle indicazioni vere e informazioni genuine a tutti quelli che purtroppo devono cambiarsi i filtri a carboni attivi da soli sulla propria cappa chimica, spesso questo accade per due motivi principali:
1. mancanza di risorse economiche
2. mancanza della dovuta conoscenza dei reali rischi che si corrono

La mancanza delle risorse economiche purtroppo è ancora oggi un aspetto che vincola moltissime persone, anche quelle che vorrebbero fare qualcosina di più per tutelare se stessi e l'ambiente ma a causa appunto di forze di causa maggiore non possono proprio attingere a budget per tale manovra.

Vorrei anche dire che spesso manca un'attenta analisi dei costi all'interno di un laboratorio e relativi SPRECHI, infatti si buttano moltissimi soldi in cose che potrebbero essere gestite meglio ma questo purtroppo può cambiare solo e solo se le persone decidono di cambiare.

Se intendi procedere con il cambio dei filtri da solo, fai almeno attenzione in modo tale che la tua cappa chimica oggi definita

DISPOSITIVO DI **PROTEZIONE** COLLETTIVA

non diventi invece un

DISPOSITOVO DI **PERSECUZIONE** COLLETTIVA

In che modo?

Iniziamo con il dire che dovrai valutare alcuni aspetti e fare certe considerazioni ponendoti le giuste domande al quale alla fine andranno date delle risposte:
- che sostanze manipolo sotto la mia cappa chimica?
- quale sostanza chimica manipolo in quantità maggiore sulla mia cappa chimica?
- ogni quanto utilizzo la mia cappa chimica?
- ho la scheda di sicurezza della sostanza chimica che manipolo? (è cancerogena? mutagena? tossica? altamente tossica? poco tossica?)
- che cappa chimica ho nel mio laboratorio?
- quanti filtri a carboni attivi monta la mia cappa chimica?
- sono presenti anche dei prefiltri per il pulviscolo?
- ogni quanto tempo dovrò cambiare i carboni attivi sulla mia cappa?
- devo sostituire i prefiltri o li posso pulire? ogni quanto tempo?
- quali precauzioni dovrò adottare per tutelare la mia salute durante il cambio dei filtri? (Kit DPI)

- dove devo mettere i carboni attivi esausti?
- come faccio a smaltire i carboni attivi vecchi che ho tolto dalla mia cappa chimica?
- posso trattare questi carboni attivi come generici rifiuti da laboratorio?
- come faccio a sapere se la mia cappa chimica sta aspirando correttamente dopo il montaggio dei carboni attivi?

Potrei continuare ovviamente ma non voglio stressarti troppo ma come vedi è un mondo a sé.

Sarebbe come dire che vuoi cambiarti i filtri antipolline della tua autovettura da solo, lo puoi fare? certo che si... perché non lo fai allora?

Eppure è molto meno pericoloso del cambiare i filtri a carboni attivi di una cappa chimica non trovi(beh, anche qui qualcosina la potrei dire, parlo di quello che c'è sui filtri antipolline perché da un mio recente studio proprio su tali filtri ho riscontrato, a livello biologico, che avevano un potenziale batteriologico di altissimo impatto con oltre 500 Unità formanti colonia ogni filtro, questo per dire che se vengono sbattuti o inalati e da noi respirati non fanno proprio benissimo)?

ad ogni modo, torniamo alle cappe chimiche e i filtri, ti consiglio di rispondere alle domande che ho menzionato sopra e se per caso ad alcune già non sai rispondere probabilmente non conviene che procedi ma se poi sei proprio convinto allora intanto giusto per cominciare ti dico di munirti dei dispositivi di protezione individuale necessari e idonei a tale scopo, sto parlando di tuta protettiva, guanti, maschera con filtri ed occhiali.

Non sottovalutare questo aspetto perché probabilmente è il punto nevralgico di tutta la manovra che ti appresterai a svolgere e che anche se ci dovessero essere degli errori ti potrebbero tutelare.

Devi sapere infatti che i carboni attivi possono presentare questi aspetti fastidiosi nonché rischiosi:
- sbattendoli mettono in sospensione nell'aria delle piccolissime particelle ultra-fini di polveri
- essendo dei veri e propri carboni (di colore nero) possono sporcare moltissimo le superfici
- in origine sono cilindretti abbastanza compatti ma poi si sgretolano generando polveri
- sono molto più pesanti al cambio dei filtri in quanto hanno anche il peso delle sostanze assorbite
- sono impregnati chimicamente delle sostanze manipolate sotto cappa
- sono ingombranti e si rischia di farsi male ai piedi qualora dovessero scivolare
- sono in genere di forma rettangolare, metallici, sprovvisti di maniglie per una facile presa
- si saturano molto facilmente una volta esposti all'aria soprattutto se molto piccoli di spessore
- non esistono filtri che possano trattenere efficacemente tutti i tipi di sostanze chimiche esistenti
- lo smaltimento dei carboni attivi esauriti va gestito come rifiuti speciali (materiale filtrante)

Avevi mai considerato tali aspetti?

Beh, adesso lo abbiamo fatto insieme quindi non puoi più dire che non lo sapevi.

Capisci adesso il perché ti consigliavo di munirti dei dispositivi di protezione individuale idonei?

Ad esempio, ti consiglio di usare una tuta massima protezione per le polveri sottili e di gettarla al termine delle lavorazioni anche perché ciò che è contaminato chimicamente non è più decontaminabile.

Invece per le mascherine, usa maschere che ti proteggano dalle polveri sottili e ancora meglio se hanno anche dei carboni attivi per trattenere eventuali vapori che ci dovessero essere.

Una volta che hai preso in seria considerazione tutti questi aspetti, non sottovalutandoli come al solido direi che possiamo procedere e fare un passetto avanti.

Quindi penserai ad acquistare i filtri a carboni attivi più idonei alla tua attività e con la quantità giusta, nel caso in cui vi fossero dei prefiltri io consiglio sempre di sostituirli direttamente e i filtri a carboni attivi che hai tolto devi sincerarti che siano ben sigillati magari dentro delle buste belle rigide affinché non fuoriesca la polvere di carbone il tutto riposto in scatole di cartone perché poi dovranno essere trasportati e non vuoi che ci siano delle perdite.

Infatti, voglio parlarti proprio della parte finale del tuo operato, una volta che hai tolto i filtri a carboni devi smaltirli e nel modo corretto quindi impacchettali per bene e poi chiama un'azienda seria, regolarmente iscritta che ti ritiri il rifiuto in questione che generalmente si porta via con codice CER 150202 (poi dipende dalla provenienza del rifiuto quindi ti consiglio di approfondire nel tuo caso specifico quale sia il codice CER più idoneo).

Non buttarlo come un normale rifiuto perché va trattato nel modo adeguato, mi raccomando.

Magari vorresti sapere ogni quanto cambiare i tuoi filtri a carboni attivi? anche io vorrei saperlo, a chi lo possiamo chiedere?

Scherzo, ma purtroppo non esiste nessuno e ribadiscono nessuno che potrà mai risponderti con la certezza assoluta al 100% a questa tua eventuale domanda.

Qualcuno ti dirà che vanno cambiati a 3 mesi altri a 6 altri a 12 altri a 24 mesi altri che non vanno mai cambiati ma la realtà è che nessuno lo può indicare, tu e solo tu puoi saperlo sulla base di un'attentissima autoanalisi e costante monitoraggio dei tuoi filtri, comprandoti anche qualche strumento che ti aiuti.

Ma la certezza assoluta non potrai averla mai neanche tu e ti spiego subito perché:

I carboni attivi sono per loro principio ADSORBENTI e quindi hanno questo potere di trattenere le molecole di alcune sostanze che li attraversano, il loro saturarsi può dipendere da un sacco di fattori come:
- tempo di attraversamento della sostanza chimica
- velocità dell'aria di aspirazione cappa
- grandezza dei filtri a carboni attivi
- quantità di sostanza chimica utilizzata sotto cappa
- tempi di utilizzo della cappa durante la giornata
- tenere presenti eventuali versamenti imprevisti di sostanze
- ambiente in cui è posizionata la cappa (vapori di altri laboratori adiacenti)
- tipologia del carbone attivo presente nel filtro (qualità)

A tal proposito, la qualità del carbone non è da poco, in giro ci sono persone (nonché assistenze tecniche) che forniscono carboni di bassa qualità rigenerati da carboni già utilizzati che ovviamente avranno il rischio di una resa più bassa. Come vedi anche in questo caso ci sono moltissime considerazioni da fare.

Insomma, non volevo allarmarti o meglio, un pochino si, perché quando decidi di cambiarti i filtri da solo metti a rischio te stesso, la tua famiglia e tutti quelli che ti circondano.

Allora magari adesso che hai letto qualcosina di più desisterai nel farlo da solo e magari ti affiderai a qualche professionista del settore (serio però) che possa tutelarti e salvaguardare il tuo ambiente di lavoro.

Se non sai a chi affidarti ed è per questo che hai pensato di cambiarti i filtri da solo allora puoi scaricarti la guida che ho realizzato semplicemente inserendo la mail nel mio blog, se invece sei una di quelle persone che vuole risparmiare soldi gravando sulla propria pelle o peggio sulla pelle degli altri allora tieni bene a mente tutte le considerazioni che ho fatto sopra perché ti serviranno insieme a tanta buona fortuna, che non guasta.

A volte sento clienti che si sono affidati ad aziende o singole persone che si occupano di manutenzione di impianti di condizionamento… nulla da togliere a questi signori, ma ti posso assicurare che ne sanno meno di te.

Non useranno i dispositivi di protezione che ti ho indicato ne tantomeno sanno quali carboni devono installarti per garantire la tua sicurezza e te ne accorgi subito perché se a monte del lavoro non ti hanno fatto domande specifiche, non ti hanno chiesto quali sostanze manipoli, il che significa che ti monteranno al 99% dei carboni generici, magari di bassa qualità e tu avrai risparmiato sul costo.

Sei sicuro che sia quello che volevi?

Ad ogni modo, mi trovi disponibile a rispondere ad eventuali domande o a seguirti per una eventuale fornitura di filtri a carboni attivi per le tue cappe chimiche ma non iniziare parlandomi di prezzi e costi al ribasso perché ormai dovresti aver capito che sono un po' suscettibile da questo punto di vista.

Cercherò sempre di fare il meglio possibile per il mio cliente, devo prima fare un'analisi, capire cosa ti occorre perché se mi paragoni i carboni per solventi (che tutti installano) ai carboni per formaldeide non hai ancora ben compreso come funziona. Costano mediamente dalle 4 alle 5 volte di più. Entiendes?

Alla base di tutto ci deve essere la fiducia, l'importante è che la fiducia sia stata guadagnata, tutto qui.

Perché alcuni clienti si affidino alla cieca ai fornitori senza aver approfondito chi sono e cosa hanno fatto nella loro vita, ancora mi è poco chiaro.

La cosa certa è che io so quello che devo fare e lo farò ad ogni costo, sicuramente non ti installerò dei filtri se in realtà necessiti di altre tipologie.

Spero di essere stato chiaro su questo punto.

Il capitolo che hai appena letto puoi trovarlo anche online a questo link:

www.chizard.it/10

Oppure scansiona
il QR-Code qui in basso:

7. Carboni attivi per le cappe chimiche da sostituire o ingerire? quando e perché?

Se anche tu hai una cappa chimica con dei carboni attivi all'interno non ti sogneresti mai di volerteli mangiare e sicuramente ti sei posto domande quali:

Ma i carboni attivi vanno cambiati? quando? ma soprattutto perché?

Cercherò di rispondere alle tue domande quanto più comprensibile possibile per fare un pochino di chiarezza su questa tematica molto particolare del quale pochi ne parlano anche se la presenza appunto dei carboni attivi è veramente diffusissima e spesso gli operatori stessi non sanno neanche di averli o come gestirli.

Ritroverai anche qualche indicazione che avevo riportato in precedenti capitoli ma solo perché vorrei tu memorizzassi alcune tipologie o denominazioni utili che ti ritroverai nel tempo.

Ovviamente stiamo sempre e solo parlando di carboni attivi per cappe chimiche e non cappe da cucina o per altri scopi, quindi se usi cappe chimiche, potresti trovarti in due condizioni:
1. Presenza di carboni attivi all'interno di un box filtri idoneo installato in prossimità dell'espulsione dell'aria direttamente all'esterno dell'edificio
2. Presenza di carboni attivi direttamente all'interno della tua cappa chimica o subito sopra mediante un box filtri NON canalizzata all'esterno

Vorrei dirti da subito l'enorme differenza che c'è in termini di sicurezza dei due casi riportati.

Se ti trovi nella (I°) condizione diciamo che puoi stare un pochino più tranquillo in quanto la tua cappa chimica si identifica come cappa ad estrazione totale appunto (**tecnicamente chiamata cappa chimica DUCTED**) e quindi tutto quello che aspiri sotto cappa viene sparato fuori dall'edificio.

Ovviamente la sostituzione dei filtri a carbone attivo in questo caso è sempre importante perché l'aria esterna la respiri anche tu oltre che i tuoi colleghi ma ovviamente si diluiscono di molto le concentrazioni una volta che il contaminante si mescola con l'aria.

Se invece ti trovi nella (II°) condizione, probabilmente hai una cappa chimica a ricircolo d'aria (tecnicamente **chiamata cappa chimica DUCTLESS**) e ciò significa appunto che l'aria aspirata sul fronte cappe viene poi filtrata dai carboni attivi e rigettata nel laboratorio stesso, a meno che la cappa chimica non sia stata anche canalizzata all'esterno ovviamente.

(Accortezza che pochi hanno)

Se il tuo caso è il ricircolo dell'aria nell'ambiente, sei sicuramente nella condizione più pericolosa e in quanto tale dovrai fare semplicemente più attenzione degli altri e verificare che i tuoi carboni attivi vengano sostituiti con regolarità e la giusta frequenza da personale qualificato in tale manovra, ma di questo ne parleremo più avanti.

Spesso e volentieri il tema appunto di quando cambiare i filtri a carboni attivi o se proprio cambiarli e il perché ovviamente

Sono tra le domande più frequenti che un operatore di cappe chimiche si fa oppure un responsabile prevenzione e protezione e molto spesso girano a me queste domande in quanto purtroppo non esiste nessuna norma attualmente che regolamenta tali tematiche.

Si hai capito bene

NON ESISTE NORMA CHE REGOLAMENTA QUANDO DEVONO ESSERE CAMBIATI I CARBONI ATTIVI

In genere ci sono delle **INDICAZIONI** da parte dei costruttori che indicano una tempistica standard di circa **1.500 h** di utilizzo per eseguire la sostituzione dei carboni ma appunto questa è una pura "**indicazione**"

Proprio perché la durata dei carboni attivi varia a seconda di moltissime considerazioni che andremo a vedere nel dettaglio.

Ti riporto di seguito la definizione di Carboni attivi:
*Il **carbone attivo** è un materiale contenente principalmente carbonio amorfo e avente una struttura altamente porosa ed elevata area specifica (cioè elevata area superficiale per unità di volume).*

Grazie all'elevata area specifica il carbone attivo è in grado di trattenere al suo interno molte molecole di altre sostanze, potendo accomodare tali molecole sulla sua estesa area superficiale interna; in altre parole, il carbone

attivo è un materiale che presenta elevate capacità adsorbenti.

L'adsorbimento *dal Latino adsorbere, assorbire lentamente, è un fenomeno chimico-fisico che consiste nell'accumulo di una o più sostanze fluide (liquide o gassose) sulla superficie di un condensato ed avviene molto lentamente.*

Il carbone attivo è utilizzato nell'ambito della filtrazione, purificazione, deodorizzazione e decolorazione di fluidi (<u>Wikipedia</u>).

Ho voluto riportare fedelmente la descrizione affinché tu capisca a fondo le caratteristiche dei tuoi carboni attivi, infatti questo assorbire lentamente è un qualcosa che molti sottovalutano e non capiscono a fondo, in quanto in una cappa chimica a filtrazione molecolare la velocità dell'aria che attraversa i carboni attivi non può essere troppo veloce in quanto vi è bisogno di un tempo di contatto tra la sostanza manipolata e le molecole del carbone affinché vengano trattenute correttamente quelle sostanze nocive che si vogliono eliminare dall'aria in ambiente.

Quindi è inutile che monti un motore di un aereo per aspirare l'aria se hai dei carboni attivi che devono filtrarla perché non avrebbero il tempo di trattenere le molecole, capito?

Cercherò quindi di darti una risposta alle 7 domande seguenti:
1. Esiste una norma che regolamenta il cambio dei filtri a carboni attivi in una cappa chimica?
2. Perché cambiare i filtri a carboni attivi?
3. Quando cambiare i filtri a carboni attivi?
4. Quando cambiare i **PRE-Filtri** in una cappa chimica?
5. Si può verificare se i carboni attivi sono saturi?

6. I carboni attivi sono tutti uguali o differiscono per tipologia di utilizzo?
7. Chi può cambiare i filtri a carboni attivi?

(1) Esiste una norma che regolamenta il cambio dei filtri a carboni attivi in una cappa chimica?

Come già ho detto prima, purtroppo ti confermo che

NON ESISTE UNA NORMA CHE ATTUALMENTE REGOLAMENTA IL CAMBIO DEI FILTRI A CARBONI ATTIVI

Quando si parla di cappe chimiche la **EN 14175** è la più conosciuta, ma non viene specificato assolutamente quando cambiare i filtri purtroppo, vengono date solo indicazioni di altro tipo come ad esempio quali caratteristiche strutturali deve avere una cappa chimica ma niente sui filtri a carboni attivi.

Se qualcuno quindi ti ha citato tale normativa come riferimento per farti cambiare i tuoi filtri a carboni attivi, hai preso una bufala, mi dispiace.

Ho sentito altri che citano le **UNICHIM o le SAMA** e anche qui siamo completamente fuori strada perché al massimo troviamo qualche indicazione sulle velocità e anche su questa tematica c'è molto da dire in quanto neanche le velocità sono regolamentate perché molto dipende dalla tipologia di lavorazioni che vengono eseguite sotto cappa, magari poi farò un articolo che parlerà solo di questo.

Puoi sempre smentirmi se vuoi, leggendoti la norma e trovando quello che cerchi oppure continuare a leggere e ragionare con me per arrivare a una soluzione, ovviamente.

(2) Perché cambiare i filtri a carboni attivi in una cappa chimica?

Ti giro la domanda: perché li hai installati allora?

Ovvio che se hai previsto di installare dei carboni attivi nella tua cappa chimica, significa che non volevi ingerire quello che manipolavi giusto?

Ci sarà stata una valutazione iniziale a monte dell'acquisto oppure hai preso una cappa chimica a caso? Spero vivamente di no.

Detto questo quindi, è proprio per la definizione di "carboni attivi" che ti ho riportato prima, e cioè che hanno la caratteristica di essere adsorbenti, che vanno sostituiti, in quanto (**SIA CHE UTILIZZI LA CAPPA CHIMICA, SIA CHE NON UTILIZZI LA CAPPA CHIMICA**) i carboni attivi all'interno continuano a fare il loro dovere assorbendo tutto quello che possono nell'aria.

Se hai dei carboni attivi sulla tua cappa da cucina il meccanismo è simile, in quanto anche quelli prima o poi dovrai cambiarli soprattutto se la tua cappa non è collegata all'esterno ed essendo spesso molto piccoli si saturano in brevissimo tempo ma soprattutto vengono ostruiti anche dal grasso e lo sporco che ne riducono l'efficacia.

Vuoi un altro esempio?

Se hai una macchina, avrai anche dei filtri abitacolo, generalmente definiti antipolline (anche se un po' riduttivo in quanto tale filtro che ti permette di attivare il ricircolo nella tua auto serve a filtrare molte altre cose come i gas di scarico delle auto).

Pochi sanno che è importantissimo e non gli danno molto peso purtroppo, io ti consiglio anche di sostituirlo con un filtro a carboni attivi se possibile perché allora avrai una protezione completa.

Ad ogni modo, il consiglio per sostituire tale filtro della tua auto è con cadenza annuale o se superi i 15.000 km di utilizzo è consigliata la sostituzione, come vedi in generale parti come queste, soprattutto se si tratta di filtri e prefiltri vanno cambiati e tenuti sotto controllo, non pensare nemmeno di soffiare o lavare questi filtri perché non avrebbero la stessa efficacia e durata, soprattutto.

Se non fai il cambio è molto probabile che non stiano svolgendo il loro compito perché saturi e non hanno più il potere di trattenere appunto il polline.

Insomma, ogni volta che ci sono parti deteriorabili, vanno necessariamente sostituite, soprattutto se ne fai un utilizzo giornaliero, non trovi?

(3) Quando cambiare i filtri a carboni attivi in una cappa chimica?

Eccoci arrivati a un punto cruciale, domanda da un milione di dollari.

In genere i costruttori indicano una sostituzione dei filtri a carboni attivi almeno una volta ogni **1.500 h** di utilizzo facendo un breve calcolo insieme ne deriva che se utilizzi la tua cappa 8 ore al giorno dal lunedì al venerdì sono in totale 40 ore settimanali che moltiplicate per **4 settimane** ci danno circa **160 ore** di utilizzo al mese ne deriva che in **10 mesi** la cappa chimica e quindi i carboni attivi vengono utilizzati per circa **1.600 h** totali.

Ecco perché in genere si dà un'indicazione assolutamente approssimativa sulla durata e cambio dei carboni consigliata ai **12 mesi max**.

Ovviamente, seguendo lo stesso ragionamento, tu stesso potrai farti i tuoi calcoli e vedere quante ore di utilizzo reali la cappa chimica ha lavorato e tirare le somme.

ATTENZIONE però...

perché le considerazioni da fare sono diverse, ti ripeto che le **1.500 h** intanto sono una pura indicazione e non potrà valere di certo in tutti i casi ovviamente perché ci sono molte altre cose da considerare come ad esempio:
- È importante valutare anche la dimensione dei tuoi carboni perché ovviamente un filtro molto piccolo probabilmente si potrebbe saturare prima, non credi?
- Altra importante considerazione da fare è la velocità dell'aria che passa attraverso il filtro che può aumentare o accorciare i tempi sia di contatto che di intasamento dei carboni attivi
- Non meno importante invece è il quantitativo di sostanze che tu stesso o i tuoi colleghi manipolate sotto cappa, usare poche gocce di sostanza o litri influisce di molto

- sulla durata dei carboni attivi
  o I tempi di utilizzo in relazione alle quantità durante le lavorazioni influisce anche negativamente sulla durata dei tuoi carboni attivi
  o L'ambiente in cui si trova la cappa, se molto polveroso o già saturo di altre sostanze non correttamente aspirate accorceranno la vita dei tuoi filtri a carboni attivi ed è assicurato
  o La temperatura all'interno dei locali è un altro fattore da tenere sotto controllo

E potrei continuare ancora.

Ma volevo solo farti capire che è proprio per questa serie di motivazioni che **NON ESISTE UNA NORMA CHE POSSA REGOLAMENTARE ed UNIFORMARE** per tutte le cappe chimiche i tempi di sostituzione ed è assolutamente corretto che sia così.

Immaginate anche l'errore umano in tutto questo, che spesso è proprio una delle principali cause in quanto tu stesso come operatore potresti, involontariamente, rovesciare un flacone sotto cappa che immediatamente potrebbe andare ad intasare di molto i tuoi filtri che cercheranno di adsorbire tutto il possibile ovviamente.

Insomma, NON è possibile dare un'indicazione standard per tutti se è questo che cercavi.

Prendi per buone alcune indicazioni e cerca di rispettare quantomeno quelle, poi il consiglio è quello di accorciare i tempi più che allungarli ma bisogna vedere caso per caso per poter dare qualche indicazione ovviamente.

Quindi ogni 1500 h o 12 mesi può essere una **indicazione da seguire** anche per avere una cadenza facile ed economica il più possibile ovviamente.

(4) Quando cambiare i PRE-Filtri in una cappa chimica?

Se la tua cappa chimica, presenta dei prefiltri e per tali si intende lana in fibra di vetro generalmente bianca che è posta a monte di tutto il sistema di filtrazione prima che l'aria attraversi i carboni attivi, allora l'indicazione dei costruttori in genere è di cambiarli (non soffiarli o lavarli) ogni 500 h.

Anche qui si tratta sempre di un'indicazione, ovviamente per tutte le considerazioni fatte per i carboni attivi ma ad ogni modo devi capirne il funzionamento in quanto sono posti prima dei carboni attivi proprio perché hanno la funzione di filtrare l'aria dal pulviscolo che c'è nel tuo laboratorio evitando che gli spazi del carbone vengano ostruiti non permettendogli così di svolgere il loro compito.

In genere anche qui si prende in considerazione di sostituirli almeno una volta l'anno o sicuramente ogni volta che vengono sostituiti i carboni attivi proprio per ristabilire un processo di filtrazione quanto più efficace possibile.

(5) Si può verificare se i carboni attivi sono saturi in una cappa chimica?

La risposta è assolutamente si.

Al contrario di quello che molti pensano o sanno, ci sono diversi sistemi per poter verificare se un carbone attivo è saturo oppure no e alcuni dei quali possono essere utilizzati anche dagli operatori stessi in quanto esistono in commercio dei kit proprio per tali test mediante delle fiale anche se l'attendibilità non è al 100%.

È possibile anche misurare l'eventuale saturazione mediante strumentazione ovviamente.

Ad esempio si può utilizzare un foto ionizzatore portatile che, mediante una libreria interna di gas e attraverso la misurazione dei ppm in espulsione di un filtro a carboni attivi, può darci un'indicazione di saturazione dello stesso. Tale verifica ovviamente ha un costo visto che uno strumento professionale e affidabile può costare anche 10.000 euro senza problemi.

Ci sono anche strumenti specifici per rilevare determinate sostanze come la formaldeide, insomma gli strumenti per verificare la saturazione ci sono ovviamente ma i costi anche, quindi a voi la scelta.

Detto questo però mi preme dirti anche che c'è un rovescio della medaglia in tali prove in quanto, sempre per tutte le considerazioni fatte al punto (3) è possibile soltanto fare una fotografia del grado di saturazione dei propri filtri e non di certo stabilirne i tempi di sostituzione veri e propri da mantenere nel tempo.

Cosa voglio dire?

Semplicemente che per avere una visione più ampia anche se ugualmente approssimativa dei tuoi carboni attivi dovresti monitorarli frequentemente (settimanalmente e mensilmente) al fine di poter stabilire bene in quanto tempo si siano saturati avendo un'indicazione quanto più precisa in merito.

Dovrai tenere conto anche di quante sostanze hai usato e quanto tempo hai usato la tua cappa chimica al fine di doverti tarare sugli stessi metodi di utilizzo nel tempo se vorrai mantenere fedele la data di scadenza dei tuoi filtri, ovviamente sto dicendo un'eresia.

Perché a nessuno è dato sapere quanto lavorerà la tua cappa chimica nell'anno e quindi torniamo a quanto detto in precedenza e cioè che puoi solo fare delle considerazioni in merito alla sostituzione.

Ovviamente aver eseguito un monitoraggio di questo tipo almeno una volta potrebbe essere un punto di partenza interessante per poter dare delle indicazioni per la sostituzione ma ovviamente tale processo è costosissimo.

Motivo per il quale in genere si fa prima a sostituire direttamente i carboni attivi piuttosto che eseguire una prova che ha un costo simile.

Ci sono aziende costruttrici come la ERLAB ad esempio che chiedono ai loro clienti di compilare un formulario chiamato **Vality Quest** proprio per avere tutte queste informazioni dal cliente:
- Sostanze manipolate

- Quantità
- Frequenza utilizzo
- Frequenza orario, giornaliera, settimanale, mensile
- ecc., ecc.

Proprio per cercare di dare qualche indicazione più precisa ai propri clienti, ma lascia sempre il tempo che trova ovviamente.

Spero di averti risposto adeguatamente e aver chiarito i tuoi dubbi su tale tematica visto che è una domanda molto frequente che mi viene posta.

(6) I carboni attivi sono tutti uguali o differiscono per tipologia di utilizzo?

Eccoci arrivati al cuore dell'articolo, spesso molti non sanno che i carboni attivi **NON** sono tutti uguali e differiscono l'uno dall'altro

È un po' come parlare di cioccolata, è tutta uguale?

Assolutamente no, ci sono tantissime tipologie e soprattutto tantissime qualità ed ecco perché anche qui con i carboni attivi c'è lo stesso discorso.

Intanto devi sapere che generalmente molte assistenze tecniche sfruttano proprio questa ignoranza dei propri clienti sostituendo il carbone attivo generico (solventi) anziché quello specifico per le sostanze manipolate, sempre che non siate capitati con i peggiori, che magari comprano anche carboni rigenerati anziché freschi con una durata che si accorcia notevolmente.

È quindi importante che tu sappia quali carboni attivi ti stanno sostituendo e se te li stanno sostituendo veramente, a seconda della tipologia di sostanze che manipoli sotto la tua cappa chimica:

ESISTONO CARBONI BASE:

Se ad esempio usi la tua cappa chimica per manipolare solventi in genere allora

Potrai montare dei filtri a carboni attivi generici appunto per **SOLVENTI.**

ESISTONO CARBONI ATTIVI IMPREGNATI CHIMICAMENTE:

Se invece usi la tua cappa chimica per ammoniaca? Ovviamente filtri a carboni attivi per **AMMONIACA.**

E se usi la cappa per formaldeide? idem, dovranno montarti filtri a carboni attivi per **FORMALDEIDE.**

Uguale se manipoli gas radioattivi, dovrai sostituire carboni attivi per **RADIOATTIVI** impregnati con ioduro di potasio, usati prevalentemente proprio per la rimozione di contaminanti in gas radioattivi, idonei in particolare per la rimozione dello **iodio 131**.

Ovviamente, la differenza principale sta nel prezzo, un carbone per solventi in genere costa anche 4 volte meno di un carbone specifico per **FORMALDEIDE cancerogena** e questo permette agli sciacalli di aggiudicarsi ad esempio le gare al ribasso che tu stesso hai scelto.

Come si dice, ognuno raccoglie quello che semina, sei d'accordo?

Mi dispiace ma se tu e i tuoi colleghi non siete molto attenti, rischiate di prendere delle grosse fregature non solo economiche, infatti qui stiamo parlando di qualità dell'aria e del rispetto della vita degli operatori delle cappe chimiche.

Da adesso in poi, fai più attenzione a quello che ti propongono nelle offerte, ad esempio noi nelle nostre offerte inseriamo sempre quale tipologia di carbone attivo verrà offerto e che verrà montato su ogni cappa specifica.
Ovviamente per poter fare questo, facciamo sempre un sopralluogo che in genere è diretto a chiedere agli operatori stessi quali sostanze manipolano principalmente e in prevalenza sotto le loro cappe così da sapere quale carbone attivo offrire.

Questo purtroppo non lo fanno in molti perché dispendioso, ma vorrebbe dire essere corretti con i propri clienti. Quindi l'unica arma che hai è l'informazione e la formazione, sfruttala al meglio e circondati di fornitori corretti per tutelare te stesso e i tuoi collaboratori.

(7) Chi può cambiare i filtri a carboni attivi in una cappa chimica?

Apparentemente sembra tutto molto facile e spesso la scelta è quella di cambiarseli da soli o farli cambiare al manutentore tutto fare della propria struttura.

Questa però non è assolutamente la scelta più consigliata perché intanto perdereste la possibilità di avere qualcuno con cui confrontarvi e chiedere un parere proprio per tutte le considerazioni che abbiamo fatto sopra e poi perché è anche pericoloso sia per le persone che eseguono la sostituzione sia per voi che poi dovrete rimanere in quell'ambiente a lavorare.

Il consiglio è quello di spendere un po' di energie e risorse per identificare la corretta assistenza tecnica al quale affidarsi dopodiché sarà tutto più semplice perché starete più sereni nel sentirvi supportati da qualcuno esperto.

Ecco appunto, "**Esperto**".

È importante che venga identificata un'assistenza che abbia una cultura su tali tematiche e, visto che parliamo di cappe chimiche, che sia specializzata in controlli e validazioni di cappe chimiche appunto e non che si sia improvvisata e che faccia di tutto e di più.

Se ti stai chiedendo come potrai mai tu capire a chi affidarti, ti ricordo che nella home del mio blog hai la possibilità di scaricarti una semplice guida ricchissima di informazioni che ti darà la possibilità di avere qualche strumento in più per cercarti la tua assistenza tecnica o se già la hai di confrontarla con qualche nozione in più.

Ti basterà inserire una mail e scaricartela immediatamente.

Detto questo, ti stavo accennando al fatto che è pericoloso far sostituire i carboni attivi a chi non ha una delicatezza in tale materia perché è pressoché inevitabile già con la dovuta accortezza evitare che si disperdano delle polveri nell'aria solo per come sono costruite concettualmente la maggior parte delle cappe.

Ecco perché si consiglia sempre un box a carboni attivi sul tetto piuttosto che dentro il laboratorio così da evitare che tali polveri di carbone impregnato e contaminato vada in giro per l'ambiente a fare più danni che se non venisse sostituito proprio.

Come si dice a Roma, se hai fatto 30 fai anche 31, no?

Hai fatto tutte le tue considerazioni del caso, hai deciso di cambiare i filtri a carboni attivi, affidarti a un'assistenza tecnica di cappe chimiche valida e preparata mi sembra quantomeno scontato e funzionale.

Spesso la scelta ricade su chi si occupa della manutenzione dell'impianto dell'aria e del condizionamento, ti posso assicurare che non hanno la sensibilità già per loro stessi perché non hanno la reale percezione di quello che stanno andando a manutenere.

Se sapessero realmente che i carboni attivi che stanno sostituendo, ad esempio sono impregnati di **Formaldeide** che ormai è stata classificata **CANCEROGENA**, scapperebbero a gambe levate in quanto non hanno proprio i dispositivi di protezione individuale adeguati ovviamente.

E di chi sarebbe la colpa di eventuali persone che si dovessero ammalare?

Sempre la vostra, perché non avete scelto correttamente un'assistenza specifica e anche perché non avete avvertito tale personale della pericolosità di tale lavorazione.

In ultimo ovviamente: tali polveri chissà che fine faranno???

Dedica un po' di tempo a scegliere un'assistenza certificata ma soprattutto seria e qualificata se vuoi rispettare te stesso, i tuoi colleghi e la tua famiglia.

Cerca di condividere queste informazioni con quante più persone possibili, potresti aiutarle moltissimo e questo è quello che mi preme avere come risultato finale.

Informare tutti gli operatori delle cappe e dargli strumenti immediati per capirci di più e non rimanere in balia degli eventi subendo le circostanze e la disinformazione che regna attualmente.

Se sei nel LAZIO puoi contattare me o la mia azienda e sarò lieto di aiutarti (www.technocappe.it).

Il capitolo che hai appena letto puoi trovarlo anche online a questo link:

www.chizard.it/397

Oppure scansiona
il QR-Code qui in basso:

8. Evita i 7 errori più comuni quando utilizzi la Formaldeide cancerogena con la tua Cappa Chimica

Se anche tu sei a rischio inalazione di **FORMALDEIDE** durante il tuo lavoro e ti trovi a manipolare sotto cappa chimica tale sostanza **CANCEROGENA,** ti conviene leggere perché non troverai informazioni di questo tipo in giro per il WEB, potrai scoprire gli errori più comuni che vengono commessi e che ti mettono a rischio di inalazione di tali vapori.

Ormai tutti sanno che dal **1° GENNAIO 2016 la Formaldeide appunto è stata dichiarata a tutti gli effetti una sostanza cancerogena** e online avrai modo di trovare ancora più dettagli tecnici sulla classificazione, la categoria ecc., ecc.

Ma io non sono qui per parlarti di questo, ma più semplicemente per svelarti alcuni retroscena, gli errori più comuni commessi dagli operatori e accorgimenti che puoi avere da adesso in poi quando utilizzi le tue cappe chimiche.

Certo che stiamo parlando di una sostanza che viene usata praticamente da sempre e solo oggi nel 2016 qualcuno si è accorto che è così pericolosa?

Hai sentito dire a qualcuno: "mi ricordo ancora quando da piccolo mi mangiavo le pastiglie di **Formitrol**"?

Eccoti una vecchia foto di questi tubetti miracolosi per il mal di gola.

Adesso te lo ricordi? Se sei troppo giovane non puoi ricordarlo perché sono passati un po' di anni ma credimi quando ti dico che veniva consumato a tonnellate da tutti.

Infatti, il Formitrol veniva utilizzato per lo più quando si aveva il mal di gola e veniva prodotto dai laboratori farmaceutici del Dr. Wander.

All'interno era contenuta la formaldeide, oggi bandita ma all'epoca assolutamente innocua, anzi, benevola al punto che uccideva i microrganismi.

Funzionava veramente ed ecco il perché della sua diffusione su larga scala.

Di fatto, quando si parla di formaldeide devi sapere che si tratta di una molecola denominata appunto aldeide composta da due atomi di idrogeno, un atomo di ossigeno e uno di carbonio.

La formaldeide viene ancora oggi impiegata moltissimo per tanti scopi come ad esempio per conservare dei campioni istologici dopo averli sezionati su una stazione di taglio aspirante che in genere si trova nei laboratori di istologia o anatomia patologica.

Si può trovare l'uso di formaldeide anche in alcuni mobili, il che è molto pericoloso perché spesso, se non facciamo arieggiare gli ambienti, i vapori si disperdono nell'aria.

Devi sapere anche che la formaldeide potresti chiamarla anche aldeide formica o con un po' di ilarità ma sempre con il suo termine tecnico "metanale", infatti deriva proprio dal fatto che siano stati fatti interagire dei vapori di alcol metallico con una lamina calda di platino per la primissima volta nell'anno 1867 dal Dr. August Wilhelm Von Hofmann.

Detto questo, anche se utilizzata in vari modi e in vari ambienti, resta il fatto che sia molto pericolosa, infatti già nel 2004 l'Agenzia Internazionale della Ricerca sul Cancro che tutti conoscono come AIRC aveva inserito la formaldeide nell'elenco delle sostanze cancerogene per l'uomo e solo successivamente appunto a Gennaio 2016 è stata classificata ufficialmente di tipo B2.

Se ti sei chiesto che fine hanno fatto queste miracolose pastiglie di Formitrol, sappi che vengono ancora oggi prodotte ma ovviamente è stata eliminata completamente la formaldeide anche se ha mantenuto lo stesso nome.

Devi sapere che dietro a questa sostanza ci sono sin da sempre anche interessi economici di vario tipo ma per restare nel campo delle cappe da laboratorio ad esempio, è stata utilizzata per moltissimi anni proprio per la decontaminazione delle cappe **Biohazard**.

Magari anche a te è capitato di vederti arrivare un'offerta di sostituzione filtri HEPA per la tua cappa biologica e a seguire una voce che indicava la decontaminazione obbligatoria con utilizzo di formaldeide.

Sono a conoscenza che ancora oggi alcune assistenze tecniche "poco serie" e "poco informate" adottano la formaldeide per la decontaminazione di cappe o canali di areazione quindi occhio a chi fai intervenire e a quali metodi poco ortodossi decidano di avvalersi per farti la decontaminazione.

Ad ogni modo quello che continua a sembrarmi molto strano è il fatto che per moltissimi anni hai utilizzato la *formaldeide*, spesso senza neanche utilizzare i dispositivi di protezione collettiva come le cappe chimiche o magari con delle cappe non propriamente idonee per vari motivi.

Cosa hai inalato per tutti questi anni?

Qualcuno si è mai preoccupato di darti qualche informazione veramente utile a te che usi le cappe da laboratorio?
La risposta è abbastanza ovvia, ed ecco perché ho deciso di prendermi carico di questa iniziativa, realizzando questo portale con un unico scopo, quello di farti avere delle informazioni che nessuno si penserebbe di darti mai.

Continua a leggere e potrai approfondire sempre più questo mondo, non nasconderti dietro al fatto che magari hai moltissimi anni di esperienza nel tuo laboratorio perché perderesti una grande opportunità di:
- Salvaguardare la tua salute e sicurezza
- Tutelare l"ambiente

Sempre più spesso purtroppo mi scontro con persone che, per via dell'abitudine, sottovalutano alcuni aspetti è da molto tempo che continuo a dire di non sottovalutare la formaldeide e ti fare molta attenzione ad esempio ai carboni sulle cappe, ma da un orecchio entrava e dall' altro usciva.

Oggi, dal momento che finalmente si sono decisi a classificare la **formaldeide** come **cancerogena, HO LA TUA ATTENZIONE?**

Meno male... lo spero vivamente.

Quindi togliti le bende dagli occhi e inizia a fare attenzione a certi dettagli che sono veramente importanti.

A tal proposito voglio indicarti i **7 errori più comuni** che fanno gli operatori di cappe:
1. Utilizzo di cappe aspiranti al posto di cappe chimiche
2. Utilizzo di cappe chimiche a ricircolo con carboni attivi prive di espulsione esterna
3. Utilizzo di cappe chimiche con espulsione esterna senza filtri a carboni attivi
4. Utilizzo di cappe chimiche senza una corretta formazione e informazione
5. Utilizzo di quantitativi di formaldeide in quantità industriali senza esigenze reali
6. Utilizzo di formaldeide senza l'uso di dispositivi di protezione individuale idonei
7. Utilizzo di formaldeide senza aver prima fatto un'attenta valutazione dei rischi

Ti sembrano così scontati?

Beh, approfondiamoli e vedremo se avevi pensato proprio a tutto, magari qualcosa la sai già e lo spero vivamente ma probabilmente non sai proprio tutto non credi?

1) UTILIZZO DI CAPPE ASPIRANTI AL POSTO DI CAPPE CHIMICHE

Ti faccio questa precisazione perché ancora oggi moltissimi laboratori sono totalmente indietro con i propri dispositivi di protezione collettiva che il più delle volte sono:
- Molto vecchi
- Non idonei

Devi sapere che in generale non dovresti mai utilizzare una cappa aspirante per la manipolazione di sostanza chimiche in genere, quindi figuriamoci per la formaldeide. Non credi?

Ma facciamo un passo indietro, magari non riesci a fare la differenza tra una cappa aspirante e una cappa chimica o magari si ad ogni modo preferisco specificarlo così siamo tranquilli:

Cappa aspirante: è una cappa che ha un motore di aspirazione all'interno o all'esterno ma che non ha i giusti requisiti per essere classificata come cappa chimica,
- Non ha velocità di aspirazione adeguati
- Non ha una struttura adeguata
- Non è studiata concettualmente per utilizzo sostanze chimiche

Ci sono anche Cappe aspiranti che sono dotate di carboni attivi certo...

Ma credimi quando ti dico che sei totalmente a rischio nell'utilizzo di Cappette del genere perché non riusciranno mai ad avere un contenimento adeguato, figuriamoci per la formaldeide che richiede ad esempio velocità intorno ai 0,6/0,7 m/s.

Detto questo, ti consiglio di evitare l'utilizzo di cappe aspiranti in genere per utilizzo di sostanza chimiche ma soprattutto evita di usarle per manipolare la FORMALDEIDE.

Le cappe chimiche invece ti permettono di manipolare tali sostanze, occhio a tenerle sempre sotto controllo perché è vero che sono utili ma solo se sono regolarmente funzionanti

Ed ecco perché avere un'assistenza tecnica di cappe chimiche ti permetterà di stare più sereno e di pensare solamente al tuo lavoro.

2) UTILIZZO DI CAPPE CHIMICHE A RICIRCOLO CON CARBONI ATTIVI PRIVE DI ESPULSIONE ESTERNA

Voglio ricordarti che la cappa a ricircolo (Ductless **Fume Hood** se vogliamo essere più pignoli e tecnici) è appunto una cappa chimica che al suo interno ha un elettro aspiratore e uno o più filtri a carboni attivi per far sì che le sostanze chimiche manipolate sotto cappa vengano filtrate e l'aria espulsa all'interno del laboratorio venga purificata.

Ti stai chiedendo come mai ho inserito una cappa di questo tipo tra gli errori immagino...

Bene te lo dico subito...

L'errore primario è il pensare che l'utilizzo di questa cappa risolva tutti i tuoi problemi, infatti spesso e volentieri gli operatori che hanno una cappa a ricircolo con filtri a carboni abbassano la loro soglia di allerta e ne sottovalutano i pericoli.

Nello specifico, credo fermamente che l'utilizzo delle cappe da ricircolo siano una soluzione solo e solamente quando c'è una reale conoscenza del loro funzionamento perché devi sapere che i filtri a carboni attivi non sono eterni, **NO NON LO SONO.**

Anzi, si saturano molto più velocemente di quello che puoi immaginare.

Spesso e volentieri mi ritrovo a dover combattere, nel vero senso della parola, con operatori o proprietari che non capiscono proprio l'inefficacia di questi filtri nel momento in cui non vengono sostituiti con regolarità.

Spesso mi sento dire:

"Sig. Cirillo i carboni non li voglio cambiare perché tanto la cappa la usiamo così poco"

Beh, lasciati dire che questo è un grave errore perché i Carboni attivi proprio per il loro poter Adsorbente **SONO INSTANCABILI LAVORATORI**

Infatti, adsorbono 24h su 24h 365 giorni l'anno, adsorbono infatti odori di qualsiasi tipo e gas che si sviluppano non solo dalle manipolazioni ovviamente.

E la loro durata è drasticamente influenzata da:
- o Umidità dell'aria
- o Temperatura dell'aria
- o Pressione
- o Concentrazione di sostanze utilizzate
- o Quantitativo di sostanze chimiche impiegate

Quindi se anche tu hai una cappa con carboni attivi **DEVI SOSTITUIRE I FILTRI**, sempre e periodicamente. Detto questo però devo dirti anche che esistono tanti tipi di filtri a carboni attivi come ad esempio:
- o Carboni attivi per solventi
- o Carboni attivi per acidi
- o Carboni attivi per formaldeide
- o E altri...

È fondamentale quindi che vi sia sempre uno studio che in genere viene fatta durante la valutazione dei rischi per determinare quale tipologia di carbone dovrai installare sulla tua cappa.

Non voglio confonderti però perché è vero che sulla tua cappa chimica a ricircolo puoi montare dei carboni attivi ad uso formaldeide nel caso in cui appunto la sostanza da te utilizzata sia proprio la formaldeide, ma è vero anche che se la tua cappa non è collegata all'esterno, qualora il carbone dovesse saturarsi prima della sostituzione, tu e i tuoi collaboratori vi respirereste belle boccate di formaldeide.

Purtroppo, tu che sei nel laboratorio non riesci a sentire velocemente che c'è qualcosa che non va mentre noi che interveniamo in qualità di assistenza tecnica sin da subito ci accorgiamo che l'aria è contaminata perché non ne siamo assuefatti ovviamente.

Ecco perché credo che usare una cappa a ricircolo non è il massimo (sempre che non la canalizzi all'esterno ovviamente), perché oggi che i soldi sono sempre meno, la prima cosa che vedrai come un risparmio sarà quella di allungare arbitrariamente la vita del tuo carbone attivo della cappa.

ARBITRARIAMENTE

Questo è pericoloso e ingenuo fattelo dire.

Non puoi decidere di rinviare una sostituzione di carboni attivi, al massimo puoi decidere di **ANTICIPARE** tale sostituzione come forma di prevenzione a meno che non ci lavori proprio con la cappa e allora è un'altra questione.

Ma se anche tu utilizzi formaldeide sotto la tua cappa con frequenza durante l'anno, non puoi esimerti da tale sostituzione, poi continuo a dirti che se hai la possibilità di canalizzare la tua cappa all'esterno del laboratorio **ANCORA MEGLIO**, questo non significa che poi non cambi più i filtri però, non fraintendermi.

Ti dà solo una maggiore sicurezza immediata in caso in cui si dovessero saturare prima del tempo previsto, tutto qui.

3) UTILIZZO DI CAPPE CHIMICHE CON ESPULSIONE ESTERNA SENZA FILTRI A CARBONI ATTIVI

Mi riallaccio al punto esposto prima proprio per dirti che è preferibile espellere l'aria all'esterno dei tuoi locali per maggiore sicurezza all'interno del tuo laboratorio, questo però non deve diventare un problema della collettività.

In che senso?

Parlo del fatto che molto spesso, più spesso di quello che si pensa, l'abitudine più comune è quella di espellere l'aria aspirata sotto le cappe chimiche senza filtrarla prima con carboni attivi.

Immagina questo nel caso di sostanze chimiche in generale, ma soprattutto nel caso di sostanze dichiarate cancerogene come la formaldeide appunto, tema principale di questo articolo.

Anche perché tanto è il cane che si morde la coda in quanto quello che butti fuori dal tuo laboratorio te lo respirerai sempre tu PRIMA o POI.

Quindi il mio consiglio è che se hai dei box con carboni attivi, se hai dei filtri in genere a carboni attivi provvedi alla sostituzione periodica avvalendoti di assistenze tecniche qualificate e che sanno perfettamente la pericolosità di tali manovre.

Se invece non hai carboni attivi vedi se è possibile predisporne l'installazione mediante un box filtri prima dell'espulsione incrociando le dita che l'elettro aspiratore che ti hanno montato sia dimensionato per riuscire a aspirare portate d'aria adeguate ovviamente, altrimenti ti troverai a dover sostituire anche il motore purtroppo.

Purtroppo, se continuiamo a fregarcene dell'ambiente circostante, molto presto l'utilizzo di maschere protettive facciali potrebbero divenire una vera e propria realtà quotidiana per garantire la sopravvivenza dell'essere umano.

Un po' come accade già adesso in Cina, dove le persone sono costrette a girare con delle mascherine per il sovrannumero ma anche per l'inquinamento che c'è nell'aria dovuto a veicoli e industrie che sempre di più sono in espansione rigettando tutto nell'ambiente.

Pensi che tutto questo schifo gettato nell'aria a pochi passi da noi non ci contamini in qualche modo? Non contamini il nostro cibo che mangiamo e l'acqua che beviamo?

Ad ogni modo con la formaldeide in particolare non si scherza e quindi dovrai adeguarti.

CHE TI PIACCIA O MENO

4) UTILIZZO DI CAPPE CHIMICHE SENZA UNA CORRETTA FORMAZIONE E INFORMAZIONE

Ma adesso veniamo all'errore principale che, se risolto eviterebbe tutti gli altri errori. Ovviamente sto parlando dell'errore umano.

Tu come causa dei tuoi stessi problemi.

Si sono un po' diretto e brutale ma non voglio girarci intorno perché stiamo parlando della tua sicurezza. Perché pur di lavorare devi scendere a compromessi così allucinanti?

Basterebbe quindi un po' di formazione e informazione per risolvere molti tuoi problemi, se chi di dovere pensa che sia inutile fartela fare allora ci devi pensare da solo, non sto scherzando, devi provvedere tu a trovare i giusti canali per reperire informazioni di qualità e accrescere la tua cultura.

È l'unica arma che hai a disposizione altrimenti sarai il maggiore responsabile dei tuoi problemi.

Hai mai sentito il detto: *"**chi è causa del suo mal, pianga sé stesso**"*???

Bene spero tu scelga di non esserlo e di impegnarti un po', ad ogni modo se sei arrivato fin qui probabilmente sei sulla giusta strada, voglio farti i miei complimenti e ti consiglio di non prendere per oro colato quello che scrivo io, continua a leggere e a formarti, confronta le informazioni e solo dopo che ti sarai fatto un'idea reale scegli con cura con chi proseguire per tenerti informato.

Utilizzare quindi delle cappe chimiche anche vi fossero installati dei carboni attivi per formaldeide senza poi realmente essere informato a 360° di molti ulteriori dettagli importanti equivale a mettere a rischio la propria vita.

La vita è una e non va sprecata, non credi?

5) UTILIZZO DI QUANTITATIVI DI FORMALDEIDE IN QUANTITÀ INDUSTRIALI SENZA ESIGENZE REALI

Diciamo che, nel punto precedente, abbiamo già parlato dell'importanza di essere informati giusto?

Bene, quindi in un contesto di manipolazione con formaldeide ad esempio, sarebbe molto importante sapere che un impiego massiccio di tale sostanza senza una reale esigenza non può non avere conseguenze non credi? A

Ad esempio:
- Ridurre la durata di vita dei filtri a carboni attivi per formaldeide
- Rischio di fuoriuscita di vapori in caso in cui una cappa non funzioni benissimo
- Costi dovuti agli sprechi eccessivi
- Esposizione degli operatori e dell'ambiente senza motivo

Insomma, il consiglio è di utilizzare solo lo stretto necessario quantitativo di sostanza del quale realmente necessiti per le tue manipolazioni e di farlo nel modo adeguato ovviamente, utilizzando quindi una cappa chimica con velocità adeguate di almeno 0,6 m/s e indossando i Dispositivi di Protezione Individuale adeguati ma ne parleremo meglio nel prossimo punto.

6) UTILIZZO DI FORMALDEIDE SENZA L'USO DI DISPOSITIVI DI PROTEZIONE INDIVIDUALE IDONEI

Questa tematica è molto scottante, lo ammetto.

Non che le altre lo siano meno, però questo è veramente un tema delicato perché purtroppo ancora oggi vedo ancora operatori di cappe manipolare sostanze chimiche di vario tipo come anche la formaldeide senza l'impiego dei dispositivi di protezione individuale adeguati.

Purtroppo, la routine e gli anni di esperienza fanno notevolmente abbassare la guardia e spesso è la causa principale dei problemi che si hanno.

Indossare:
- Occhiali protettivi
- Guanti protettivi idonei
- Camici correttamente allacciati
- Mascherine
- O altro

È un modo molto intelligente di iniziare una manipolazione sotto cappa chimica.

Capita più spesso di quello che si immagina di avere:
- Versamenti
- Schizzi
- Fuoriuscite di vapori

E che i lavoratori rimangano feriti durante il proprio lavoro.

Spesso mi si chiede quali siano i dispositivi di protezione individuale da utilizzare nelle varie circostanze e voglio dirti che non esiste uno standard ma leggi il prossimo punto dove cercherò di spiegarti meglio il tutto.

7) UTILIZZO DI FORMALDEIDE SENZA AVER PRIMA FATTO UN'ATTENTA VALUTAZIONE DEI RISCHI

Eccoci nuovamente a toccare questo tema, il DVR o documento valutazione dei rischi, perché reputo sia importantissimo ed utilissimo se e solo se:
- È stato redatto da personale competente e qualificato
- È stato pennellato nello specifico per l'esigenza reale
- Viene modificato seguendo i cambiamenti lavorativi e normativi
- Viene preso in considerazione dagli operatori

Chi deve redigere tale documento?

Può essere redatto dall' RSP incaricato dal datore di lavoro, ad ogni modo se nessuno ha mai fatto un'attenta valutazione dei rischi puoi sempre pensarci tu.

Nascondersi dietro un dito non ti farà stare tranquillo né tantomeno dare le colpe all' RSP che non lo ha redatto in modo adeguato o non lo ha proprio redatto.

Tu puoi informarti, anzi devi informarti e farti da solo la valutazione del rischio, devi documentarti il più possibile:
- Sulle sostanze che stai manipolando

- Sulla cappa che hai in dotazione (DPC)
- Sui dispositivi di protezione individuale (DPI)
- Su carboni che sono installati, se lo sono
- Sulle emissioni all'esterno del laboratorio per la collettività
- Sul reale quantitativo di sostanze di cui necessiti per le manipolazioni
- Sui rischi che si corrono non seguendo determinate regole

Insomma, la palla passa a te, sempre che tu voglia tutelare te stesso a tutti i costi.

Puoi avere un valido supporto anche dalla tua assistenza tecnica di cappe chimiche, sempre che sia specializzata e informata su questioni di questo tipo

Fai attentamente la tua scelta perché potrà evitarti moltissimi problemi futuri.

A tal proposito, se ancora non lo hai fatto, ti consiglio di scaricarti la guida che ho realizzato direttamente inserendo una tua mail valida nella home page del portale www.chizard.it così da scaricartelo completamente **GRATIS** in pochi secondi.

Questa guida ti permetterà finalmente di scegliere consapevolmente e con degli strumenti comprovati un'assistenza qualificata e valida per la manutenzione delle tue cappe da laboratorio il più vicino possibile alla tua città.

Avere una propria assistenza alla quale chiedere certe informazioni può farti risparmiare molto tempo e allo stesso tempo è sicuramente un ottimo modo per iniziare una ricerca in modo intelligente.

Il capitolo che hai appena letto puoi trovarlo anche online a questo link:

www.chizard.it/071

Oppure scansiona
il QR-Code qui in basso:

9. Utilizzi una cappa Chimica a scuola superiore o all'università sperando che sia vero il detto: è la quantità di dose che fa il veleno?

Mi stupisco che ancora oggi nel 2016 molti non sappiano che anche le piccole quantità di veleno fanno male, soprattutto se assimilate tutti i giorni.

In questo contesto parleremo dei laboratori chimici e l'utilizzo della cappa chimica, pericolosa nel momento in cui non sta funzionando correttamente o se l'operatore la utilizza in modo improprio.

Come dicevo, molti pensano che le piccole dosi non diano problemi ed invece è proprio il contrario...

Ed è proprio quello che capita con l'utilizzo di una cappa chimica non funzionante, ti avvelena giorno per giorno anche se stai usando piccole quantità di sostanze chimiche pericolose che se fuoriescono dalla cappa vengono inalate provocando danni irreparabili.

Peggio mi sento se utilizzi sostanze cancerogene o mutagene ovviamente.

Vorrei ricordarti i fatti accaduti presso l'Università di Catania pochissimi anni fa, nei laboratori di Chimica del dipartimento di Farmacologia.

Ricordi?

Come si può dimenticare quanto è accaduto a quei giovani ragazzi che nel tempo si sono sentiti male, alcuni di loro riscontrando anche di avere tumori, gli stessi ragazzi che erano dottorandi e ricercatori e che utilizzavano le cappe chimiche tutti i giorni.

Ragazzi che si occupano di eseguire ricerche scientifiche, spesso finanziate dalle case farmaceutiche e divenendo loro stessi delle cavie da laboratorio.

Hanno anche fatto un film documentario che si chiama:

"CON IL FIATO SOSPESO" dell'autrice Quatriglio.

Sempre sul sito, nella sezione le mie storie troverai appunto la testimonianza vera di personale di laboratorio.

Se digiti su internet lo trovi subito, molti giornali hanno scritto articoli su quanto emerso e ti consiglio di vederlo perché in 30 di minuti ti fa capire molto chiaramente il dramma che vive un operatore di cappe tutti i santi giorni.

Se tu stesso sei un operatore allora sai benissimo di cosa sto parlando vero? Spero vivamente che tu sia in una condizione migliore di quella.

La poca esperienza unita a un'assenza totale di chi avrebbe dovuto insegnare a quei ragazzi come usare le cappe chimiche ha innescato una serie di eventi dannosi per loro portando anche alla morte di un brillante ricercatore di nome Emanuele che ha riscontrato un tumore ai polmoni.

Purtroppo, questo accade ancora oggi in moltissimi **laboratori universitari** ma **anche nei laboratori delle scuole superiori**, e non sto scherzando, il problema è molto serio e non facilmente risolvibile purtroppo, almeno non nell'immediatezza; ma si può fare molto per migliorare le condizioni di lavoro.

Almeno fin quando chi di dovere prenderà coscienza che le cappe da laboratorio e le cappe chimiche sono un dispositivo di protezione collettiva e sicuramente una prima protezione per l'operatore.

Ad ogni modo, non so attualmente di preciso se hanno migliorato la condizione dei laboratori e inasprito i controlli, spero vivamente di sì e che sia servito da lezione a qualcuno anche se sulla pelle di altri.

È un po' quanto accade con i disastri aerei, purtroppo non sono belli e molta gente ancora piange gli scomparsi, ad ogni modo però quei disastri sono serviti a inasprire le leggi e i controlli e a far aprire gli occhi affinché non si ripetessero più.

Oggi infatti volare è molto più sicuro di guidare la propria auto sull'autostrada e di lavorare tutti i giorni con una sostanza cancerogena in un laboratorio qualsiasi.

Nel caso delle scuole superiori appunto, parliamo di ragazzi minorenni che si approcciano per la prima volta a un laboratorio e che vedono per la prima volta la loro cappa chimica.

Molti di loro forse finiranno le superiori e poi andranno all'università e non sanno ancora che i loro problemi incominciano proprio da quei laboratori delle superiori.

Forse non ci crederai ma molti insegnanti non sanno assolutamente come si debba usare una cappa chimica correttamente o come debba funzionare essa correttamente e si limitano a quel poco che hanno imparato, spesso sulla loro pelle e senza una vera istruzione da parte di qualcuno esperto del settore.

Le cappe chimiche dei laboratori didattici delle scuole superiori è difficile che vengano manutenute regolarmente nonostante i ragazzi manipolino sostanze chimiche. Allora mi chiedo:

PERCHÈ diamine nessuno si preoccupa di questo?

Spesso nelle scuole ci sono anche figli di medici, figli di professori universitari e di gente che lavora nell'ambito delle cappe quindi probabilmente si pensa che questo sia una sicurezza e invece **ASSOLUTAMENTE NO.**

Quando siamo tutti insieme ci comportiamo come le pecore... non voglio offendere nessuno, tantomeno le pecore, ma è così che ci comportiamo; tendiamo ad andare nella stessa direzione anche di una sola persona senza chiederci il perché o se sia giusto o sbagliato quello che si sta facendo.

In questo caso è la stessa situazione, anche io ho due figli e spesso ci preoccupiamo solo che i nostri ragazzi studino, che non frequentino le compagnie sbagliate e altro ancora. Ma non ci viene mai il dubbio che la scuola stia avvelenando i nostri ragazzi?

Non ci viene mai il dubbio che le università dove li mandiamo con grandi sacrifici economici li stiano avvelenando facendo fare loro la fine delle cavie da laboratorio? Perché?

Nessuno ne parla, pochi lo sanno e purtroppo anche chi è del campo ne sa veramente poco e sottovaluta l'uso delle cappe in generale e soprattutto delle cappe chimiche che vengono viste come dei tavoli di appoggio con qualche parete intorno.

Recentemente con la mia azienda TechnoCappe stiamo cercando di sensibilizzare appunto le scuole superiori di **ROMA** che hanno un laboratorio chimico e delle cappe chimiche al fine di capire se stanno usando delle cappe funzionanti o meno e chiediamo di poter intervenire **GRATIS** per fare quello che sappiamo fare meglio, verificare che le cappe funzionino e prevenire che le persone si ammalino, in questo caso che i ragazzi si ammalino.

Più che altro mi sarebbe piaciuto insegnare a quei ragazzi come si utilizza una cappa anche se non è propriamente chimica, così da tutelarsi quando, arrivando all'università si fossero imbattuti in cappe aspiranti che molto probabilmente nessuno gli insegnerà mai ad utilizzare al meglio.

Sai quale è stata la risposta su 10 scuole superiori di ROMA contattate, chiamate, alle quali abbiamo scritto mail e proposto il nostro aiuto???

ZERO SPACCATO

Nessuna scuola superiore si è degnata di farci fare i controlli anche su una sola cappa chimica, neanche GRATIS, allucinante ma vero purtroppo.

Quindi spero di aver risposto a chi si stava magari facendo venire il primo scrupolo che è quello economico in cui la parola è sempre una "**non ci sono i soldi**".

Proprio per evitare questa obiezione lo abbiamo proposto **GRATIS,** ma anche in questo caso nessuna risposta.

Ti stai chiedendo perché? Beh, francamente anche io...

Il mio primo pensiero sì né focalizzato sul fatto che non vogliono che si scoprano gli altarini, non vogliono che si sappia che magari quelle cappe neanche si accendono o che stiano funzionando male.

In certi casi non possiamo neanche parlare di cappe chimiche ma solamente di cappe aspiranti in quanto essendo veramente molto vecchie non soddisfano i requisiti delle nuove norme EN14175 appunto che regolamentano le cappe chimiche.

Infatti, giusto per dire qualche requisito che dovrebbero avere le cappe chimiche:
- Essere costruite con materiali ignifughi (nei laboratori sono ancora in legno... uno dei materiali più ignifughi che esista giusto? allucinante)
- Avere delle predisposizioni di sicurezza affinché il vetro frontale non diventi una ghigliottina
- Avere dei pianali di appoggio idonei e non in ceramica o in legno appunto
- Avere motori funzionanti e antideflagranti
- Essere correttamente convogliate all'esterno dell'edificio sul punto più alto del tetto così da usare il vento per portare via i vapori
- In caso di cappe chimiche a ricircolo interno, avere dei filtri a carboni attivi e sostituirli regolarmente (in questo

caso è un'altra normativa che entra in gioco ma poco conta)

Insomma, come vedi qualche requisito non è proprio trascurabile, non credi?

E quindi è forse per questo che non ci permettono di entrare nelle scuole e verificare cosa succede?

Sinceramente non è un business che mi interessa la scuola superiore perché sappiamo benissimo che non ci sono mai soldi e quindi la mia azione non è quella di voler andare li ad invalidare le cappe per gettarli in una problematica più grande di loro e dover correre ai ripari per comprarne di nuove.

Il mio unico obiettivo è quello di aiutare insegnanti e soprattutto i ragazzi a muoversi con destrezza e in sicurezza davanti a una cappa chimica.

Sto pensando seriamente di fare dei video che spieghino questo per far si che gli stessi genitori possano formare i loro figli che si approcciano alla chimica e maneggiano sostanze chimiche di un certo tipo.

Questa omertà sta appunto causando una serie di problemi ai ragazzi che utilizzano i laboratori chimici perché:
1. Vengono avvelenati giorno per giorno
2. Non percepiscono correttamente l'importanza di una cappa chimica
3. Non imparano ad usare una cappa chimica correttamente
4. Non sanno come deve funzionare una cappa chimica
5. Non capiranno cosa devono vedere affinché una cappa

li tuteli
6. Andranno all'università, useranno cappe chimiche con sostanze cancerogene nello stesso modo
7. Diverranno professori universitari e insegneranno i loro errori continuando ad avvelenare i ragazzi
8. Forse si ammaleranno di cancro come i ragazzi di Catania ma attribuiranno la colpa ad altro o alla sfortuna

Come vedi è un circolo vizioso e anche se mi sto facendo molti nemici parlando e scrivendo appunto di queste tematiche delicate, voglio continuare ad aiutare come posso le persone ad aprire gli occhi.

Se tuo figlio ha un laboratorio chimico a scuola ed utilizza una cappa chimica potresti cominciare facendogli qualche domanda tipo:
- A scuola avete un laboratorio chimico?
- Usate qualche sostanza chimica? quali? (su internet digitando le sostanze, ad esempio su Wikipedia troverai moltissime informazioni a riguardo)
- Avete delle cappe chimiche? (magari fagli vedere una foto cercandola su internet, è facile riconoscerle oppure vai sul sito www.technocappe.it e troverai diverse foto)
- Usate le cappe quando lavorate in laboratorio?
- Il professore ti ha spiegato come si usa?
- Ti ha spiegato come dovrebbe funzionare?
- Se hai più cappe, tutte le cappe vengono usate nello stesso modo?
- Entrando nel laboratorio di chimica ti bruciano gli occhi o altro?

Direi che ti puoi fermare qui...

Sicuramente è un primo inizio per poter capire se tuo figlio non viene avvelenato giorno per giorno, nel caso puoi sempre recarti a scuola e approfondire o fare finta di niente e lasciare al caso la salute di tuo figlio.

Se invece tuo figlio va all'università??? o tu stesso vai all'università?

Beh, qui si apre un mondo che conosco molto bene. Purtroppo, devi sapere che le università hanno pochi fondi e spesso decidono di destinarli a diverse cose ma non di certo per il controllo del buon funzionamento di una cappa chimica; poi ci sono casi in cui invece i fondi li destinano a tale scopo ma solo per far ingrassare qualche personaggio che poi spartirà il bottino senza fare minimamente e professionalmente i controlli.

Anche facoltà di farmacia o di chimica che uno si aspetterebbe debbano essere perfette da questo punto di vista spesso e volentieri sono dei veri e propri centri di avvelenamento gratuito giornaliero proprio come quella dell'università di Catania, non credere però che il resto delle università Italiane siano meglio... proprio no.

Mi dispiace darti questa brutta notizia, anche lì ci sono i figli dei professori anche lì ci sono persone colte e che ne sanno veramente molto **MA NEL LORO CAMPO** specifico, sanno riconoscere le sostanze chimiche, sanno le reazioni che devono avere e sanno molto di tutto questo.

Ma credimi quando ti dico che pochi sanno come usare una cappa e spesso il poco tempo fa si che anche quei pochi non trasmettano le informazioni ai ragazzi, infatti nell'80% dei casi sono dei ragazzi che stanno lì da più tempo ad insegnare ai più giovani appena arrivati come si utilizza una cappa chimica o biologica.

Comunque ci sarebbe moltissimo da dire quindi dovrò poi riprendere questa tematica in altro momento.

Ora ti lascio riflettere e spero che la prossima volta che dovrai fare una scelta per tuo figlio o ti troverai davanti una cappa chimica saprai che è sempre meglio farsi venire qualche dubbio, approfondire e poi nel caso continuare a fare come fanno gli altri.

Ovviamente ci sono cappe che funzionano correttamente e che ti salvano veramente la vita prevenendo tumori e altri malesseri quindi devi solo capire:
- Se la tua cappa sta funzionando,
- Come manutenerla
- E a chi affidarti per la consulenza e per l'assistenza tecnica sulla tua cappa chimica.

Il capitolo che hai appena letto puoi trovarlo anche online a questo link:

www.chizard.it/457

Oppure scansiona
il QR-Code qui in basso:

10. Cappa Chimica Fai da te? Scopri i rischi in agguato al quale non hai pensato.

Ultimamente mi capita molto spesso di ricevere ordini di filtri a carboni attivi di singole quantità, approfondendo ho scoperto che delle persone si stanno fabbricando delle *cappe chimiche fai da te* in casa. AIUTOOOOOO.

Questo è veramente allarmante a mio avviso, non trovi?

Se anche a te è capitato di sentire qualcuno che ti ha detto di aver costruito una cappa chimica per conto proprio o che ha intenzione di farlo, cerca assolutamente di dissuaderlo nell'utilizzarla perché ci sono una serie di pericoli ai quali potrebbe andare incontro.

Una cappa chimica in genere serve proprio per aspirare sostanze chimiche, sostanze quindi che possono generare dei vapori più o meno tossici se non addirittura cancerogeni e mutageni.

Ovviamente dipende dalla tipologia di sostanza che viene manipolata ma sinceramente non mi fiderei molto della sensibilità e affidabilità di una persona che ha scelto di costruirsi in casa una cappa chimica, vero?

Infatti è pazzesco, anche perché queste cappe chimiche fai da te le infilano ovunque:
- Nei box auto (privi di finestre e aerazione adeguata)
- Nelle proprie abitazioni direttamente
- In locali non idonei
- O magari proprio all'interno di un laboratorio perché no

A me fa venire i brividi il solo pensiero che il mio vicino possa avere una cappa chimica fai da te e manipolare chissà quali sostanze (giocando al piccolo chimico con la mia vita e quella dei miei figli).

Magari ti viene ancora difficile immaginare cosa possa accadere quindi ti voglio fare qualche esempio più terra terra. Immagina adesso che il tuo vicino si costruisca una semplice caldaia a gas fatta in casa collegata a una bombola per scaldarsi l'acqua, saresti ancora così tranquillo?

Dormiresti sereno sapendo che i tuoi figli potrebbero non vedere il mattino?

Certo, magari non accade nulla per 1 anno o 3 anni o 5 anni, ma ti ricordo che la vita è una sola e basta una sola volta, basta un solo errore per mettere fine a tutto.

Ancora non riesci a seguirmi?

Allora immagina se il tuo vicino si impiantasse da solo e senza avere esperienza di alcun tipo una bombola del gas nella sua bella auto nuova perché vuole risparmiare sull'acquisto della benzina, poi lo stesso vicino ti parcheggia la sua auto proprio sotto casa tua nel suo bel box auto.

Un bravo guidatore, non lo metto in dubbio, sicuramente ha fatto un bel parcheggio e la macchina è tutta bella pulita, peccato che non è esperto di impianti a gas per le auto e non si accorge che ci sono delle perdite, il gas fuoriesce dalla bombola e satura l'ambiente del box prendendo il posto dell'aria.

Poi la sera il tuo vicino va a lavorare perché magari è una guardia giurata e fa il turno di notte, accende la luce del box e boom ecco i fuochi di artificio inaspettati e il crollo del palazzo senza colpo ferire.

Magari tu e la tua famiglia siete stati fortunati perché eravate in vacanza e non avete perso la vita, vi trovate soltanto senza casa, però.

Scusami non volevo gettarti in uno stato di profonda tristezza ma purtroppo la società in cui viviamo attualmente ci sta portando sempre più verso il menefreghismo totale, nessuno più si azzarda a dire la propria per paura di essere aggredito dal vicino che subito risponderebbe "fatti i fatti tuoi".

Oppure perché il vicino è un amico per così dire e non riesci a dirgli la tua preoccupazione.

Purtroppo i problemi si creano proprio per questa mancanza di comunicazione e lo stesso accade anche con le cappe chimiche, anzi ti posso assicurare che una cappa chimica ha molteplici rischi che può creare se fatta in casa, come ad esempio:
1. Rischio esplosione (a causa del mancato utilizzo di motori antideflagranti)
2. Rischio di incendio (sostanze chimiche in genere sono infiammabili)
3. Rischio di inalazione vapori (tossici o cancerogeni) le persone vicine, quando si utilizza una cappa chimica fai da te
4. Rischio di lesioni per l'operatore stesso che l'ha costruita

Ma andiamo a vedere nel dettaglio cosa intendo.

1) Utilizzo cappa chimica fai da te può generare un rischio esplosione (a causa del mancato utilizzo di motori antideflagranti)

Come ti dicevo, in genere moltissime sostanze chimiche sono classificate infiammabili e riportano infatti il simbolo di tale rischio.

Ovviamente chi le manipola dovrebbe sapere che presentano questa caratteristica ma la sottovalutano.

Spesso non si fa molta attenzione neanche a verificare che i boccioni di sostanze siano realmente ben chiusi con relativa fuoriuscita di vapori che possono andare a saturare l'aria all'interno di una cappa spenta.

Questi vapori di sostanze infiammabili possono arrivare fino al motore di aspirazione e la mattina seguente andando semplicemente ad accendere la cappa si può innescare l'esplosione.

Infatti devi sapere che esistono in commercio dei motori così detti **ANTI DEFLAGRAZIONE** o **ANTI SCINTILLA**, motori quindi antideflagranti certificati **ATEX II** che sono stampati completamente ad iniezione con una scocca in materiale polipropilene antistatico, anche la ventola è in polipropilene antistatico con guarnizioni anticorrosive per evitare la fuoriuscita di eventuali fumi.

Capisci adesso perché è pericolosissimo non avere delle cappe chimiche a norma costruite appositamente da professionisti che fanno solo questo?

In genere infatti le cappe chimiche a estrazione totale hanno dei motori di aspirazione direttamente al termine dell'impianto, magari sul tetto, questo permette all'aria dell'ambiente di miscelarsi con le eventuali sostanze utilizzate evitando il rischio di esplosione.

Ti consiglio quindi di non inventarti nulla (costruendoti una cappa chimica fai da te) ma di andare sul sicuro acquistando una cappa chimica, soprattutto se hai deciso di inventarti una cappa chimica a ricircolo.

2) Rischio di incendio (sostanze chimiche in genere sono infiammabili)

Come abbiamo detto anche prima, ci sono moltissime sostanze chimiche in giro e molte delle quali sono infiammabili appunto, abbiamo già detto che si rischia un'esplosione quando si utilizzano nel modo non appropriato sotto una cappa chimica non idonea e certificata.

Quello che ancora non abbiamo detto è che una cappa chimica, per definirsi appunto tale, deve rispondere ad alcune caratteristiche costruttive ben definite:
- Materiali di costruzione certificati ignifughi (di certo non il legno)
- Velocità di aspirazione sul fronte (contenimento)
- Base di appoggio della cappa chimica

Insomma, ci sono delle norme apposite come ad esempio la **EN14175** che spiega proprio questo.

Dicevo appunto che si può presentare il rischio di incendio se, per esempio, si costruisce la propria cappa chimica fai da te (in realtà una semplice cappa aspirante) con materiali come il legno.

Il legno infatti è comodissimo ed utilizzatissimo per costruire un camino vero?

Si, mi sembra che non prenda per niente fuoco, può stare ore ed ore ma niente da fare. Giusto?

Ovviamente sto facendo del sarcasmo, in realtà è quello che accade ancora quando alcuni scienziati sapientoni decidono di "risparmiare" per farsi una cappa chimica fai da te.

Che poi risparmiano forse qualche euro per poi rimetterci 10 volte tanto in medicine per la salute che ne paga le conseguenze.

Purtroppo ancora oggi soprattutto nelle Università, ci sono moltissime cappe chimiche (cappe aspiranti) che sono costruite in legno, sono cappe di 20 anni fa quando ancora non si aveva una sensibilità tale da indurre il mercato ad esigere qualcosa di più sicuro.

Infatti si sono presentati svariati casi di incendi in cappe chimiche di questo tipo con rischi sia per gli operatori che per chi fosse semplicemente vicino ad esse. Oggi la norma è più severa e quindi non permette più di costruire cappe chimiche in legno o altro materiale non ignifugo per fortuna.

Quindi, se per caso ti sei svegliato con una voglia matta di fragole non è un problema, ma se invece la voglia che hai sentito era quella di realizzarti una cappa chimica fatta in casa, demordi e torna a dormire che è meglio.

3) Rischio di inalazione vapori (tossici o cancerogeni) per le persone vicine, quando si utilizza una cappa chimica fai da te

Ecco appunto, il rischio di inalazione di vapori tossici o cancerogeni quando si decide di lavorare con una cappa chimica fai da te sono elevatissimi.

No, non mi sono sbagliato, puoi stare tranquillo che qualsiasi cosa costruirai non diverrà più di una semplice cappa aspirante alla pari della tua cappa da cucina.

Magari stai pensando:

"Tu non capisci niente, la mia cappa è una cappa chimica perché gli ho anche montato dei carboni attivi al suo interno".

Allora ti chiedo scusa, ma se pensi che il semplice fatto di aver installato dei carboni attivi nella tua cappa chimica fai da te la renda una cappa chimica ti sbagli di grosso.

Anche la mia cappa da cucina ha i carboni attivi, quindi? È una cappa chimica?

Proprio no guarda, te lo firmo con il sangue.

Intanto dovremmo approfondire meglio anche solo i filtri a carboni attivi che hai deciso di inserire se proprio volessimo fare un buon lavoro, infatti esistono moltissimi carboni in commercio e sono ad uso specifico delle sostanze che vengono manipolate.

Non esiste infatti un carbone che vada bene per ogni tipo di sostanza, se usi acidi non puoi usare un carbone per acidi o se usi formaldeide idem.

Ma non voglio parlare di questo, puoi trovare moltissimi articoli dove ho spiegato per bene queste problematiche e come gestire al meglio i filtri a carboni attivi o meglio attivati chimicamente per le sostanze da manipolare.

Voglio solo dirti che usare una cappa aspirante (cappa chimica fai da te) ti mette a rischio di inalazione perché non hai esperienza di costruzione di questi dispositivi di protezione collettiva, quindi è meglio che torni a guardare la televisione.

Non è che siccome da piccolo tuo papà ti ha insegnato a montare i motori oppure ti sei sempre arrabattato in casa a fare un po' di tutto, questo ti dà la possibilità di crearti una cappa chimica da solo, non credi?

Sai ad esempio che ci sono dei tempi di contatto che l'aria filtrata sotto cappa chimica deve avere nel passaggio nei bellissimi carboni che hai inserito nella tua cappa chimica?

Sai anche che la velocità sul fronte in aspirazione di una cappa chimica, deve essere proporzionata alla tipologia di sostanza manipolata al fine di garantirne un contenimento vero?

Sai anche che non puoi espellere in ambiente esterno

aria potenzialmente pericolosa, senza aver seguito delle caratteristiche ben definite dell'impianto?

Sai che non puoi espellere in ambiente sostanze usate sotto cappa chimica, senza filtrarle adeguatamente (soprattutto se ti trovi al centro di una città o di un centro abitato)?

Sai che appunto il motore e i materiali di costruzione della cappa chimica devono essere idonei e seguire delle caratteristiche precise?

Quindi se hai questa idea che ti frulla in testa, fai un favore a te stesso e a chi ti sta intorno, lascia perdere, se invece hai sentito qualcuno che sta costruendo cappa chimica fai da te fatta in casa e che ti vuole piazzare lì vicino oppure che sta costruendo proprio per il tuo laboratorio, fallo lasciar perdere perché la pericolosità è veramente in agguato.

4) Rischio di lesioni per l'operatore stesso che l'ha costruita

Ciao, adesso mi rivolgo direttamente a te che vuoi compiere questa follia, spiegami un valido motivo per il quale vuoi mettere a repentaglio la tua salute.

In genere la risposta è:
"il risparmio, perché le cappe chimiche costano molto e siccome devo lavorarci poco, non ha senso che ne compro una".

Se anche tu ti trovi in questa circostanza, posso essere d'accordo con te:
- Che la userai poco
- Che in realtà non ti serve più di tanto
- Che costa troppo per le tue tasche in questo momento
- Che farai molta attenzione

E così via, ma come ti dicevo prima, questa tranquillità può anche persistere per 30 anni senza che accada nulla, ma poi basta un solo giorno che qualcosa vada storta ed ecco il conto da dover pagare con tutti gli interessi (dei soldi risparmiati a monte).

Non necessariamente una cappa chimica deve esplodere o incendiarsi per metterti in pericolo, basta anche solo il fatto che ti faccia inalare vapori non correttamente trattenuti per i 30 anni di utilizzo.

Poi la gente continua ancora a chiedersi come mai ha avuto un tumore, spesso non si riesce proprio a legare il fatto che non si sta respirando l'aria del monte Bianco ma vapori tossici o molto tossici se non cancerogeni in altri casi, immagina chi fino ad oggi ha usato cappe non idonee per l'utilizzo di sostanze cancerogene come la formaldeide.

Da gennaio 2016 la formaldeide è divenuta cancerogena e quindi si aprono milioni di problemi che fino al giorno prima non esistevano ovviamente, adesso immagina questo scenario, regolati di conseguenza ed evita di costruirti una cappa chimica fai da te, che potrebbe creare dei problemi a te stesso senza motivo reale se non per risparmiare qualche euro.

Il capitolo che hai appena letto puoi trovarlo anche online a questo link:

www.chizard.it/787

Oppure scansiona
il QR-Code qui in basso:

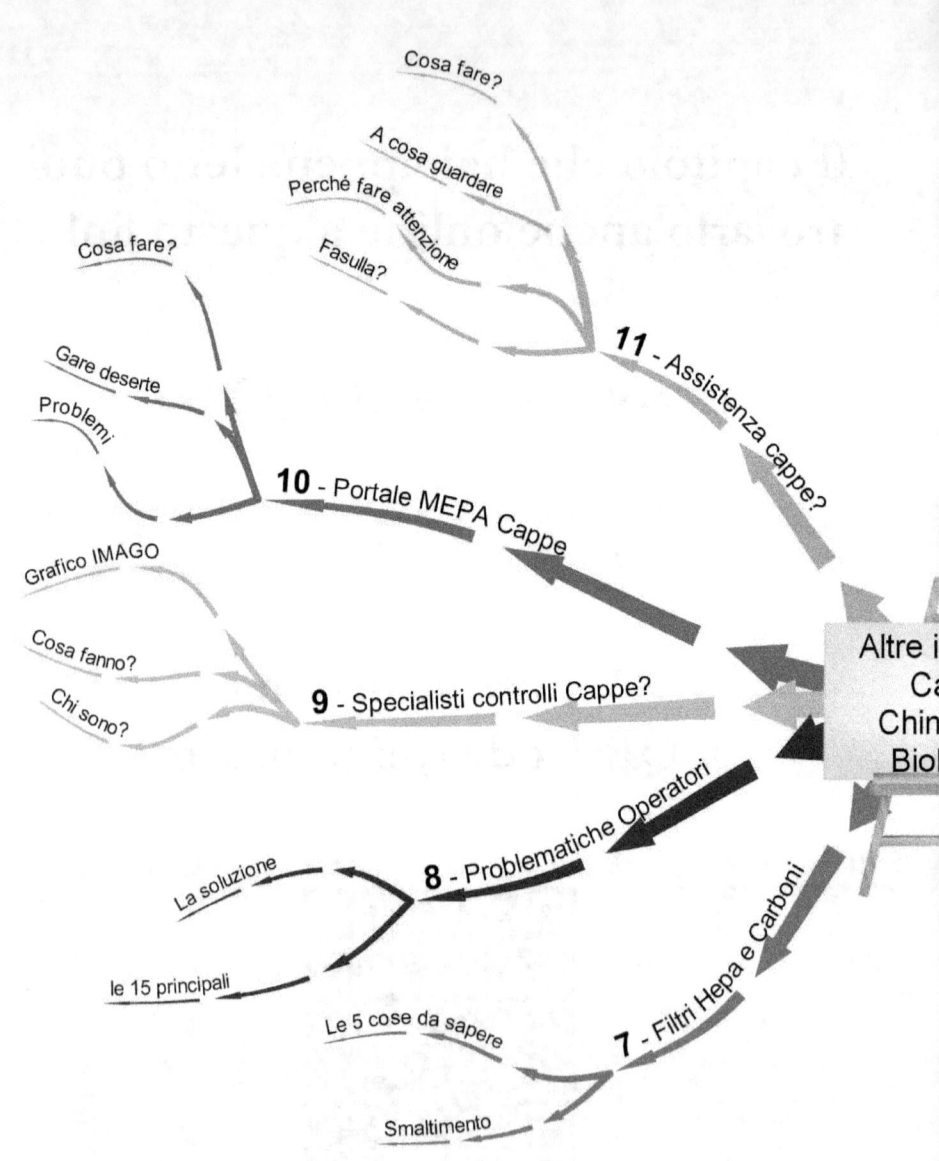

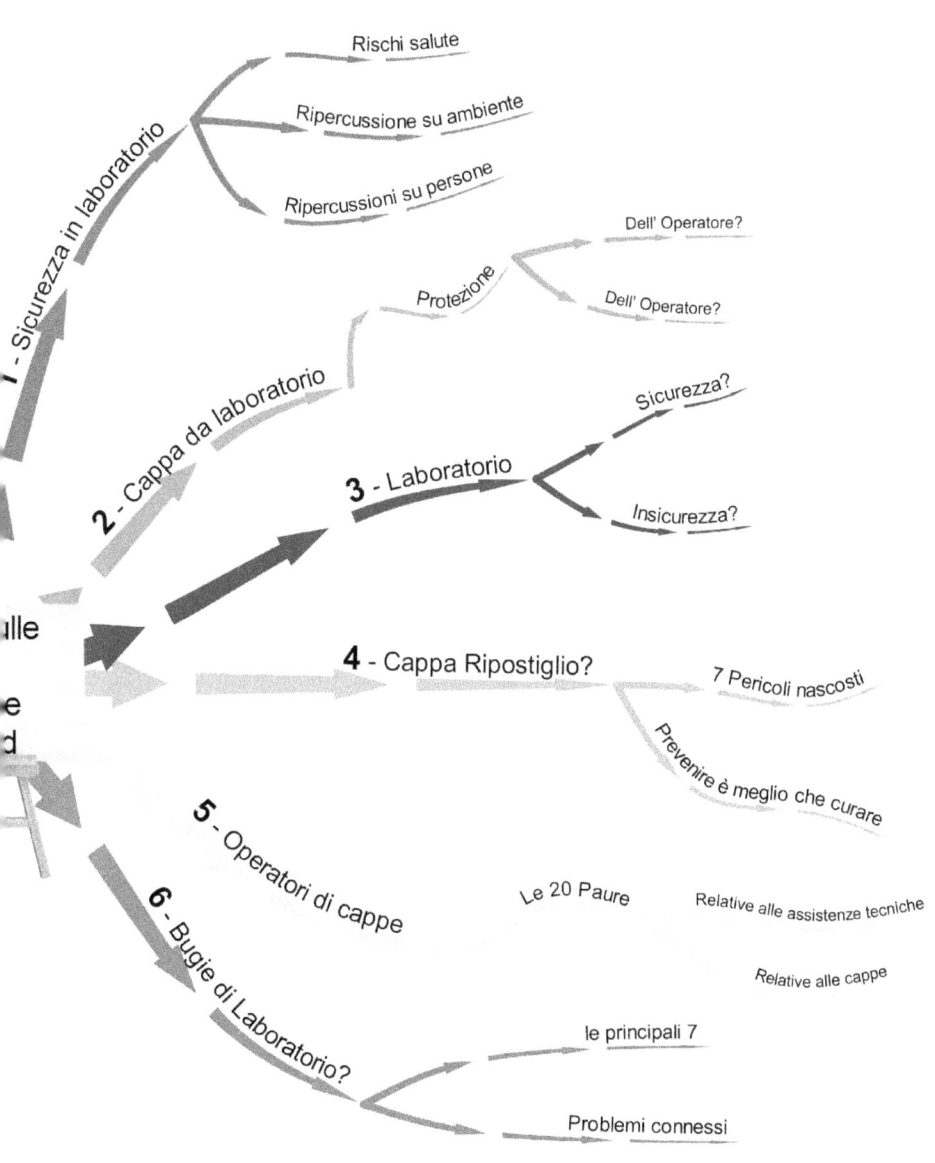

1. Sicurezza in Laboratorio! Ti sei mai chiesto le ripercussioni su ambiente e persone?

Pensi che la Sicurezza in laboratorio sia lasciata al caso?

Sto parlando di laboratori Chimici o Biologici ovviamente, in questo articolo si prenderà in esame appunto la sicurezza in laboratorio con particolare attenzione rivolta ai <u>dispositivi di protezione collettiva</u> (cappe da laboratorio) che da sempre sono al centro dell'attenzione e fonte di possibili e gravi problemi alla sicurezza delle persone e dell'ambiente circostante.

Continua a leggere e troverai importanti consigli su come tutelarti quando utilizzi una cappa o meglio prima che inizi a utilizzarla!

Ovviamente in un laboratorio Chimico-Biologico ci possono essere molti pericoli per la salute dovuti a diverse cause:
1. **Causa Biologica**
2. **Causa Chimica**
3. **Causa Fisica**

in particolare

Causa Biologica	**Causa Chimica**	**Causa Fisica**
• <u>Batteri</u>	• <u>Gas</u>	• <u>Vibrazioni</u>
• <u>Virus</u>	• Vapori	• <u>Rumorosità</u>
• <u>Miceti/Funghi</u>	• Fumi tossici	• <u>Radiazioni</u>
	• Fumi Nocivi	• <u>Temperatura</u>
	• <u>Esplosioni</u>	• Luminosità
	• <u>Ustioni</u>	

Quindi il pericolo per la salute deriva da molti fattori come sopra riportato ma, in particolar modo, una delle **cause** principali è:

L'utilizzo delle cappe da laboratorio in modo inappropriato.

Le cappe infatti vengono definiti proprio **"dispositivi di protezione collettiva"** (**DPC**) perché servono per proteggere la sicurezza in laboratorio e quindi gli operatori stessi

A seguire poi viene garantita anche la sicurezza delle persone fuori dal laboratorio nelle immediate vicinanze e l'ambiente circostante.

Le cappe in generale vengono infatti utilizzate ovunque:
- **Industria Farmaceutica**
- **Industria Alimentare**
- **Università**
- **Ricerca Scientifica**
- **Laboratori Analisi**
- **Sanità in genere**

Ma in che modo quindi le cappe aspiranti o cappe biologiche possono salvaguardare la sicurezza in laboratorio?

Devi sapere che la maggior parte di tali Dispositivi sono stati costruiti al solo scopo di tutelare l'operatore che però spesso e volentieri decide in autonomia o per esigenze varie, di mettere a repentaglio la sicurezza propria e di chi lo circonda.

Solitamente i problemi più comuni sono legati all'utilizzo errato delle cappe appunto.

Spesso gli operatori non sono stati informati e formati sul corretto utilizzo dei loro "DPC" ma la cosa peggiore è che non lo sanno nemmeno e sono convinti che il loro metodo di lavoro sia il migliore in assoluto.

Proprio poco tempo fa ho saputo che un laboratorio aveva delle difficoltà con una cappa Biohazard che ha smesso di funzionare improvvisamente. Gli operatori stessi hanno pensato bene di proseguire le lavorazioni anche senza cappa, mettendo a grave rischio la propria sicurezza e la sicurezza in laboratorio.

La decisione di questo laboratorio è purtroppo la normalità oggi, viviamo in un momento di difficoltà da alcuni chiamata "**crisi**" e questo sembra autorizzare molti ad utilizzare i metodi più disparati pur di procedere sulla propria strada.

Spesso e volentieri non si ha una **cappa di back-up** sulla quale spostare le proprie lavorazioni e quindi ecco che ancora una volta la sicurezza in laboratorio viene messa a rischio. Iniziano quindi le improvvisazioni:
- **manipolazioni a "cappa spenta" perché non funzionante**
- **manipolazioni vicino alla cappa**
- **manipolazioni in un'altra cappa non idonea**
- **manipolazioni non fatte proprio (con finti risultati creati appositamente)**

Credimi succede tutto questo...
Se ti stai scandalizzando sono contento, significa che non hai mai visto o sentito certe cose e quindi che hai avuto la fortuna di lavorare in un'ambiente di lavoro protetto e hai sicuramente contribuito a mantenere una sicurezza in laboratorio costante.

Purtroppo non è sempre così.

Questo lavorare male da parte degli operatori a cosa porta?

Inevitabilmente porterà alla mancata sicurezza in laboratorio di cui stiamo parlando.

Non fraintendermi, capitano casi in cui purtroppo l'operatore, nonché dipendente, viene "sollecitato" dal proprio responsabile o datore di lavoro che sia a trovare una soluzione alternativa in attesa della riparazione della propria cappa.

Spero non ti sia mai capitato di trovarti in una situazione tale ma se dovesse capitarti di incappare in un guasto della tua cappa cerca (nei limiti del possibile) di preservare la tua sicurezza nonché la sicurezza in laboratorio.

Mi è capitato di essere questionato con una domanda tipo:

"ma quali possibili guasti potrebbe avere la mia cappa?"

I possibili guasti possono essere di qualsiasi tipo ovviamente:
- guasto motore cappa
- guasto scheda cappa
- guasto elettronico in generale di una cappa
- guasto meccanico in generale di una cappa
- guasto software in generale di una cappa
- problemi di taratura della cappa
- problemi di flussi della cappa
- problemi di filtri Hepa o carboni

e molti altri…

La domanda successiva molto spesso è:

"come faccio a prevenire questi guasti?"

Bene, qui tocchiamo temi molto delicati, perché si inizia a parlare di due cose:
1. **CONSAPEVOLEZZA di utilizzo di una cappa**
2. **MANUTENZIONE periodica di una cappa**

1) La **consapevolezza di utilizzo di una cappa** che dovrebbero avere tutti gli operatori nel corretto utilizzo appunto della propria cappa perché questa è una delle maggiori cause dei guasti, ad esempio:

Sai cosa devi fare quando decidi di utilizzare una cappa chimica piuttosto di una cappa biologica?

Se faccio questa domanda, sono sicuro che tutti mi diranno che sanno perfettamente cosa devono fare ma poi se osserviamo realmente scopriamo che questo non è vero.

Sarò un po' ripetitivo, perché se hai letto altri capitoli ho già trattato alcuni di questi punti ma devo e voglio che ti entrino in testa anche a costo di essere ripetitivo e fastidioso.

A forza di leggerli probabilmente ti rimarranno impressi, non trovi? Spero di sì.

Voglio quindi aiutarti e riportati esattamente i passaggi che devi seguire prima di iniziare una manipolazione con una cappa da laboratorio:
1. per prima cosa, fai sempre attenzione che sia la cappa idonea

2. guardati intorno e controlla che non vi siano elementi di disturbo come condizionatori, porte aperte, finestre
3. indossa il tuo dispositivo di protezione individuale in dotazione
4. posiziona il vetro frontale nella posizione corretta
5. verifica che non vi siano versamenti di liquidi o altro prima di manipolare
6. verifica che non vi siano impedimenti dovuti a ingombri vari
7. adesso puoi accendere la cappa
8. attendi 15/20 minuti almeno per far si che i flussi si stabilizzino
9. leggi sul display i valori dei flussi che siano corretti
10. verifica che non vi siano allarmi o luci rosse sul display
11. verifica che la cappa stia funzionando correttamente (usando un foglio di carta o dei fili di lana)
12. evita di occludere griglie aspirazione o l'ingresso dell'aria in altro modo
13. introduci nella cappa solamente il materiale strettamente necessario
14. cerca di lavorare al centro della cappa e a una distanza idonea dal fronte
15. al termine dell'utilizzo lascia accesa la cappa per 15/20 minuti e puliscila

COSA DEVI ASSOLUTAMENTE EVITARE?

- evita di mettere la testa dentro la cappa durante la manipolazione
- evita di interrompere le manipolazioni e toccare in giro altre superfici
- evita di utilizzare il cellulare personale o di inserirlo nella cappa

- evita di usare sostanze ulteriori che potrebbero legarsi con quelle all'interno
- evita di buttare fuori dalla cappa i rifiuti ma utilizza un cestino nella cappa
- evita di contaminare tu stesso il prodotto manipolato
- evita di creare vortici indesiderati muovendo le mani troppo velocemente
- evita di avere passaggio di persone dietro di te durante le manipolazioni
- evita di avere porte e finestre aperte durante le manipolazioni
- evita di indossare <u>dispositivi di protezione individuale "DPI"</u> nel modo scorretto

2) **La manutenzione periodica di una cappa,** che dovrebbe essere eseguita quantomeno annualmente da parte di aziende specializzate, gioca un ruolo fondamentale nel controllare che la propria cappa stia funzionando correttamente se vogliamo preservare la sicurezza in laboratorio nonché dell'operatore stesso.

Potrai approfondire tale tematica nei precedenti articoli dove spiego ampiamente e dettagliatamente il perché bisogna affidarsi a dei professionisti specializzati in cappe da laboratorio.

Se ti trovi con una cappa che reputi stia funzionando nel modo scorretto,

CONTATTA IMMEDIATAMENTE LA TUA ASSISTENZA CAPPE DI FIDUCIA

anche solo per avere qualche conferma, sicuramente confrontarti con un tecnico specializzato è la cosa migliore, vero?

Provare per credere...

Ma la sicurezza in laboratorio non è solo responsabilità dei lavoratori ma anche di molte altre figure, vediamo più nel dettaglio.

SOGGETTI COINVOLTI NELL' ORGANIZZAZIONE DELLA SICUREZZA SUL LUOGO DI LAVORO
- Datore di Lavoro
- Preposti
- Servizio Prevenzione e Protezione
- Medico Competente
- Rappresentanti dei lavoratori per la sicurezza (RLS)
- Lavoratori

Vediamo nel dettaglio quali sono i compiti di ognuna delle seguenti figure:

DATORE DI LAVORO
- Valutazione di tutti i rischi legati alla manipolazione sotto cappa
- Redigere il <u>Documento di Valutazione dei Rischi (DVR)</u> coadiuvato dal SPP
- Nominare il Medico Competente
- Assegnare mansioni a personale competente in materia di utilizzo cappe oltre che del lavoro specifico

- Scegliere e mettere a disposizione i dispositivi di protezione individuale (DPI) da utilizzare sotto cappa
- Informare e Formare i Lavoratori sul corretto utilizzo delle cappe chimiche e biologiche
- Adottare le misure necessarie ai fini della prevenzione incendi e del primo soccorso in caso di incidenti sotto cappa
- **Garantire una corretta manutenzione delle cappe da laboratorio mediante impiego di aziende specializzate**

PREPOSTI

- Sovrintendere e vigilare sull'osservanza da parte dei singoli lavoratori dei loro obblighi di legge e delle disposizioni interne in materia di salute e sicurezza sul lavoro
- Verificare che solo i lavoratori opportunamente formati utilizzino le cappe e accedano alle zone in cui vi siano pericoli gravi e specifici
- Informare opportunamente i lavoratori esposti ad un rischio nel quale possono incorrere durante l'utilizzo di una cappa da laboratorio
- Informare i lavoratori sui comportamenti da assumere in materia di prevenzione

SERVIZIO PREVENZIONE E PROTEZIONE (SPP)

- Elaborare le misure preventive e protettive
- Elaborare le procedure di sicurezza
- Proporre i programmi di informazione e formazione dei lavoratori

MEDICO COMPETENTE
- Collaborare con il SPP alla valutazione dei rischi
- Collaborare con il SPP alla programmazione della sorveglianza sanitaria
- Effettuare la sorveglianza sanitaria
- Creare, aggiornare e custodire una cartella sanitaria e di rischio per ogni lavoratore

RAPPRESENTANTE DEI LAVORATORI PER LA SICUREZZA (RLS)
- Viene consultato in ordine alla valutazione dei rischi
- È consultato sulla designazione di RSPP, ASPP, addetti primo soccorso, prevenzione incendi
- Ha il diritto di riportare immediatamente qualsiasi fatto di interesse sicurezza ai responsabili al fine di apportare le giuste correzioni.

LAVORATORI
- Contribuire all'adempimento degli obblighi previsti a tutela della salute e sicurezza sui luoghi di lavoro
- Osservare le disposizioni impartite
- Utilizzare in modo appropriato i dispositivi di protezione individuale e collettiva (cappe)
- Segnalare immediatamente i malfunzionamenti delle cappe per eliminare o ridurre eventuali pericoli
- Non rimuovere o modificare senza autorizzazione i

dispositivi di protezione collettiva o individuale in alcun modo

Spero di averti dato quanti più elementi possibili per aiutarti in questa delicata battaglia per migliorare la tua sicurezza per incrementare la sicurezza in laboratorio.

Il capitolo che hai appena letto puoi trovarlo anche online a questo link:

www.chizard.it/664

Oppure scansiona
il QR-Code qui in basso:

2. Cappa da laboratorio, protezione DELL' Operatore o DALL' Operatore?

Recentemente sono stato in vacanza in Sicilia, precisamente a Caltagirone famosa per la sua ceramica nonché per la sua scalinata, meta turistica per gli stranieri di tutto il mondo.

Avendo degli splendidi parenti in uno splendido posto non potevo fare a meno di passare dei giorni di vacanza con loro.

Oltretutto sono un fiero sostenitore della ricotta ancora di più se si trova all'interno di un cannolo di un certo livello fatto artigianalmente come solo i Siciliani sanno fare.

Dopo aver consumato svariati cannoli quindi un giorno nel parlare con dei parenti mi è stato detto di fare attenzione nel mangiare la ricotta in un periodo troppo caldo.

La mia curiosità quindi si è alzata a un livello più alto e ho approfondito meglio per capire in che senso bisognava fare attenzione alla ricotta ed ho scoperto che ci sono stati in passato dei casi di ricoverati in Ospedale che avevano contratto una malattia chiamata BRUCELLOSI.

Puoi cercare direttamente per approfondire anche su Wikipedia.

Ad ogni modo mi ha incuriosito un punto in cui tra le persone a rischio di contrarre questa malattia viene riportato quanto segue:

La brucellosi è una malattia professionale degli allevatori, dei veterinari, dei lavoratori dei mattatoi e ***del personale di laboratorio***.

Quando ho letto che il personale del laboratorio è esposto a questi batteri, durante le fasi di un controllo o altro, ho deciso di scrivere questo articolo.

In pratica la brucellosi è una malattia infettiva dovuta ai batteri.
In genere si sviluppa nei casi di mancata pulizia e condizioni igienico/sanitarie non buone, ovviamente il personale da laboratorio può venirne a contatto perché, quando si fanno le analisi e i campioni vengono portati in laboratorio, ci si può contaminare.

In realtà i casi in Italia sono molto rari e legati molto a prodotti caseari artigianali, un tempo si moriva anche di brucellosi ma adesso, grazie all'avanzamento delle cure, questa malattia è risolvibile.

Quindi, tutto questo per dire che anche una cosa buona come la ricotta in un cannolo:
- se non conservata bene
- se non viene prodotta in un ambiente pulito/sterile
- e non viene lavorata da personale qualificato

può diventare un problema per molti.

Il titolo "Cappa da laboratorio, protezione DELL' Operatore o DALL' Operatore?"

vuole far riflettere un pochino su questo aspetto che secondo me è molto importante.

Una cappa da laboratorio in via generale funziona sempre, *come il cannolo*
  o ma se **NON** vengono adottate delle precauzioni

o   o **NON** viene usata correttamente dall'operatore

può diventare un'arma a doppio taglio per il lavoratore stesso e per gli altri.

Spesso però è l'operatore che diventa un problema per la cappa da laboratorio che viene maltrattata in ogni modo possibile ed ecco il perché di questo titolo provocatorio.

Infatti, in questi 15 anni di esperienza in termini di assistenza sulle cappe, ho avuto modo di vederne di cotte e di crude e giusto per citarti qualcosa:
- Cappa da laboratorio arrugginita
- Vetri della cappa da laboratorio crepati
- Carrucole delle cappe chimiche sfilacciate
- Lampade UV e luce rotte
- Rumori metallici e blocco di aspirazione dei motori delle cappe biologiche in generale
- Sotto pianali delle cappe Biohazard sporchi e macchiati
- Vetri esterni delle cappe chimiche sporchi ed opachi
- Filtri Hepa di cappe Biologiche intasati da schizzi di prodotti vari
- Filtri a carboni attivi intasati dalla polvere
- Filtri Hepa di cappe Biohazard bruciati o rotti

Insomma… queste povere cappe da laboratorio, se potessero parlare, ne avrebbero di cose da dire, non credi?

Magari in futuro potrei decidere di fare un sondaggio ed intervistare le cappe anziché gli operatori delle cappe da laboratorio…

Spesso quindi, come capita un po' in tutte le cose, l'errore è umano e siamo capaci di distruggere o rendere inefficace anche una macchina che noi stessi abbiamo costruito per aiutarci nel nostro lavoro.

Dì la verità, nel leggere alcune di queste problematiche che ti ho riportato sopra ti è venuto alla mente qualche episodio nella tua carriera in cui sia accaduto qualcosa del genere vero?

Spesso facciamo interventi tecnici "apparentemente idioti" che portano a un dispendio di soldi ed energie che potrebbero essere evitati e dirottati in miglior modo, ad esempio per una manutenzione programmata o controlli vari, oltretutto obbligatori.

Ad esempio, uno dei principali problemi in vetta alla classifica delle problematiche riscontrate su una cappa da laboratorio è:

Rumori metallici e blocco di aspirazione dei motori delle cappe biologiche in generale

Questo problema, nell' 80% dei casi, deriva dal fatto che viene aspirata della carta che va ad ostruire le pale della ventola provocando anche il fermo totale e conseguente blocco della cappa che non può più essere utilizzata fino al ripristino da parte dell'assistenza tecnica.

Approfondendo il tutto ho scoperto che questa carta viene utilizzata dagli operatori direttamente sul piano di lavoro per evitare di sporcare o di dover pulire successivamente il piano stesso al termine del lavoro.

Ma questa pratica non convenzionale e che non viene riportata da nessuna parte come metodo ufficiale di impiego di una cappa, ormai è una prassi radicata negli utilizzatori delle cappe che, ignari di tutti i problemi potenziali che può provocare, continuano ad adottarla.

Approfondiamo questo punto perché come ho detto è secondo me il più degno di nota visto l'alto numero di casi riscontrati.

Voglio aiutarti a prevenire eventuali rotture e blocchi indesiderati con conseguente rallentamento del tuo lavoro e perdita di soldi inutili che puoi invece destinare in miglior modo, ecco quindi qualche consiglio utile:
1. Non usare carta sul pian di lavoro
2. Se proprio vuoi usarla, usa della carta che sia più spessa e che non si strappi facilmente
3. Utilizza fogli di carta grandi e non piccolini (no garze)
4. blocca i fogli di carta con del nastro adesivo sul piano di lavoro (scotch carta)
5. Al termine del lavoro, verifica che il foglio sia integro
6. Se non trovi più la carta o pezzi di carta... spera che tutto vada per il meglio

Questi sono dei rapidissimi consigli che puoi decidere di usare o ignorare ovviamente. Se deciderai di continuare a fare di testa tua perché hai sempre fatto così e perché ti hanno insegnato così allora probabilmente ci vedremo presto per un intervento di assistenza tecnica sulla tua cappa da laboratorio.

Se invece sei una persona capace di migliorarsi e in cerca sempre di capire al meglio come andrebbero fatte le cose allora segui i miei consigli e potrai godere di vari benefici quali:

- Risparmio di soldi che spenderesti in assistenza tecnica straordinaria
- Risparmio energetico non mandando sotto sforzo il motore della tua cappa
- Risparmio di soldi e tempo avendo sempre cappe da laboratorio funzionanti
- Preservare la tua sicurezza e del tuo lavoro in caso di cappe Biohazard

E potrei elencarti molti altri benefici: Insomma, avere una cappa non significa poi non usarla correttamente e manutenerla correttamente anzi...

Puoi fare un paragone con la tua vettura, non è possibile che dal momento dell'acquisto la utilizzi costantemente per tutta la vita e pensare anche che non serva andare dal meccanico.

Ovviamente puoi decidere di farlo, di usare la tua macchina in modo inappropriato e maltrattarla, potresti usare la tua utilitaria per fare un percorso 4X4 perché tu e solo tu puoi decidere cosa fare delle tue cose.

Ma di certo non potrai lamentarti nel momento in cui dovesse rompersi e lasciarti in mezzo a una via sperduta o peggio se ad esempio il non aver cambiato mai le gomme dovesse causarne lo scoppio improvviso con la conseguenza di ferire qualcuno o i tuoi stessi familiari.

Non voglio fare l'uccello del malaugurio, mi piace però prevenire e non curare. E a te: cosa piace fare?

Ecco, le tue cappe da laboratorio le devi vedere come fossero la tua macchina, hanno infatti bisogno di essere manutenute e soprattutto usate nel modo corretto che è ancora più importante.

Ho citato molti altri problemi che vengono causati dall'operatore e che producono effetti indesiderati, uno di questi **è la rottura, bruciatura o intasamento dei filtri Hepa ad esempio.**

Infatti, i filtri Hepa sono all'origine perfetti e, contrariamente a quanto molte assistenze ti hanno fatto credere, NON perdono la loro efficienza nel tempo anzi, la migliorano gradualmente.

Potremmo dire tranquillamente che il rapporto efficienza e tempo sono direttamente proporzionali e quindi più tempo passa e più un filtro Hepa di una cappa biologica diventa efficiente producendo maggiore sterilità del flusso d'aria nella cappa.

Invece l'operatore, che spesso e volentieri non sa usare correttamente la sua cappa e magari è un po' indietro con il lavoro, per la fretta potrebbe colpire il filtro Hepa sopra il piano di lavoro e romperlo creando anche in questo caso una microfrattura spesso non visibile ad occhio nudo che comprometterà inevitabilmente il suo lavoro.

In ognuno di questi casi, è necessario sempre eseguire dei test specifici per poter accertare l'entità del danno e in ogni caso, quando si tratta di filtri Hepa che superano le soglie limite della normativa UNI EN ISO 14644 vanno immediatamente sostituiti.

Non è possibile infatti ripararli oppure ovviare in qualche modo, ma lascia che ti dia una dritta anche in questo caso, continua a leggere perché ti svelerò cose che nessuno si penserebbe mai di dirti, soprattutto la tua assistenza tecnica delle cappe da laboratorio.

Perché si sa, i soldi fanno gola a tutti ovviamente ma credo fermamente che non si debba lucrare sulla pelle delle persone.

Quindi voglio darti altri preziosi consigli...

Se ti dovesse capitare di colpire inavvertitamente il filtro Hepa della tua cappa Biohazard mentre stavi semplicemente lavorando e la tua paura è quella di non essere più sicuro dell'efficienza del tuo filtro Hepa con conseguente perdita del tuo lavoro ad esempio, devi sapere che ho eseguito personalmente molti test su filtri Hepa di cappe biologiche e Biohazard in generale nell'occasione di dover sostituire i filtri vecchi con dei filtri nuovi ed ho scoperto cose sensazionali che non avevo mai letto e nessuno mi aveva mai riferito.

Ecco anche il perché della realizzazione di questo portale, con tantissime informazioni utili sulle cappe.

Ho provato a rompere intenzionalmente un filtro Hepa sul lato dx ad esempio, facendo dei fori anche molto grandi e visibili ad occhio nudo dopodiché, avendo tutti gli strumenti scientifici del caso, ho eseguito diverse prove sia anemometriche di velocità dei flussi che particellari ed ho scoperto che, nel punto in cui è stata praticata la rottura, i valori erano tutti fuori dalla norma, ad esempio la verifica conta particellare ha contato moltissime particelle di pulviscolo e me lo aspettavo, ma andando sempre di più verso il centro del filtro Hepa, in corrispondenza del centro del piano di lavoro per intenderci, le particelle sono tornate stabili addirittura a zero completamente, indicando che era possibile avere una sterilità nonostante il filtro sia stato urtato e rotto.

Questa verifica mi permette di darti un'indicazione sul corretto utilizzo della cappa Biohazard. Infatti, in una cappa con filtro consigliato da 120 cm di larghezza, se hai un buco a un lato della cappa, sia che sia destro o sinistro, puoi stare relativamente tranquillo continuando a lavorare al centro del tuo piano di lavoro.

Ovviamente è più importante che mai l'utilizzo nel modo corretto della cappa stessa da parte dell'operatore che dovrà muoversi ancora più lentamente ed evitare qualsiasi fonte di disturbo.

Con questo non voglio assolutamente dire che la cappa può essere utilizzata per altri 6 mesi senza cambiare i filtri ma semplicemente spiegarti che se ti dovesse capitare di urtare un filtro Hepa e di avere il pensiero che possa essersi rotto, mentre aspetti che intervenga l'assistenza puoi quantomeno chiudere il tuo lavoro spostandoti il più lontano possibile dalla zona urtata.

Poi, come ogni cosa, dipende dal tipo di lavorazione che stai facendo e dalla pericolosità, ma in linea generale potresti pensare di stare abbastanza tranquillo.

Grazie a questa piccola prova abbiamo anche potuto sconfessare il fatto che alcuni clienti asseriscano di essere certi che la loro cappa sia sterile perché mettono dei terreni di coltura sotto cappa e ne verificano eventuali crescite e, non riscontrando nulla, parlano di sterilità e funzionalità dei filtri Hepa.

ERRONEAMENTE

Perché, per lo stesso principio descritto poco fa, potrebbero avere un buco sul filtro Hepa su uno dei lati o ancora più semplicemente avere la guarnizione scollata o screpolata a causa del passare degli anni che la rendono vecchia con conseguente falsa percezione di sterilità.

Quindi il mio consiglio è sempre quello di fare una buona manutenzione e verificare mediante tutte le prove necessarie che i filtri siano perfettamente funzionanti.

Ho parlato anche di vetri opacizzati e cappe arrugginite, questo problema spesso è dovuto all'utilizzo di sostanze non idonee che intaccano le strutture metalliche e opacizzano i vetri rendendoli quasi inutilizzabili con conseguente errato utilizzo della cappa da laboratorio stessa da parte del personale operante.

Insomma... come hai visto, di cose di cui parlare ne abbiamo molte e di errori commessi dall'uomo ancora di più da qui il titolo: cappa da laboratorio, protezione **dell'**operatore o **dall'**operatore???

Purtroppo, nel tempo mi sono reso conto che le cappe da laboratorio sono completamente in balia degli eventi e delle persone che li creano e che, per quanto lavoro di informazione io possa fare, spesso l'abitudine prende il sopravvento su tutto e gli operatori delle cappe sembrano perdere quella lucidità che dovrebbe essere prassi lasciando spazio a un susseguirsi di cattive azioni che portano nel tempo inevitabilmente a molti problemi.

Spero di averti leggermente fatto riflettere su questi argomenti, è importante che ognuno abbia la sua idea che io condivido a prescindere, l'importante è non perdere di vista una cosa importante:

La sicurezza degli operatori delle cappe.

Prima o poi mi deciderò a scrivere un libro che aiuti gli operatori delle cappe da laboratorio a preservare la loro sicurezza nonché funzionalità dei propri strumenti di lavoro.

Credo molto nell'informazione e ti sarei grato se deciderai di lasciare un messaggio o una domanda di qualsiasi tipo nel mio blog così da condividere queste informazioni anche con molti altri.

Non troverai nulla di quanto descritto in questi articoli da nessuna parte...

Il capitolo che hai appena letto puoi trovarlo anche online a questo link:

www.chizard.it/537

Oppure scansiona il QR-Code qui in basso:

3. Scopri perché la SICUREZZA IN LABORATORIO diventa INSICUREZZA in laboratorio

Devi sapere che sul portale www.chizard.it online ho inserito una immagine del crollo di un soffitto come presentazione, intanto voglio dirti che l'immagine non è stata presa da internet ma è il soffitto della camera da letto di mia suocera, persona di 69 anni che vive a Genova.

Ho deciso di inserire una foto più che vera accompagnandola con una breve storia di quanto accaduto solo per provare a farti riflettere con un punto di vista differente che non sia propriamente quella della sicurezza delle tue cappe o la sicurezza in laboratorio in genere.

Permettimi quindi di raccontarti brevemente la storia, come ti dicevo, la foto è verissima e si tratta di un soffitto di un appartamento di Genova dove mia suocera vive o meglio viveva, si perché durante la notte, si era svegliata per via di alcuni rumori che ha sentito provenire dall'appartamento di sopra e pochi istanti dopo è rimasta schiacciata dai pesanti pezzi di intonaco per il crollo improvviso del soffitto per circa 2 metri quadri.

È finita in Ospedale trasportata dall'ambulanza con vari traumi su tutto il corpo e frattura di una vertebra e ancora oggi fa fatica a muoversi e anche solo a dormire e respirare.

Ora, non voglio tediarti con fatti personali ovviamente, come ti dicevo vorrei solo darti una prospettiva diversa della sicurezza in generale per poi ricondurmi alla sicurezza in laboratorio perché sono entrambe molto legate tra loro ed è importante avere chiara una cosa: che non ci può essere sicurezza se non c'è anche qualità e correttezza nonché professionalità da parte delle figure interessate.

Detto questo finisco brevemente di raccontarti la storia in quanto la parte interessante se così possiamo dire, per te è che devi sapere il perché di questo crollo del soffitto. Nell'appartamento di sopra infatti un'azienda edile che si è aggiudicata l'appalto, stava facendo dei lavori di ristrutturazione, e fin qui tutto ok.

Il grande problema è che gli stessi hanno cominciato i lavori senza neanche porsi il problema della sicurezza né tanto meno il responsabile tecnico che avrebbe dovuto sovraintendere detti lavori se ne è preoccupato.

Chi doveva sovraintendere ai lavori non ha fatto neanche un sopralluogo preventivo nell'appartamento di sotto per capire se e come procedere, per vedere quali macchinari poter utilizzare e se eventuali sollecitazioni dovute alle vibrazioni degli stessi potessero arrecare danni visto che si tratta di palazzi ed appartamenti nel centro storico, quindi molto vecchi.

Infatti, dopo il crollo sono intervenuti i vigili del fuoco con i vigili urbani, i quali hanno dichiarato l'appartamento inagibile e posto i sigilli all'ingresso.

Il tutto è finito anche sui giornali locali (che hanno un po' distorto la realtà) ma che comunque hanno dato la notizia.

Questo anche per farti vedere che poi quando succede qualcosa di grave le notizie iniziano a girare per il web e i problemi si ingigantiscono notevolmente.

(SPERO TU NON VOGLIA CHE ACCADA ANCHE A TE E AL TUO LABORATORIO)

Ora, al di là di tutti i guai che stanno facendo passare a mia suocera e la sua famiglia che dall'oggi al domani si è trovata
- **senza una casa** (pensa sia il tuo laboratorio)
- **senza i suoi vestiti** (immagina siano i tuoi strumenti e le tue ricerche)
- **senza le sue abitudini** (potrebbe essere il tuo stipendio)
- **ed in ospedale ferita** (non te lo auguro proprio)

la cosa che mi preme sottolineare è che questo spiacevole incidente poteva essere evitato se solo chi di dovere, "in questo caso i proprietari" (pensali come il datore di lavoro) avessero preso in seria considerazione prima di tutto la **SICUREZZA** invece di pensare solo al

PREZZO PIÙ BASSO incaricando personale **INCOMPETENTE.**

Oltretutto, i proprietari non hanno assolutamente raggiunto il loro scopo perché oggi si ritrovano con:
- i lavori di ristrutturazione bloccati
- il dover rispondere di lesioni a una persona anziana
- il dover pagare i danni e le riparazioni di tutto l'appartamento di sotto
- il farsi carico dei costi vari, spese legali e danni alla persona ferita
- oltre al fatto che potrebbero risponderne anche legalmente

Capisci dove voglio arrivare?

Non ti sembra familiare tutto questo tran-tran?

Troppo spesso sento storie simili nei laboratori da personale che opera all'interno e che lavora con le cappe chimiche o cappe biologiche

I datori di lavoro se ne fregano della sicurezza in laboratorio e quindi delle persone che ci lavorano pensando sempre a risparmiare (come i proprietari dell'appartamento) non capendo che in realtà stanno avendo l'effetto totalmente opposto.

Infatti, risparmiare inizialmente e con regolarità sulla sicurezza in laboratorio, risparmiare sulle manutenzioni programmate dei dispositivi di protezione collettiva come le cappe chimiche e Biohazard è da pazzi per il semplice fatto che non viene fatto con intelligenza e nel tempo porta a conseguenze come:
- personale insoddisfatto
- personale che si ammala (anche di tumori purtroppo, vedi i fatti di Catania)
- assenza del personale dal lavoro
- tempi più lunghi per la gestione delle commesse
- costi aggiuntivi di spese mediche
- costi aggiuntivi per sistemare situazioni gravi che si presentano
- riparazione straordinari di cappe biologiche e chimiche (non manutenute bene)
- sostituzione di cappe da laboratorio non riparabili (costi ingenti)
- non essere in ordine con la documentazione in caso di controlli

- possibilità di ferire o danneggiare persone o clienti
- risultati non veritieri con diagnosi di tumori non esistenti
- e poi vogliamo parlare di possibili cause legali e civili?

Insomma. Come vedi, pensare di **RISPARMIARE**, avendo la piena consapevolezza di peccare di superficialità non significa RISPARMIARE veramente, anzi… (perché quando paghi meno sai che ti stai accontentando della seconda scelta, diciamocela tutta)

Se nel risparmiare si raschia il fondo del barile dovendosi affidare a personale "tecnico" **INCOMPETENTE** allora accadono i guai.

Se anche tu nel tuo laboratorio ti trovi ad affrontare queste tematiche, riflettici attentamente quando decidi di risparmiare, fallo con intelligenza.

Capisco che non è sempre facile perché dovresti essere un esperto in
- ogni materiale che utilizzi nel tuo laboratorio
- ogni strumento che utilizzi
- ogni tipologia di servizio che ti offrono

E questo non è possibile al 100%, sicuramente non è semplice ma ad ogni modo, ti trovi ad averne la responsabilità.

Adesso non posso darti soluzioni a 360° perché non ho le competenze per farlo ma posso aiutarti per quanto riguarda la sicurezza in laboratorio legata alle cappe da laboratorio come cappe chimiche e cappe biologiche in genere e tutti i tuoi dispositivi di protezione collettiva.

La mia azienda (TechnoCappe) opera prevalentemente a Roma e nel Lazio dove riusciamo ad essere competitivi anche sul prezzo ovviamente ma operiamo ovunque siano richiesti i nostri servizi **"fatti come diciamo noi"**.

Ma se pensi che siamo troppo lontani dalla tua sede non preoccuparti, perché ho scritto una guida di facile utilizzo che potrai scaricarti gratuitamente inserendo la mail nel Form che trovi sulla home page del mio portale.

Questa guida è stata da me pensata e concepita proprio per fornirti tutti gli strumenti possibili per capire a chi affidare la manutenzione e assistenza delle tue cappe da laboratorio per far si che migliori notevolmente la sicurezza in laboratorio, del tuo laboratorio.

Seguendo le indicazioni che ho inserito, potrai facilmente ricercare e valutare criticamente e tecnicamente le aziende che ti si proporranno.

Ecco, di questo parlavo prima quando ti dicevo che il risparmio va fatto con intelligenza, spesso mi capitano clienti che mi dicono:

"Sig. Cirillo, ma lo sa che sono rimasto stupito in quanto ero convinto che i vostri controlli costassero veramente troppo per noi, vista la qualità dei servizi che offrite e la professionalità con il quale li eseguite?"

Colgo l'occasione per sfatare questo mito, proprio per non confondere il fatto di

DOVER PAGARE TROPPO POCO

con

DOVER SPENDERE TROPPO

Infatti, per garantire la sicurezza in laboratorio, non devi andare da un eccesso a un altro ma bisogna pagare il giusto.

E come fare per pagare il giusto?

Devi imparare a conoscere le persone che ci sono dietro le aziende e per conoscere non intendo cercare di capire se sono gentili o corretti, o meglio non solo intendo dire che tu devi conoscerli mediante quello che le altre persone dicono di loro, te lo ripeto

SCOPRI COSA DICONO ALTRI TUOI COLLEGHI DI QUESTI PROFESSIONISTI

Si, sto parlando delle famose **testimonianze** vere di personale che si trova nelle tue stesse circostanze.

Puoi ad esempio leggerne alcune che hanno lasciato a noi i nostri clienti direttamente nel capitolo testimonianze.

Le ho volute riportare proprio a riprova di quanto ti sto dicendo perché non posso cantarmela e suonarmela da solo, almeno non sempre.

Posso dire che sono il primo ad aver creato un portale interamente sulle cappe chimiche e Biohazard con del contenuto, documenti e informazioni che nessuno si è mai sognato di divulgare prima d'ora anche perché non esisteva. Ecco, riconoscimi il merito di questo perché sto facendo una faticaccia immane nel contribuire pesantemente a questo GAP informativo che c'è sia online che offline purtroppo.

Ma sono sicuro che le cose cambieranno, un po' perché ho avviato una macchina informativa infernale che raggiungerà tutte quelle persone che in qualche modo sono connesse ai laboratori e soprattutto alle cappe da laboratorio.

Poi magari anche grazie a chi come te, leggendo il libro e trovandolo interessante possa in qualche modo aiutarmi in questo, divulgando l'informazione e consigliandolo.

Tutta la documentazione che sto producendo è completamente gratuita proprio perché vorrei che tutti ne attingessero per migliorare il loro stato attuale di sicurezza imparando come usare una cappa e come evitare errori banali.

Insomma, possibile che ancora oggi con tutti gli strumenti che hai a disposizione, tutti i social media e strumenti informatici disponibili ancora **VAI ALLA CIECA** quando si tratta di affidare la tua vita, di affidare la sicurezza in laboratorio e delle persone che ci lavorano??

Questo è il mio unico consiglio, prima di affidarti a un'azienda verifica le persone e l'azienda stessa e se nutri qualche dubbio su aziende storiche fai lo stesso, perché spesso ci sono aziende di assistenza tecnica su cappe chimiche e biologiche che lavorano da moltissimi anni presso laboratori e il cliente stesso confonde questi anni di <u>presidio</u> con l'esperienza vera e la competenza che occorrono per fare i controlli sulle cappe e mettere in sicurezza in laboratorio.

Ci sono aziende molto più vecchie della mia, aziende che sono state le prime a fare controlli sulle cappe da laboratorio, è la verità, solo che non sono rimaste al passo in quanto:
- non hanno aggiornato la loro strumentazione
- non sono presenti online
- non hanno evidenze della loro esperienza
- non si aggiornano con corsi di formazione
- non si preoccupano di guardare avanti

Perché sono stati i primi e pensano che basti questo...

MA NON È VERO.

Per garantire la sicurezza in laboratorio ci vuole molto di più, possibile che non ti viene neanche un dubbio se queste aziende che non sono presenti nemmeno online?

Siamo nell'era informatica, le cappe si stanno evolvendo e sono sempre più tecnologiche anche se con la stessa concezione di molti anni fa. È possibile che certe aziende restino ferme e che non possano mostrarti delle testimonianze di quello che hanno fatto in tutti questi anni?

A me sinceramente qualche dubbio viene, dovremmo fare queste ricerche e controlli su tutte le figure professionali al quale intendiamo affidarci negli anni come
- avvocati
- dottori
- muratori
- servizi di assistenza tecnica

Condividi? Capisco che ci può far perdere del tempo **"inizialmente"** ma poi quanti soldi risparmieremo? Quanto tempo risparmieremo? Ci metteremmo al sicuro!

Non dovendo più pensare a problemi che potrebbero sorgere e come risolverli ad esempio, quindi armati di pazienza, siediti davanti al tuo computer e dedica un'oretta a verificare ogni figura professionale che ha un'azione diretta nella tua vita, sul tuo portafogli o la tua salute.
- Puoi utilizzare Google per la ricerca generica
- utilizza i social media come Facebook
- verifica che il professionista sia visibile su LinkedIn (portale dei professionisti)
- ci sono programmi e software che possono aiutarti anche a vedere la solidità finanziaria

Insomma, adesso di strumenti ne hai veramente molti a disposizione.

Ad ogni modo, cerca di lavorare con veri professionisti che siano orientati alla sicurezza delle persone, nonché alla *sicurezza in laboratorio* così da
- tutelarti
- risparmiare veramente nel tempo
- evitare problemi
- dormire notti tranquille

Spero di essere riuscito a farti vedere il tuo laboratorio in altri termini o meglio che la sicurezza *in laboratorio* può e deve essere gestita meglio al fine di evitare danni alle cose e alle persone che ci lavorano.

Il capitolo che hai appena letto puoi trovarlo anche online a questo link:

www.chizard.it/733

Oppure scansiona
il QR-Code qui in basso:

4. Cappa da laboratorio come un ripostiglio? Scopri 7 pericoli nascosti e come prevenirli!

Adesso ti parlerò della cappa da laboratorio utilizzata come un ripostiglio da alcuni operatori di cappe.

No, non sto scherzando, sembra una presa in giro, vero?

Ahimè! È brutto dirlo ma le cappe chimiche e biologiche, ovvero i dispositivi di protezione collettiva, vengono ancora utilizzati come dei veri e propri ripostigli. Che cosa intendo con questa espressione?

Vuol dire che le cappe laboratorio vengono usate per posizionarvi dentro piastre piuttosto che quantità industriali di pipette, ampolle, boccette varie, flaconi vuoti e pieni, barattoli di tutte le forme e dimensioni oltre che strumentazioni in disuso ovviamente e chi più ne ha più ne metta.

La cappa da laboratorio viene utilizzata per qualsiasi scopo e soltanto in ultimo si pensa di poterle utilizzare veramente come dei dispositivi di protezione collettiva quali sono!

Questo può dar vita ad una serie di notevoli difficoltà e problematiche di vario tipo ovviamente.

Devi infatti sapere che quando il costruttore l'ha realizzata non ha pensato alle tue problematiche di spazio nel laboratorio ma soltanto alla tua sicurezza durante le fasi del tuo lavoro quotidiano.

Altrimenti ti avrebbe venduto un armadio a tale scopo non credi?

È bene che tu sappia queste cose perché tutto ciò che inserisci nella cappa al di fuori di quello che è strettamente necessario per le tue manipolazioni potrebbe andare ad alterare la funzionalità del tuo dispositivo di protezione collettiva.

Questo è difficilissimo da vedere a occhio nudo e purtroppo si pensa che se si sta davanti ad una cappa o si lavora dentro di essa si è tutelati e che venga tutelato anche il prodotto nel caso delle cappe biologiche.

Beh, fatti dire che non è così al 100%, quindi ti invito a fare molta attenzione e a utilizzare una cappa quanto più sgombra possibile poiché ciò ti aiuta e agevola la manipolazione, inoltre ti evita notevoli rischi e la contaminazione di quello che può essere il prodotto che devi manipolare.

Sono molteplici i problemi che possono sorgere quando decidi di riempire di ingombri inutili la tua cappa, ad esempio:
1. Azione germicida con i NEON UV inefficace in cappe Biohazard
2. Strumenti ingombranti portano problemi di aspirazione delle cappe chimiche
3. Flusso laminare verticale (FLV) compromesso nelle cappe Biohazard
4. Barriera frontale inesistente per le cappe Biohazard
5. Rischio di respirare vapori tossici nelle cappe chimiche
6. Pericolo di rovesciare sostanze nocive nelle cappe chimiche
7. Rottura di schede e motori per sforzi eccessivi cappe laboratorio

(1) Azione germicida con i NEON UV inefficace in cappe Biohazard

Possiamo riprendere una difficoltà che abbiamo già affrontato in un capitolo precedente. Essa è legata all'utilizzo dei neon UV in una cappa Biohazard.
Perché proprio questo esempio? Vediamolo insieme.

Se si lasciano dentro la cappa Biohazard molti oggetti, nel momento in cui vai ad accendere gli UV della tua cappa biologica potresti avere una falsa percezione di avvenuta sterilizzazione interna.

Infatti gli UV di una cappa biologica funzionano solo a contatto con la superficie da decontaminare, quindi tutti quegli oggetti presenti nella cappa che hai lasciato magari per pigrizia così da trovarteli il giorno seguente pronti all'uso, **vanno a creare dell'ombra** e sappi che quando c'è ombra l'UV non sta funzionando perché viene a mancare il contatto tra la luce che viene raggiata e quella che è la superficie da decontaminare.

(2) Strumenti ingombranti portano problemi di aspirazione delle cappe chimiche

Altri problemi che si riscontrano spesso sono i problemi di aspirazione di una cappa chimica sempre dovuto ad eccessivi ingombri nella cappa come ad esempio l'utilizzo di strumentazioni molto grandi...

Se hai proprio la necessità (e questo succede spesso nelle cappe chimiche) di inserire delle strumentazioni molto ingombranti quanto meno cerca di far entrare tutto lo strumento dentro la cappa e non lasciare che sporga perché altrimenti poi non potrai neanche abbassare il vetro frontale ovviamente.

Ma facciamo l'ipotesi che sei riuscito ad inserire lo strumento all' interno della tua cappa, quello che devi fare immediatamente è di alzare lo strumento.

Che significa alzare lo strumento in una cappa chimica da laboratorio?

Vuol dire che devi mettere dei piedini alla base dello strumento che permettono all' aria di passare anche sotto di esso, altrimenti quando accendi la tua cappa potresti avere grossi problemi di aspirazione sin da subito in quanto l'aria trova un ostacolo sul fronte non riuscendo a passare e questo genera dei vortici che possono portare a delle difficoltà nel trattenere i vapori generati con conseguente rischio per te di respirare quello che viene manipolato sotto cappa.

La cappa chimica è strutturata proprio per contenere le sostanze chimiche, altrimenti non ha proprio senso che la utilizzi. O no?

(3) Flusso laminare verticale (FLV) compromesso nelle cappe Biohazard

Un altro problema che può esserci sulle cappe Biohazard dovuto a questi ingombri è la perdita dei flussi laminari appunto.

Questo perché in queste cappe devono esserci dei flussi laminari più verticali possibili che fuoriescono dal filtro HEPA principale posto sopra il piano di lavoro andandosi ad incanalare nei forellini del piano.

Questi filetti di flusso sono gli autori della sterilità della zona di lavoro dove tu manipoli i tuoi prodotti in quanto evitano la contaminazione da parte dell'esterno, oltre che proteggere te da eventuali rischi biologici ovviamente.

Da questo punto di vista, se vai ad occludere tutti questi forellini con oggetti di vario tipo (che poi neanche ti servono nell'immediatezza), questo funzionamento potrebbe essere compromesso.

Ora non voglio dire che per forza di cose è sempre così, magari la cappa sta funzionando male, ma con un po' di esperienza ti posso tranquillamente dire che probabilmente l'errore umano è la componente che per l'80/90% porta la contaminazione in una cappa sterile.

Devi immaginare che la tua cappa è realmente un luogo sterile, molto più sterile di una sala operatoria per intenderci. Di gran lunga di più in quanto, eseguendo una verifica conta particellare per ricercare particelle piccolissime, in genere sono quasi pari a zero.

Se la stessa prova la esegui in un ufficio ad esempio, rimarresti scandalizzato da quello che leggeresti in quanto vengono contate miliardi di particelle, tu stesso durante una manipolazione rischi di contaminare tutto con le tue particelle.

(4) Barriera frontale inesistente per le cappe biologiche

Altro problema quando vai a riempire la tua cappa di materiali come ad esempio anche fogli di carta che posizioni sulle griglie frontali piuttosto che oggettistica varia, crei moltissimi problemi al buon funzionamento della tua cappa biologica.

Infatti, dovresti sapere che in genere le cappe classificate in CLASSE II hanno una protezione sul fronte cappa, che in gergo tecnico si chiama "barriera frontale di protezione operatore".

Questa barriera d'aria ovviamente, serve a evitare che del contaminante esterno vada a compromettere la zona di lavoro sterile in cui stai manipolando oltre che a proteggere l'operatore da eventuali fuoriuscite di contaminante.

Sei sicuro che alterando il buon funzionamento della cappa da laboratorio inserendo un sacco di oggetti, tu sia in una botte di ferro?

Se già ti è capitato di trovare della contaminazione nella tua cappa o nel tuo operato e non riesci a capire come mai, una delle cause potrebbe essere proprio questa, io eviterei sinceramente.

Ti consiglio quindi di lavorare solo con lo stretto necessario se vuoi usare il dispositivo di protezione collettiva per come è stato progettato.

(5) Rischio di respirare vapori tossici nelle cappe chimiche

Beh, come sempre, quando si parla di cappa chimica spunta fuori il rischio di inalare vapori tossici e non di certo aria del monte bianco, vero?

Anche in questo caso, il tuo essere pigro, si perché di questo che spesso si tratta, mette a rischio te stesso e chi ti circonda e non è per niente giusto non credi?

Per quale motivo usi la cappa chimica come un ripostiglio?

Forse non lo hai a casa e quindi devi sfogarti nel tuo laboratorio??

Perdona la mia provocazione, non voglio mancarti di rispetto ma vorrei farti solo ragionare sul fatto che se sei uno di quelli che lavora con una cappa chimica piena come un uovo allora lasciati dire che STAI ***SBAGLIANDO nell'utilizzo della tua cappa da laboratorio.***

Purtroppo, quando riempi la tua cappa di tante boccette e boccettine, strumenti, secchi e chi più ne ha più ne metta...stai compromettendo il buon funzionamento del tuo dispositivo di protezione collettiva e quindi stai mettendo a rischio la tua sicurezza in quanto potresti respirare dei vapori tossici.

Devi sapere infatti che si possono creare dei vortici in corrispondenza degli oggetti che hai sotto cappa e spesso aumentare la velocità oltre il limite non è una soluzione credimi perché l'aria al contrario potrebbe anche fuoriuscire in alcuni casi.

Ti consiglio di regolare sempre la velocità di aspirazione della tua cappa secondo la tipologia di manipolazione che devi svolgere perché non esiste un vero e proprio standard nelle cappe chimiche.

Se poi tu non aiuti, lasciando anche degli ingombri allora non hai molte speranze di tutelarti purtroppo.

(6) Pericolo di rovesciare sostanze nocive nelle cappe chimiche

Questo purtroppo capita di frequente, quando posizioni una miriade di flaconi, boccette di vetro o altro potresti inavvertitamente farne cadere una potresti anche tagliarti o far cadere una boccetta fuori dalla cappa dove non vi è contenimento alcuno e rischiare di inalare i vapori o di intossicare anche i tuoi collaboratori.

Ora, se fai parte dell'impresa Bin Laden non ci sono problemi ma se non vuoi fare del male a nessuno, allora ti conviene prevenire e non curare.

Lascia il piano di lavoro sgombero per te e per gli altri, se hai qualche collega cocciuto che proprio non ne vuole sapere il consiglio è quello di segnalarlo a chi di competenza perché la sicurezza deve venire prima di tutto.

(7) Rottura di schede e motori per sforzi eccessivi cappa da laboratorio

In ultimo vorrei dirti anche che quando lasci molti ingombri nella tua cappa, la costringi anche ad andare sotto sforzo sicuramente.

Non voglio stare qui a dirti che rischi una rottura immediata di scheda o motore ma nel tempo, con il passare degli anni, sicuramente stai contribuendo ad accorciare la vita del tuo DPC.

Oltretutto anche i consumi energetici aumentano oltre alla rumorosità.

Il capitolo che hai appena letto puoi trovarlo anche online a questo link:

www.chizard.it/5

Oppure scansiona
il QR-Code qui in basso:

5. Scopri le 20 Paure degli operatori di cappe rispetto all'assistenza tecnica

In questo articolo ho voluto raggruppare una parte delle paure più ricorrenti di tuoi colleghi operatori di cappe e anche di Responsabili del servizio di Prevenzione e Protezione (RSSP) che ringrazio personalmente per queste confidenze permettendomi di approfondire l'argomento veramente molto delicato.

Qui di seguito ecco elencati **20 punti** in ordine casuale e non per importanza delle paure emerse dalle interviste sul campo:

Domanda: *"mi può dire se ha qualche paura quando interviene un'assistenza tecnica per la manutenzione delle vostre cappe?"*

Risposte:
1. Paura che l'assistenza stessa contamini il piano di lavoro di una cappa a flusso laminare
2. Paura che l'assistenza tecnica cappe porti contaminazione dall'esterno (peggio se in una BL II o BL III)
3. Paura che non vengano eseguite realmente le verifiche necessarie per capire se la cappa funzioni correttamente
4. Paura che in seguito a una sostituzione filtri HEPA o CARBONI ATTIVI venga contaminato l'ambiente di lavoro
5. Paura che i test siano eseguiti con strumentazione vecchia o non tarata
6. Paura che non vengano eseguite tutte le prove necessarie per assicurarsi che la cappa funzioni
7. Paura che una cappa chimica aspirante non trattenga i vapori delle sostanze tossiche manipolate

8. Paura che una cappa Biohazard possa mettere a rischio la loro vita e dei loro cari
9. Paura che i filtri sostituiti non vengano smaltiti nel modo corretto o per niente
10. Paura di non essere in regola con le certificazioni rilasciate dall'assistenza cappe
11. Paura che non vengano riportati dati corretti sui report finali
12. Paura di documentazione che va perduta perché non sono state fornite copie digitali
13. Paura che i tecnici delle cappe ne sappiano meno degli operatori stessi
14. Paura di non avere il supporto necessario una volta finito il lavoro
15. Paura di spendere molti soldi, ritrovandosi a cambiare parti senza motivo (ad esempio filtri, motori, schede, ecc.)
16. Paura che le cappe biologiche non vengano pulite/sanitizzate a fondo come promesso
17. Paura che gli operai dell'assistenza non indossino i KIT DPI dispositivi di protezione individuale per la loro sicurezza
18. Paura che i flussi non siano sterili e che venga compromesso il proprio lavoro sotto cappa
19. Paura di lavorare con aziende non certificate e di scoprirlo solo successivamente o non scoprirlo mai
20. **Paura di rischiare la propria vita perché non informati su come scegliere la propria assistenza tecnica cappe**

Ed è proprio su quest'ultima paura che è in fondo alla lista che vorrei soffermarmi e per la quale ho deciso di aprire il portale www.chizard perché secondo me le racchiude tutte quante.

Penso che avere "*paura di rischiare la propria vita perché non si è correttamente informati su cosa andare a guardare piuttosto di non sapere cosa chiedere o non avere gli strumenti per verificare che un'assistenza tecnica operi correttamente sulle proprie cappe Biohazard e chimiche*"

non poteva certo lasciarmi indifferente.

In realtà al termine della ricerca che troverai in questo libro, ho scoperto che è salita al primo posto la **PAURA DI RESPIRARE SOSTANZE PERICOLOSE**.

Questo delinea quindi il fatto che non è proprio vero che gli operatori sono sereni nel lavorare come molti vogliono far credere.

Penso quindi che lavorare tutti i giorni a stretto contatto con la paura generi uno stress incredibile e logorante negli anni al punto che può essere pericoloso e dannoso tanto quanto una sostanza pericolosa.

È come se un operatore prendesse un pochino di veleno gratuito tutti i santi giorni solo per il fatto che deve andare a fare il suo dovere.

Questa cosa la trovo allucinante ed ecco perché continuerò a scriverlo e ripeterlo fin quando potrò. Ad esempio, quando si tratta di una cappa chimica un metodo molto semplice e veloce non scientifico assolutamente può essere quello di verificare che il flusso entri nella cappa.

Questo si può fare mediante un filo di lana di una 15 di centimetri posto sul fronte cappa che, se accesa, dovrà andare verso l'interno.

Ribadisco che non è un metodo scientifico e non prova l'efficienza al 100% ma sicuramente da un'indicazione e può essere molto veloce per l'operatore capire se da un giorno a un altro la cappa smettesse di aspirare.

Sicuramente se questo può dare una serenità all'operatore si risolverebbe una problematica di stress sul lavoro e si eviterebbero gli incidenti possibili.

Ovviamente il consiglio spassionato è quello di manutenere le cappe almeno una volta l'anno mediante un'assistenza tecnica che però faccia tutti i test necessari e non solo 2 o 3 per risparmiare.

Se anche tu condividi alcune di queste paure in quanto ti trovi tutti i giorni a lavorare con le cappe Biohazard piuttosto che chimiche allora ti confermo che sei nel posto giusto e devi solo continuare a leggere i vari articoli del portale.

Sinceramente ti dico che fino a qualche tempo fa ero completamente all'oscuro di tutto questo, mai avrei pensato e immaginato che personale qualificato, preparatissimo e il più delle volte anche laureato potesse avere tali paure e difficoltà al punto da non lavorare sereno (magari come te).

Ma soprattutto non mi sfiorava il pensiero che ci fosse una così diffusa disinformazione sul corretto utilizzo delle cappe al punto da generare queste paure che a mio avviso non sono da sottovalutare.

Credo vivamente che ognuno di noi abbia il diritto di lavorare in sicurezza e con la dovuta tranquillità sapendo appunto che la sera può tornare a casa dalla propria famiglia senza che venga messa a rischio dal nostro lavoro.

Credo anche che gli operatori di cappe chimiche o Biohazard debbano essere correttamente formati ed informati sull'utilizzo delle stesse ma questo purtroppo non accade già nelle università dove ho avuto modo di vivere situazioni veramente spiacevoli purtroppo che approfondirò sicuramente in altri articoli sul mio blog.

Ho scritto questo breve articolo solo per metterti a conoscenza che tali paure sono diffuse, che non devi sentirvi stupido o inappropriato se chiedi informazioni e che hai adesso la possibilità di approfondire tali argomenti sul portale, attraverso domande e commenti.

Anzi, ti sarei grato se anche tu mi comunicassi le paure che hai quando operi con:
- **cappe da laboratorio**
- **cappe chimiche**
- **cappe Biohazard**
- **cappe a flusso laminare**
- **cappe aspiranti**
- **cappe biologiche**
- **cabine sterili**
- **isolatori**
- **glove box**

Il capitolo che hai appena letto puoi trovarlo anche online a questo link:

www.chizard.it/154

Oppure scansiona
il QR-Code qui in basso:

6. Scopri le 7 bugie di laboratorio più diffuse e le relative problematiche che si nascondono dietro di esse

Hai mai sentito parlare delle **"BUGIE DI LABORATORIO?"**

Ovviamente cercherò di approfondire tali bugie di laboratorio mantenendo il focus sulle bugie raccontate quando si utilizzano cappe chimiche o cappe Biohazard nel laboratorio.

Devi sapere che sto conducendo un'indagine approfondita presso varie tipologie di strutture come:
- **ospedali**
- **università**
- **laboratori in genere**

Ed è emerso che spesso e volentieri all'interno di contesti così delicati ma soprattutto durante l'utilizzo di dispositivi di protezione collettiva quali le cappe, il personale operante stesso non racconta la verità su fatti che accadono quotidianamente.

Questa situazione viene definita nell'ambito con la terminologia: "dire bugie di laboratorio". Vorrei scendere nel dettaglio e riportarti quali sono le bugie di laboratorio che più comunemente vengono utilizzate:
1. Dire di saper usare una cappa chimica o cappa biologica anche se non è assolutamente vero
2. Utilizzo di sostanze varie con cappe non idonee

3. Utilizzo e versamento di liquidi chimici sotto il pianale in cappe biologiche
4. Risultati di analisi falsati per contaminazione
5. Dire di lavorare con porte e finestre chiuse durante le manipolazioni sotto cappa
6. Dire di sapere a che altezza utilizzare il saliscendi di una cappa chimica
7. Dire di utilizzare i DPI adeguati e nel modo corretto

Stupito?

Beh, io sinceramente non avevo idea che esistessero queste bugie di laboratorio o che venissero definite così da alcuni ma ad ogni modo ho deciso di dedicare un po' di tempo e approfondire perché non credo che tu possa permetterti di sottovalutarle.

Ma analizziamole così da capire i problemi che si possono nascondere dietro a tali bugie perché possono portare a gravissime conseguenze.

CREDIMI

Vediamo queste bugie di laboratorio una ad una:

1) Dire di saper usare una cappa chimica o una cappa biologica anche se non è assolutamente vero

Beh, questa bugia è molto diffusa purtroppo e tocca praticamente moltissimi utilizzatori,

il problema è che tocca anche moltissimi responsabili che

dovrebbero invece saperne qualcosina in più per addestrare il nuovo personale e dare direttive corrette.

Spesso si confonde l'esperienza di 30 anni in un laboratorio sull' analisi dei prodotti ed estrapolazione dei risultati con il saper effettivamente come diamine debbano essere utilizzate le cappe ma non solo,

infatti, un"altra problematica viene dal fatto di credere di sapere come queste cappe debbano essere manutenute dalle assistenze tecniche.

Ad esempio, molti operatori girano durante la loro carriera in diversi laboratori e spesso una grave mancanza è quella di credere che tutte le cappe siano uguali.

"E che ci vuole, già usavo una cappa biologica nel mio vecchio laboratorio"

NOOOOOOOOOOOOOOOO

Non sono tutte uguali, per niente!

È vero che il principio in alcuni casi può essere lo stesso ma hanno differenze strutturali che non possono essere sottovalutate.

Prendiamo il caso di 2 cappe biologiche che all'apparenza sembrano similari ma magari una presenta un piano forellinato e un'altra no...

TI SEMBRANO UGUALI??

sarebbe come dire che siccome sai guidare una macchina **PANDA** a marce manuali che non va a più di 100Km/h allora domani puoi guidare alla grande come un pilota al gran premio una **FERRARI** con cambio marce a tasti sul volante alla velocità di 330Km/h vero????

Ma DAI!!!!!

Ora, non è questo il momento per approfondire ma ricordati che ogni cappa può essere diversa anzi, il mio consiglio è proprio questo, di documentarti al meglio prima di utilizzare una nuova cappa e per documentarti non intendo chiedere al tuo collaboratore o responsabile solamente perché potrebbero portarsi dietro problemi e dubbi che neanche loro conoscono a pieno.

Visto che tu non vuoi commettere questi errori ti consiglio di continuare a leggere per approfondire tali tematiche.

Capisco che è veramente difficile trovare informazioni e ancora più difficile trovare qualcuno al quale chiedere informazioni ma non disperare, adesso un po' di materiali li hai e nei vari articoli di questo blog potrai trovare molte risposte alle tue domande, credimi.

PROBLEMA nascosto dietro la bugia di laboratorio:

Non informarsi correttamente sul corretto modo di utilizzo di una cappa prima di iniziare le manipolazioni può mettere a serio rischio se stessi e i collaboratori nonché la propria famiglia e quindi la collettività in genere.

2) Utilizzo di sostanze varie con cappe non idonee

Anche questo è un serio problema purtroppo in quanto spesso e volentieri non viene fatta un'attenta analisi e valutazione dei rischi preventiva da personale competente e quindi sorgono problemi di questo tipo.

A volte il personale però è pienamente cosciente che non stanno utilizzando una cappa idonea per le manipolazioni che invece fanno quotidianamente come ad esempio mi è capitato personalmente di vedere lavoratori usare sostanze chimiche in cappe biologiche o viceversa manipolare il microbiologico con le cappe chimiche.

PROBLEMA nascosto dietro la bugia di laboratorio:

Beh, il rischio di contaminazione biologica o di inalare vapori tossici è altissimo, anzi se vi piace scommettere sulla vostra vita e PERDERE allora questo è un ottimo argomento.

3) Versamento di sostanze chimiche sotto i pianali di una cappa biologica

Questa bugia di laboratorio è particolare, perché lega non solo la negligenza di utilizzare delle sostanze chimiche in una cappa biologica, ma anche il dolo vero e proprio perché nel versare inavvertitamente dei liquidi sotto il pianale della cappa e non dire nulla a nessuno lasciandoli lì ad evaporare senza rimuoverli prontamente è veramente scorretto sotto tutti i punti di vista.

Probabilmente viene detta una bugia per paura di non sapere come gestire tale situazione o per paura di essere " ripresi " .

PROBLEMA nascosto dietro la bugia di laboratorio:

Le sostanze chimiche generalmente sviluppano dei vapori che non possono essere trattenuti in nessun modo dai filtri HEPA montati all'interno di una cappa biologica, anzi andranno a rovinarli sicuramente e la diffusione di tali vapori nei locali verrà velocizzata velocemente grazie anche all'aspiratore della cappa stessa.

Qualora un genio pensi di usarla a cappa spenta pensando di limitare i danni allora dovrebbe sapere che gli aspiratori delle cappe biologiche non sono pensati per sostanze chimiche e quindi non sono "anti scintilla" nel senso che potrebbero innescare vere e proprie esplosioni, questo anche per colpa di eventuali concentrazioni di vapori sviluppati dalla sostanza usata.

Insomma, **SCONSIGLIATISSIMO**.

Se per caso vedi qualcuno usare le cappe in modo inadeguato segnalalo prontamente perché anche la tua vita è a rischio.

4) Risultati di analisi falsati per contaminazione

Mi è capitato purtroppo di venire a conoscenza di operatori che pur di consegnare dei risultati hanno fatto finta che tutto fosse apposto.

Spesso il problema della contaminazione dei campioni è una tematica delicata per gli operatori delle cappe ovviamente quelli meno corretti e responsabilizzati per tale tematica di occhi ne chiudono 4 e vanno avanti a spada tratta.

Devi sapere che se la contaminazione di cui parliamo è biologica non devi disperare perché ci sono metodi e prodotti assolutamente poco invasivi che possono risolverti moltissimi problemi ma soprattutto ti permetteranno di lavorare con la coscienza pulita finalmente.

Capisco che il posto di lavoro è importante e nessuno vorrebbe perderlo, purtroppo ci sono situazioni in cui il personale è costretto a stare zitto per evitare il rischio di essere "fatti fuori".

Ma come dicevo poco fa informandosi e formandosi si possono conoscere sistemi che fanno al caso vostro, potreste affidarvi ad aziende di assistenza cappe più serie di altre che hanno questa sensibilità verso il proprio lavoro ma soprattutto nei confronti delle persone.

CREDIMI

La contaminazione biologica della tua cappa biologica o Biohazard la puoi risolvere facilmente se poi è molto estesa e anche i filtri Hepa sono contaminati, allora necessariamente dovrai chiedere un intervento esterno, ma se si tratta di avere contaminato i pianali di lavoro piuttosto che i banconi potresti pensare di buttare quel finto prodotto inefficace che usi e magari usare un disinfettante idoneo.

Noi ad esempio usiamo con estremo successo un sistema di vaporizzazione mediante appunto vaporizzatore che lega il disinfettante chiamato UMONIUM 38 (battericida, sporicida, fungicida e virucida) con una copertura uniforme ed omogenea.

Puoi visitare il mio sito web per approfondire senza problemi su **www.technocappe.it** e prendere spunto.

PROBLEMA nascosto dietro la bugia di laboratorio:

Sicuramente il problema maggiore è quello di dare risultati errati principalmente ma poi non sottovaluterei le implicazioni penali e amministrative nelle quali si troverebbe l'operatore stesso e i suoi responsabili.

5) Dire di lavorare con porte e finestre chiuse durante le manipolazioni sotto cappa

Ci risiamo... questa è una bugia che spesso e volentieri ci viene detta a noi dell'assistenza tecnica purtroppo.

Io capisco che fa caldo, che uno si dimentica di chiudere la porta, ecc., ecc.

Ma vorrei capire se vuoi realmente utilizzare la tua cappa chimica o biologica che sia nel modo esatto oppure è tutta una forza??

CREDIMI

Quando ti dico che correnti superiori a 0,2 m/s possono
- inficiare sulle tue operazioni,
- sui tuoi risultati
- e mettere a rischio la tua sicurezza veramente

Devi pensare che una velocità di 0,2 m/s la puoi generare semplicemente anche solo agitando troppo velocemente le mani e braccia dentro una cappa per intenderci, quindi cosa pensi che potrà mai succedere quando si aprono in continuazione porte e finestre mentre stai lavorando?

Non si tratta di pignoleria ma di professionalità e sicurezza quindi puoi:
- mettere un cartello che si sta lavorando sotto cappa
- avvisare i tuoi colleghi a voce chiedendo di fare molta attenzione
- chiedere al responsabile di trovare un sistema a questo problema

Insomma, di sistemi ve ne sono e come ma siamo sicuri che hai capito l'importanza di tutto questo?

NON CREDO

Come ti dicevo, spesso e volentieri la bugia di laboratorio che ci viene data in risposta alla nostra domanda prima di fare le verifiche della tua cappa è proprio questa, dire che utilizzi porte e finestre chiuse anche se non è assolutamente vero.

PROBLEMA nascosto dietro la bugia di laboratorio:

Correnti d'aria così forti che vengono generate da porte e finestre aperte possono assolutamente e senza ombra di dubbio:
- contaminare la tua cappa
- contaminare il tuo lavoro
- portare all'esterno della tua cappa quanto manipolato
- metterti quindi a rischio

Quindi il mio consiglio spassionato è di diventare più sensibile principalmente tu per primo e a seguire cercare di sensibilizzare gli altri tuoi colleghi ovviamente.

6) Dire di sapere a che altezza utilizzare il saliscendi di una cappa chimica

Questa si che è una delle bugie da laboratorio più diffuse che ci troviamo a trattare purtroppo.

Ovviamente il compito di un'assistenza tecnica è quello di capire primariamente quali tipologie di manipolazioni esegue il cliente, capire le reali esigenze e necessità quindi e una delle prime domande è sicuramente chiedere a che altezza viene usato il vetro frontale saliscendi di una cappa chimica.

Proprio per quanto detto in alcuni punti precedenti, le cappe non sono assolutamente tutte uguali, figuriamoci le tipologie di lavorazioni quindi.

Se parliamo di cappe chimiche possiamo prendere in

considerazione una normativa specifica come la EN14175 che ci dà sicuramente molte indicazioni.

Si, ho detto appositamente indicazioni, proprio perché a differenza delle cappe biologiche che seguono normative di riferimento come la EN14644 o la EN12469 che indicano precisamente che tipi di velocità o quante particelle dobbiamo aspettarci sotto una cappa piuttosto che un'altra per poter dire che sono effettivamente conformi alle normative appunto.

Nelle cappe chimiche questo non è così, purtroppo si può parlare di indicazioni per quanto riguarda le velocità e non di imposizioni.

Infatti, sopra ogni cosa è da fare sempre un'attenta analisi e valutazione dei rischi, noi consigliamo anche un test di contenimento prima di stabilire le velocità giusto per stare più tranquilli oltre al fatto che è anche previsto dalla normativa ovviamente.

Non ci credi??

Prova a ragionare, nelle cappe biologiche le manipolazioni sono e sempre le medesime ad esempio quando si utilizzano delle colture cellulari giusto?

Invece nella medesima cappa chimica che ha una velocità ad esempio di 0, 6 m/s un operatore potrebbe trovarsi a dover lavorare con sostanze chimiche che sviluppano vapori come anche a dover analizzare delle polveri di toner ad esempio...

Se le velocità impostate fossero le stesse, la polvere di toner diverrebbe un mero ricordo perché la tua cappa chimica l'aspirerebbe contaminando tutta la cappa inesorabilmente senza alcuna possibilità di decontaminazione purtroppo.

Adesso non vorrei addentrarmi troppo in questa tematica che magari se interessante potremmo approfondire più avanti con altro articolo apposito.

Veniamo a noi quindi, dire la bugia di laboratorio che si sa perfettamente a che altezza mettere il proprio vetro frontale saliscendi della propria cappa chimica non porta a niente di buono fidati, chiedi piuttosto alla tua assistenza tecnica se ancora non lo ha fatto di approfondire il tutto e verificate insieme quale è l'altezza più idonea per la tua tipologia di manipolazione.

PROBLEMA nascosto dietro la bugia di laboratorio:

Posizionare quindi un vetro saliscendi a un'altezza non ottimale può far aumentare o diminuire la velocità di aspirazione della tua cappa mettendo a rischio la tua sicurezza con possibili fuoriuscite di vapori ad esempio.

7) Dire di utilizzare i DPI adeguati e nel modo corretto

Diciamo che questa bugia di laboratorio viene detta prevalentemente dagli operatori di cappe ai loro responsabili o dai responsabili agli RSPP e a salire sempre più su sempre che la catena di comando sia attenta e che il problema non sia inverso.

Ad ogni modo, molti operatori dicono di sapere quali son i DPI adeguati che dovrebbero utilizzare ma in realtà delle volte non ne hanno nemmeno idea.

Purtroppo per pigrizia o negligenza non vengono indossati i camici nel modo corretto o i guanti, non vengono indossate o vengono indossati male occhiali, copri scarpe e molto altro, bisognerebbe sapere che non si possono utilizzare i medesimi DPI sia quando si manipola sotto cappa chimica che sotto cappa biologica o quanto meno bisognerebbe avere l'estrema certezza che qualcuno ha preventivamente verificato con una valutazione dei rischi (DVR) che siano realmente i dispositivi di protezione individuale più appropriati per quelle tipologie di manipolazioni così da proteggere la sicurezza dei lavoratori.

Queste ricerche puoi farle anche tu stesso se credi che non ti vengano dati i DPI adeguati perché il consiglio è sempre quello di vedere tutto con occhio molto critico almeno fin quando non hai appurato di poterti fidare di persone e procedure.

Sono veramente molto importanti i DPI soprattutto in caso in cui il tuo DPC, la tua cappa da laboratorio dovesse smettere di funzionare inavvertitamente.

PROBLEMA nascosto dietro la bugia di laboratorio:

Dire quindi che si utilizzano i DPI anche quando questo non accade veramente è molto rischioso e crea un problema sia per te che ovviamente dal punto di vista delle responsabilità anche per i tuoi responsabili che dovrebbero attuare tutte quelle manovre affinché si abbia la certezza che tali DPI vengano realmente utilizzati e nel modo adeguato.

Perché quindi vengono dette tutte queste bugie di laboratorio?

Perché molti operatori preferiscono dire bugie piuttosto che dire semplicemente la verità?

Abbiamo appurato che le motivazioni possono essere differenti:
- paura di fare una figuraccia
- paura di essere ripreso
- negligenza
- menefreghismo generalizzato
- disinformazione
- percezione molto bassa del pericolo

Il mio consiglio spassionato per te, se per caso ti dovessi trovare in difficoltà è ovviamente quello di dire la verità.

Intanto credo molto nel detto sbaglia solo chi lavora" e chi invece non fa un cavolo dalla mattina alla sera ha molte meno possibilità di sbagliare.

Si, ma anche di imparare perché il vero vincitore è colui che sbaglia, impara dai suoi errori e va avanti più consapevole di prima.

Siccome sono un bel po' di anni che pratico la boxe chiudo con questa citazione:

"Dentro un ring o fuori non c'è niente di male a cadere. È sbagliato rimanere a terra."
cit. Muhammad Ali

Il capitolo che hai appena letto puoi trovarlo anche online a questo link:

www.chizard.it/467

Oppure scansiona
il QR-Code qui in basso:

7. Smaltimento filtri delle cappe da laboratorio? Ecco le 5 cose fondamentali da sapere per non fare errori

Spesso ad alcuni clienti gli si accappona la pelle quando si parla di smaltimento filtri delle cappe da laboratorio, in questo capitolo ti parlerò proprio di questa tematica scottante e ti svelerò molte importanti informazioni che spesso vengono storpiate affinché tu non ci capisca proprio niente rimanendo in balìa degli eventi.

Immagino che se ti occupi di lavorare a contatto con le cappe da laboratorio, ti sarai trovato ad affrontare la tematica di gestione dei rifiuti da laboratorio che vengono prodotti sotto cappa, ma quando invece viene gestita la manutenzione su una cappa Biohazard piuttosto che una cappa chimica ti sarai chiesto:

- Chi si occupa dello smaltimento filtri dei dispositivi di protezione collettiva?
- Chi è il produttore dei filtri Hepa o filtri a carboni attivi sostituiti?
- Chi ha la piena responsabilità?
- Chi deve compilare i registri di carico e scarico, formulari vari e registrazioni Sistri?

Insomma, sono sicuro che queste domande te le sarai fatte e come... magari dando anche una tua risposta o interpretazione delle normative.

Invece sono quasi sicuro che non ti sei mai fatto queste 5 domande fondamentali quando si parla di smaltimento filtri dei DPC?
1. Posso affidare a chiunque lo smaltimento filtri speciali delle mie cappe da laboratorio? chi è il produttore del rifiuto?

2. A Quale Albo deve essere iscritta una società affinché mi tuteli in caso incaricata dello smaltimento filtri?
3. Come faccio a sapere se un'azienda è regolarmente iscritta all'Albo Nazionale?
4. Sotto quale categoria deve essere iscritta un'azienda affinché io possa stare tranquillo in caso di smaltimento filtri?
5. Qual è il codice CER adeguato con il quale eseguire lo smaltimento filtri Hepa? e per quelli a carboni attivi?

Ti ho spiazzato?

Non volevo gettarti in un clima di tristezza, pessimismo e fastidio ma sono proprio queste le domande che se non ti sei mai fatto rischiano di metterti in seria difficoltà in caso di controlli, ispezioni o verifiche di qualsiasi tipo su tali rifiuti speciali, tematica molto delicata oggi giorno sotto i riflettori.

Non credo che tu voglia incappare in denunce penali ed amministrative quindi ti consiglio vivamente di continuare a leggere così ti spiegherò meglio nel dettaglio come potrai tutelarti.

Ho deciso quindi di scrivere un articolo su tale tematica perché mi scontro quotidianamente con clienti che purtroppo sono stati educati male da agenzie di assistenza tecnica, un po' sempliciotte, se così si può dire, che hanno messo a repentaglio i propri clienti e continuano a farlo.

Quelle un pochino più coscienziose spesso se ne lavano le mani e lasciano l'incarico al cliente che oltretutto a volte rischia anche di sbagliare il codice CER con il quale eseguire detto smaltimento filtri Hepa o di filtri a carboni attivi per cappe chimiche.

Voglio premettere che in realtà viene lasciato molto spazio a interpretazioni varie quando si parla di rifiuti, quello che bisogna capire però è che se poi ci si trova davanti al procuratore indagati per qualche fatto poco piacevole, è sempre meglio avere una buona storia da raccontare, far capire al PM che si è in buona fede mediante una serie di fatti concreti e non di certo favolette.

Devi quindi capire che, come si dice da me, "non te la puoi raccontare".

O meglio... non puoi raccontarla agli altri... soprattutto un PM che sa fare il suo lavoro e che probabilmente arriverà alla sua verità scartando le tue "scuse" poco credibili.

Ma veniamo a noi, ora ti risponderò punto per punto alle domande che ti ho posto sopra, vediamo se sei stato bravo a rispondere prima di leggere quello che ho da dire...

(1) Posso affidare a chiunque lo smaltimento filtri speciali delle mie cappe?

Assolutamente NO!

Mio caro, ti ricordo che: " la legge non ammette ignoranza" quindi se non vuoi ricadere in un incauto affidamento e prenderti tutte le responsabilità del caso, ti consiglio di seguire il mio consiglio:

affidarsi ad aziende serie e competenti, in regola con la documentazione e tutto il resto è importantissimo per garantirti un minimo di sicurezza.

Soprattutto quando si parla di tematiche così delicate quale lo smaltimento filtri delle cappe, devi fare ancora più attenzione credimi, infatti come ti dicevo prima le leggi attuali si prestano a varie interpretazioni che ognuno cerca di far girare a suo favore ovviamente ma una cosa è certa potrai trovarti solo in due situazioni:
1. Essere il produttore del rifiuto da smaltire
2. NON risultare proprio neanche come Produttore
cosa???? Ti starai chiedendo...

In realtà è proprio così e ti faccio anche un esempio molto semplice, spesso vengono affidati appalti ad imprese che si devono occupare della manutenzione dell'impianto di areazione e quindi anche dei condizionatori ovviamente.

Bene, proprio in quel caso, qualora il tecnico nel fare la manutenzione si accorge che uno dei prefiltri o filtri è da cambiare con uno nuovo perché non pulibile o difettoso provvederà in autonomia ad eseguire la sostituzione e quindi produrrà un rifiuto (il vecchio prefiltro o filtro).

In questo caso il tecnico, o meglio l'azienda che ha l'appalto per la manutenzione diverrà il "produttore" del rifiuto stesso e dovrà gestirlo come tale.

Dovrà farsi carico di registrare detto rifiuto nei propri registri e dopodiché provvedere allo smaltimento a norma, provvedere alla compilazione del Sistri e seguire i formulari.

Ovviamente questo solo e solo se l'azienda manutentrice ha in gestione una sorta di full-risk comprensivo appunto di cambio parti consumabili in caso di necessità perché altrimenti il tutto decade e il cliente torna ad essere il produttore.

Detto questo, vorrei girarti il tutto alla manutenzione delle cappe da laboratorio e allo smaltimento filtri che ne può conseguire.

Spesso si pensa erroneamente che il cliente sia "sempre" il produttore del rifiuto, ma in realtà anche in questo caso, dipende dal tipo di contratto stipulato con l'azienda appaltatrice che nel caso in cui si trova a dover cambiare dei filtri ne diverrà la produttrice.

Per fartela semplice quindi può essere riassunta così:

È definibile il produttore del rifiuto, colui che ha la disponibilità del consumabile e ne può disporre eventuale sostituzione o meno perché in gestione totale.

Quindi la prossima volta che stipuli un contratto fai bene attenzione a sottolineare questa cosa seguendo quelle che possono essere le necessità.

(2) A quale Albo deve essere iscritta una società affinché mi tuteli in caso incaricata dello smaltimento filtri?

Nella risposta precedente ho omesso di scendere troppo nel dettaglio ma qui adesso andiamo ad approfondire un pochino perché sicuramente c'è un po' di confusione e poca informazione in tale materia.

Infatti, pochissimi sanno che esiste un Albo Nazionale dei Gestori

Ambientali e ancora meno sanno che le aziende di assistenza tecnica delle cappe, soprattutto quelle che prendono in carico lo smaltimento filtri dei clienti, devono essere obbligatoriamente all'Albo Nazionale Gestori Ambientali nella categoria corretta.

Se non sai minimamente di cosa sto parlando ti invito a cliccare sul seguente link e visualizzare appunto il portale dell'Albo Nazionale (www.albonazionalegestoriambientali.it)

Vorrei anche farti notare che potrai eseguire una ricerca per ragione sociale o meglio per partita Iva di eventuali aziende al quale già ti affidi da tempo, magari per lo smaltimento di rifiuti anche di altro tipo.

Sapevi l'esistenza di questo strumento? Ma soprattutto sapevi che la registrazione è obbligatoria per le aziende che vogliono fornire tale servizio?

Questo vale anche per chi vuole fare da semplice intermediario e ancora di più per chi si porta via il filtro al termine della sostituzione magari divenendo produttore dello stesso.

È previsto e si può fare, la TechnoCappe è iscritta sia come intermediaria che come produttrice, la differenza è che anche tutti i furgoni con il quale si movimentano i rifiuti devono essere a loro volta registrati.

(3) Come faccio a sapere se un'azienda è regolarmente iscritta all'Albo Nazionale?

Come ti indicavo prima, vai direttamente sul portale:

http://www.albonazionalegestoriambientali.it

E nella sezione elenchi iscritti, prova a eseguire una ricerca per "ragione Sociale" inserendo la partita IVA, se vuoi fare una prova "certa" usa quella della mia società di assistenza tecnica regolarmente iscritta:

TechnoCappe (P.IVA 05240751007) e vedrai che ti appariranno molte informazioni interessanti come ad esempio per prima cosa ti dovrebbe apparire appunto la società interessata, se invece non ti dà nulla con la ricerca della partita Iva allora inizierei a preoccuparmi, se invece appare la società già è un primo passo verso la tranquillità ma non hai ancora finito.

Ad esempio, un'altra cosa da verificare è la lista di mezzi autorizzati a tale scopo... questa è proprio una tattica super avanzatissima per capire se l'azienda con il quale collaboro è seria oppure rischia di mettermi in difficoltà in caso di controlli.

Si, infatti potrebbe capitarti di usufruire di un'azienda regolarmente iscritta ma che in realtà non ha il mezzo autorizzato a tale scopo e quindi gettarti nuovamente nelle responsabilità dovute di incauto affidamento o altro.

Così facendo, ti potrai anche rendere conto di come è strutturata un'azienda di assistenza, certo che se trovi tra i mezzi autorizzati 1 o 2 mezzi sicuramente mi viene da pensare che sia una società piccolina e non ben strutturata.

Poi fai tu.

Se vuoi puoi vedere come è fatto un documento di registrazione all'Albo Nazionale andando nella nostra sezione chi siamo del sito istituzionale www.technocappe.it.

Purtroppo devi vigilare su tutto... proprio così...!!!

(4) Sotto quale categoria deve essere iscritta un'azienda affinché io possa stare tranquillo in caso di smaltimento filtri?

Dipende dal servizio che la stessa intende offrire a te come cliente, nel senso che se ti fornirà un servizio di pura intermediazione dei rifiuti speciali (smaltimento filtri Hepa o carboni per capirci) limitandosi a contattare un'azienda certificata e abilita a tale scopo allora dovrà essere regolarmente iscritta alla categoria 8F appunto come intermediazione dei rifiuti speciali.

Spesso questo punto viene un po' sottovalutato dai clienti che non sanno minimamente che moltissime aziende non godono di tale iscrizione e autorizzazione rischiando grosso entrambi ovviamente.

Nel caso in cui invece l'azienda (contrattualmente) risulti essere la Produttrice del rifiuto, allora dovrà essere iscritta nella categoria 2-BIS ovviamente come prima, i furgoni autorizzati dovranno essere autorizzati anche per la categoria relativa altrimenti non sono in regola.

Ad esempio, una pratica usata spesso da molte aziende è quella di essere iscritte alla categoria 2-Bis regolarmente ma poi per esigenze di vario tipo trovarsi a dover svolgere funzioni da intermediari puri e ZAC, ecco che si rischia nuovamente.

Insomma, spero di averti passato il messaggio che affidarsi a gente competente e regolarizzata ti tutela a 360°, il problema è che devi impegnarti un pochino più a fondo almeno inizialmente senza dare nulla per scontato e vedrai che non incapperai in problematiche di alcun tipo.

(5) Qual è il codice CER adeguato con il quale eseguire lo smaltimento filtri Hepa? E per quelli a carboni attivi?

Anche qui si potrebbe aprire uno scenario tempestoso e burrascoso perché anche qui l'interpretazione la fa da padrona.

Devi capire che il produttore e solo il produttore ha l'obbligo e la responsabilità di attribuzione del codice CER adeguato al rifiuto che dovrà andare a smaltire, si proprio così, alcuni a volte mi dicono: si ma la mia assistenza mi ha detto che, mio cugino mi ha detto che ecc. ecc.

No, ti fermo subito... perché se sei il produttore sei solo tu ad avere tale responsabilità e quindi ti consiglio di capire bene come funzionano i codici CER e la loro attribuzione, nel nostro caso specifico ad esempio il codice CER più corretto per effettuare lo smaltimento filtri sia che siano **HEPA** che siano **CARBONI** potrà essere il **CER 150202.**

Quello che pochi sanno è che per arrivare ad attribuire tale codice l'azienda di assistenza tecnica avrà dovuto eseguire una serie di analisi e test che comprovino la veridicità di tale attribuzione altrimenti si parla soltanto di fumo.

Infatti, per farti un esempio noi stessi abbiamo prelevato dei campioni di filtri Hepa, dei campioni di carboni attivi per varie sostanze come formaldeide, solventi e acidi e li abbiamo fatti analizzare a un laboratorio con relazione all'attribuzione del codice **CER 150202** adeguato e solo successivamente il laboratorio ha confermato e classificato tale rifiuti con il codice CER indicato 150202.

Insomma, quando dico che si può parlare solo quando si hanno delle prove certe e inconfutabili da poter portare a testimonianza in caso di indagini ad esempio, non puoi non essere d'accordo con me. È l'unico modo per tutelarsi e tutelare il proprio cliente.

Detto questo quindi, avrai capito che tenere in piedi una struttura organizzativa che possa realmente tutelarti non è cosa da poco e che i costi per essere pienamente in regola sono molto elevati. Ecco perché la maggior parte delle aziende non si regolarizza neanche con il tempo.

Voglio essere sincero con te... anche noi in passato non eravamo certificati, non avevamo iscrizioni e non sapevamo neanche di cosa si stesse parlando...

Ovviamente parliamo di molti anni fa...

Ma poi il tempo passa, siamo nel 2016, non possiamo di certo portare avanti una scusa per 15 anni non trovi? Allora ci deve essere la volontà delle aziende di fare le cose giuste e non vendere fumo ai propri clienti ma nello stesso tempo anche tu ci devi aiutare... Si, perché se non comprendi i costi enormi che ci sono dietro e se chiedi solo sconti e prezzi stracciati alla fine ti prenderai un po' quello che cerchi .

Ti sembra giusto?

Se cerchi il prezzo più basso stai cercando la bassa qualità inevitabilmente e quindi credimi...

Troverai quello che cerchi sicuramente, dopo non lamentarti però!

Uomo avvisato, mezzo salvato.

Poi non lamentarti se ti ritrovi una distesa di rifiuti radioattivi o contaminati biologicamente che galleggiano sul fiume o nascosti nei prati dove gioca tuo figlio perché te la sei cercata agevolando certe aziende poco corrette che puntando nella direzione del risparmio e di mantenere i costi bassi non si fanno scrupoli a inquinare l'ambiente circostante.

Il capitolo che hai appena letto puoi trovarlo anche online a questo link:

www.chizard.it/11

Oppure scansiona
il QR-Code qui in basso:

8. 15 PROBLEMI con assistenza cappe ed UNA SOLA SOLUZIONE!

Problemi con assistenza cappe?

Se ne hai avuti anche tu, sei nel posto giusto!!

A volte capita invece di pensare di non averne, sei così sicuro?

In questo breve capitolo potrai capire velocemente se anche tu ti sei imbattuto in una di queste 15 problematiche durante l'utilizzo di cappe oppure durante la gestione delle stesse da parte dell'assistenza tecnica delle cappe da laboratorio.

Avrai modo di riflettere se continuare ad avere PROBLEMI oppure se è giunto il momento di trovare VERE SOLUZIONI.

UNA SOLA VERA SOLUZIONE appunto!

Se ti occupi di scegliere quale assistenza cappe deve intervenire per la manutenzione ordinaria di controllo efficienza delle stesse secondo normativa, allora è importante che tu legga questo articolo e anche gli altri.

Perché avrai modo di prendere sicuramente molti spunti su cose che ti riguardano direttamente e che ti ritrovi a gestire molto spesso.

Potrai sicuramente trovare risposte alle tue domande ma soprattutto molte soluzioni ai tuoi problemi.

Di seguito ti riporto 15 problemi con assistenza cappe che mi hanno confidato i tuoi stessi colleghi avendo ripercussioni sia economiche che di salute che di carattere giuridico:

Forse ti è capitato o magari è capitato a un tuo collaboratore o cliente…
1. di essere sottoposto a visita ispettiva con **RIPERCUSSIONI** penali e amministrative?
2. che siano state riscontrate **DIFFICOLTÀ** nell'utilizzo delle cappe o DPC?
3. che qualche operatore di cappa si sia **AMMALATO** riconducendo il malessere al **MALFUNZIONAMENTO** di una cappa?
4. di trovare "agenzie di assistenza tecnica" che fanno **CAMBIARE** i filtri **HEPA** come fossero caramelle senza esigenze reali?
5. di riscontrare che le cappe fossero state **CONTAMINATE** internamente dall'assistenza tecnica intervenuta? Perdendo il lavoro fatto?
6. di aver **PAURA** di dover affrontare **COSTI** sulla cappa non preventivati e che non si sa realmente se **NECESSARI**?
7. di dubitare che le verifiche vengano **REALMENTE ESEGUITE**?
8. di avere sentore che i test **NON SIANO ESEGUITI** secondo normativa vigente?
9. di temere che l'assistenza tecnica possa portare **CONTAMINAZIONE** all'interno di luoghi delicati come "Rep. Oncologia o similari"?
10. di ritrovarsi con filtri sostituiti dall'assistenza tecnica

che **NON SIANO IDONEI** al reale utilizzo che viene fatto sotto cappa?
11. di ritrovarsi per mesi i **FILTRI** sostituiti mal inscatolati e **NON SMALTITI** correttamente a norma di legge?
12. di incorrere nell'affidare lo smaltimento ad aziende che **NON INSCRITTE** all'albo Gestori Aziendali per lo smaltimento dei rifiuti speciali?
13. di affidare la manutenzione delle cappe ad agenzie di assistenza **NON CERTIFICATE**, abilitate e formate per tali lavorazioni speciali?
14. di ricevere una **DOCUMENTAZIONE** finale **NON IDONEA** secondo normativa con ripercussioni penali ed amministrative?
15. di non sapere a chi chiedere informazioni sul **CORRETTO UTILIZZO** di una cappa Biohazard piuttosto che chimica?

ECCO PERCHÉ SE VUOI EVITARE MOLTISSIMI PROBLEMI A TE, AI TUOI COLLABORATORI O AI TUOI CLIENTI

<u>HAI SOLTANTO UNA SOLUZIONE!</u>

AFFIDARTI AD UN'ASSISTENZA TECNICA DI CAPPE PROFESSIONALE E CORRETTA!!!

se invece <u>vuoi far finta di niente</u>, come fanno alcuni purtroppo, noncurante della tua sicurezza o delle persone che dovranno manipolare sotto cappa o ancora peggio delle famiglie e figli degli operatori stessi,

- <u>scegliendo come sempre di accettare molti compromessi pur di</u>

<u>avere il prezzo più basso -</u>

Allora non siamo sulla stessa lunghezza d'onda e il mio libro non fa al caso tuo credimi.

Non fraintendermi, Non sto assolutamente dicendo che un'ottima assistenza tecnica cappe debba essere pagata più del dovuto...

Ma neanche sotto costo non trovi?

Se ti sei ritrovato in una delle 15 problematiche sopra riportate (confidate da tuoi stessi colleghi) e da me semplicemente raccolte ed esposte, allora non puoi continuare a far finta di niente.

Perché aspettare che tu stesso o qualcuno si faccia male e subisca le conseguenze delle tue scelte?

Non lo trovo giusto, ancora oggi è brutto dirlo ma spesso e volentieri succedono fatti poco belli con mazzette sottobanco piuttosto che favori di ogni tipo.

Questo accade in tanti settori, a partire dalla Politica e lo sappiamo bene ma purtroppo non possiamo fare molto ed è proprio per questo che lì dove possiamo intervenire direttamente dobbiamo cambiare le cose.

Se rimani della stessa idea probabilmente le nostre strade non si incontreranno mai poiché non possiamo scendere a compromessi quando si tratta di vite umane, della tua vita!

Se invece anche tu sei in linea con sani principi e vuoi realmente contribuire al tuo benessere o di chi ti sta intorno contatta solo e solamente aziende serie con non scendono a compromessi.

Se non hai mai letto altri articoli di questo probabilmente ti starai chiedendo:

"Ma come diamine la trovo un'assistenza tecnica delle mie cappe da laboratorio??"

E le domande successive sicuramente saranno:
- e anche se la trovo?
- come diamine faccio che ne so veramente poco di cappe a stabilire se è seria?
- che farà i controlli in modo adeguato?
- e che non mi darà problemi con assistenza cappe appunto?

Posso rispondere io alle tue domande, ti basterà andare immediatamente sul portale www.chizard.it e cercare gli articoli dove spiego proprio questo, come ricercare, verificare, scegliere e poi seguire sul campo un'assistenza tecnica.

Oppure inserendo una mail nella home e scaricarti la guida che ti aiuterà mediante check list a fare questo molto velocemente.

Potrai riuscire a trovare un'assistenza
- vera
- seria
- in linea con sani principi
- che ti farà un lavoro corretto secondo normative
- mettendoti al sicuro da eventuali problemi futuri di salute e giustizia.

Il mio consiglio è sempre quello di monitorare l'assistenza per un paio di anni prima di dargli la pienissima fiducia.

Purtroppo è brutto dirlo, ma solitamente accade una cosa molto spiacevole che fanno anche le grandissime aziende.

Una volta acquisito il cliente, si getta nella fossa comune, nel dimenticatoio tanto ormai è acquisito ed è una cosa bruttissima e sgradevole a parer mio, ecco perché ti dico di monitorare l'assistenza.
Cosa guardare per capire se sei veramente importante per loro?
- sono e restano disponibili anche dopo che li hai pagati?
- intervengono sempre con velocità oppure fanno i loro interessi lasciandoti indietro?
- si ricordano di te anche dopo aver preso molto più lavoro?
- ti continuano a consegnare i protocolli di validazione cappe in tempi ragionevoli?
- se aggiungono servizi nuovi per i clienti nuovi li regalano anche a te oppure fanno i vaghi?
- Cercano in ogni modo di mantenere i propri prezzi allineati con aumenti corretti?
- Si ricordano di te per un augurio di buone feste almeno?

Spero di averti quanto meno fatto riflettere su tematiche sempre un po' particolari da affrontare.

Il capitolo che hai appena letto puoi trovarlo anche online a questo link:

www.chizard.it/059

Oppure scansiona
il QR-Code qui in basso:

9. Specialisti delle Cappe chi? Guarda questo semplice grafico per avere finalmente le idee chiare

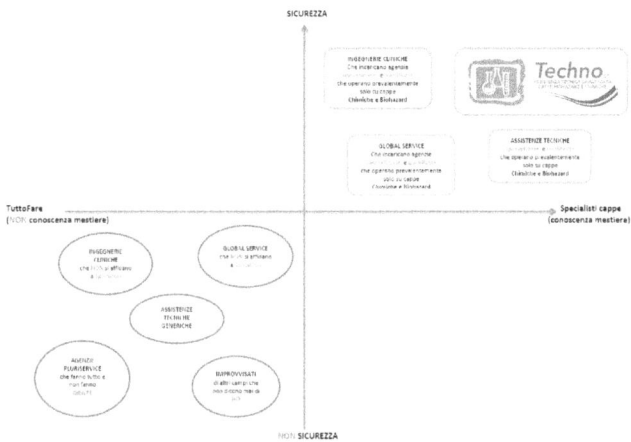

È proprio il caso di dire che un'immagine vale più di 1000 parole! Guarda questo semplice grafico per avere finalmente chiare le idee sin da subito su chi sono veramente gli specialisti delle cappe!!!

Credi che la tua **SICUREZZA** sia importante?

Pensi che uno **SPECIALISTA** possa risolverti problemi specifici o garantirti un risultato ottimale?

allora continua a leggere questo articolo perché è proprio di questo che stiamo parlando anche se qualche volta mi sento obiettare il contrario.

Io proprio non capisco, ma se ti fai male durante una partita di calcetto e si rende necessaria un'operazione al ginocchio ad esempio, da chi andrai mai?

Forse da un chirurgo specializzato in operazioni alle ginocchia?

Penso di essere un mago perché sono certo che la tua risposta sia stata proprio questa!!

Oppure semplicemente era l'unica risposta corretta?

Ad ogni modo, quello che voglio dirti è che se hai un problema serio che devi risolvere nell'immediato ti farai in quattro per trovare la migliore soluzione per te e ancora di più se è per tuo figlio.

Sicuramente ti metterai a chiedere in giro testimonianze, inizierai a documentarti con internet, farai vere e proprie ricerche in stile CIA, vero? Perché??

Semplicemente perché hai un problema e lo devi risolvere e vuoi il meglio per questioni così delicate giusto!!!??

Adesso catapultiamoci nel tuo mondo lavorativo, il problema che devi risolvere è ancora più serio del ginocchio rotto credimi!!!

Cosa sto dicendo? Non mi credi?? Credimi, mi piacerebbe moltissimo sbagliarmi ma so al 100% che non è così purtroppo. I problemi che porta la cattiva gestione delle cappe ha conseguenze che ti potresti portare dietro per tutta la vita dando il via a complicazioni mascherate sotto altre forme che non ti sarà facile riconoscere.

Ma non preoccuparti... troppo!

La soluzione c'è ed è una sola, sempre la solita se hai letto gli altri miei articoli

AFFIDARE LA MANUTENZIONE A SPECIALISTI DELLE CAPPE

Sto parlando di:
- gente che si fa in quattro per essere costantemente informata ed aggiornata
- persone che hanno lo scopo di proteggerti e garantire la tua sicurezza nonché dei tuoi cari
- aziende strutturate per poterti fornire il servizio di qualità che meriti
- società che sono basate su valori e principi di correttezza
- imprese certificate e qualificate con personale formato ed informato
- tecnici preparati e consapevoli che i loro test possono garantire la tua sicurezza

Spero di essere stato abbastanza chiaro!

Detto questo, ora vorrei mostrarti il grafico di cui ti parlavo in un formato più visibile che puoi consultare e scaricare a tuo piacimento.

Adesso dovresti avere un po' più chiare le idee, almeno spero, voglio comunque illustrarti il grafico giusto per essere sicuro che ti arrivi il messaggio in modo corretto.

Come potrai vedere ci sono due linee e 4 riquadri, il riquadro in basso a sinistra si incrocia con le linee **(Qualunquisti - NON conoscenza mestiere) e (NON sicurezza)** in questo quadrante trovi diverse tipologie di tuoi potenziali fornitori, probabilmente anche uno che già ti sta manutenendo le tue cappe (spero di no).

Te li riporto in ogni caso:
- GLOBAL SERVICE (che NON si affidano a Specialisti delle cappe chimiche o Biohazard)
- INGEGNERIE CLINICHE (che NON si affidano a Specialisti delle cappe chimiche o Biohazard)
- ASSISTENZE TECNICHE GENERICHE (che NON si affidano a Specialisti delle cappe chimiche o Biohazard)
- IMPROVVISATI (società o singoli individui che prendono tutto quello che capita senza dire mai di NO)
- AGENZIE PLURISERVICE (sono i peggiori secondo me, dicono di saper fare tutto e in realtà non sanno fare bene niente)

Ecco vorrei spendere due parole per queste società di **PLURISERVIZI**, non tanto diretto a loro, che dire… ci provano e se trovano qualcuno che gli affida l'assistenza ben venga. Più che altro mi vorrei rivolgere a te caro lettore o ai tuoi colleghi perché veramente non riesco a capire come puoi affidare a queste agenzie che si spacciano per **TUTTOFARE** e **NON** professionisti **IN TUTTI I SETTORI**!!!

È incredibile che ancora c'è chi preferisce lavarsene le mani e avere pochissimi grattacapi affidando a chiunque l'assistenza purché il prezzo sia basso ovvio o per qualche favore sottobanco.

Scusa il mio piccolo sfogo, ma spesso e volentieri mi trovo a cercare di spiegare alle persone, ai miei potenziali clienti i rischi che corrono nell'affidare la manutenzione delle loro cappe a **NON SPECIALISTI** delle cappe.

Il più delle volte con successo, ho la fortuna di parlare con persone intelligenti e colte che devono solo avere l'occasione di conoscere bene le sfaccettature e il rovescio della medaglia.

Persone come te che, se stai leggendo questo articolo, significa che vuoi conoscere tutti gli aspetti prima di scegliere a chi affidare le verifiche delle tue cappe Biohazard ad esempio... piuttosto che il controllo delle tue cappe chimiche.

Continuo con l'illustrarti il grafico riportandoti il quadrante in alto a destra dove vengono visualizzate:
- GLOBAL SERVICE seri e di qualità (che si affidano a Specialisti delle cappe chimiche o Biohazard)
- INGEGNERIE CLINICHE corrette e con principi (che si affidano a Specialisti delle cappe chimiche o Biohazard)
- ASSISTENZE TECNICHE SPECIALIZZATE (che operano prevalentemente come specialisti delle cappe chimiche o Biohazard)
- SOCIETÀ come la TechnoCappe, (Assistenza tecnica qualificata, Specialisti delle Cappe Chimiche e Biohazard)

Come potrai notare, dal grafico si evince subito come inquadrare un'azienda che ti si proporrà piuttosto che un'altra.

Adesso hai un'arma in più per poter trovare la tua assistenza tecnica

Quando si proporranno aziende, se sono Global service ad esempio, ti basterà chiedere immediatamente a chi si rivolgono per la manutenzione delle cappe che poi in automatico sarà anche chi si occuperà delle tue cappe ovviamente.

Se invece ti rispondono che non subappaltano ad altre agenzie l'assistenza e manutenzione delle cappe da laboratorio o dei dispositivi di protezione collettiva (cosa che può capitarti) ti basterà semplicemente approfondire utilizzando gli articoli e le guide presenti in questo libro per accertare che siano realmente dei professionisti nella manutenzione e controllo delle cappe.

DEVI FARLO

Senza se e senza ma...

Questo controllo preventivo ti permetterà di salvaguardare la tua salute e di molte altre persone.

In caso in cui il **GLOBAL SERVICE** non risultasse idoneo per la parte della manutenzione delle cappe, potrai sempre chiedergli "o minacciarlo hehe" di trovare un'assistenza tecnica idonea.

Io ti consiglio in tal caso di fare tu questa ricerca e passargli il nominativo dell'azienda che tu hai reputato idonea perché altrimenti **CREDIMI** cercheranno solamente quella che gli farà il prezzo più basso.

Con questo non voglio dire che tutti i GLOBAL SERVICE sono scorretti, assolutamente no, ci sono molti GLOBAL SERVICE che riconoscono i propri limiti, un po' perché non vogliono prendersi una responsabilità inutile ma poi anche perché sono più seri di altri e fanno la scelta giusta.

LA SCELTA DI AFFIDARE A SPECIALISTI DELLE CAPPE CHIMICHE E BIOHAZARD, LE VERIFICHE E MANUTENZIONI

Ovviamente ho dato un po' di rilevanza alla mia azienda, la TechnoCappe che opera prevalentemente su ROMA e nel Lazio ma abbiamo appalti per la manutenzione e gestione delle cappe anche in altre regioni.

Sono certo che troverai anche tu in qualche parte dell'Italia, specialisti delle cappe da laboratorio che siano sani e qualificati nonché organizzati, capaci di supportarti nelle fasi di verifica delle tue cappe.

Spero vivamente di non essere l'unica azienda (specialisti delle cappe o dispositivi di protezione collettiva DPC) a poter vantare certi requisiti e a non avere paura di scrivere articoli di un **PORTALE** come questo, spero esistano aziende che abbiano dei principi e siano semplicemente corrette.

Per favore non chiedermi se ne conosco e i loro nomi, purtroppo credimi non posso aiutarti in questo perché non mi sono mai trovato nella condizione di dover cercare un'azienda seria.

Purtroppo, conosco invece i nomi e cognomi di tutte quelle aziende "sporche", aziende dalle quali molti clienti farebbero bene a stare alla larga ma che sistematicamente invece cadono nella loro rete di bravi imbonitori capaci di fare molto fumo e niente arrosto.

Il capitolo che hai appena letto puoi trovarlo anche online a questo link:

www.chizard.it/042

Oppure scansiona
il QR-Code qui in basso:

10. MEPA infernale! Scopri perché i bandi vanno deserti e le difficoltà che hanno le aziende di assistenza delle cappe che spesso non partecipano alle gare indette.

Se anche tu ti sei trovato o ti troverai a dover utilizzare il **MEPA** per affidare il servizio di assistenza delle tue cappe da laboratorio, ti consiglio assolutamente di leggere questo articolo perché potrai per la prima volta capire le enormi difficoltà che un'azienda si trova a dover affrontare per cercare di darti il servizio che cerchi.

È fondamentale per te conoscere a pieno tutti i retroscena nascosti da questo **MEPA INFERNALE** al fine di raggiungere il tuo obbiettivo con il minimo dello sforzo.

A meno che tu non preferisca perdere ore e ore nell'indire dei bandi di gara che poi magicamente vanno deserti e dover quindi ricominciare tutto da capo.

Ho deciso di scrivere questo articolo perché ormai è un bel po' di tempo che il **MEPA** è in vigore per le pubbliche amministrazioni ma i problemi continuano a persistere e molti miei clienti spesso e volentieri si trovano in difficoltà.

Vorrei quindi cercare di farti comprendere al meglio cosa accade dietro le quinte.

TI INTERESSA?

Credimi, nessuno ti ha mai raccontato certe cose e probabilmente ti stupirai nel leggerle e non mi stupirei se rimanessi esterrefatto nel venire a conoscenza di certe situazioni.

Vorrei fare una piccola premessa, devi sapere infatti che so perfettamente i meccanismi del MEPA per il semplice fatto che ho seguito io stesso la registrazione della mia azienda di assistenza tecnica TechnoCappe siamo stati tra i primi a iscriverci in quanto credo moltissimo che bisogna essere aggiornati tecnologicamente visto che ci troviamo nell'era informatica.

Perché ti dico questo?

Perché vorrei che tu capissi che le problematiche di cui ti parlerò le ho toccate con mano e continuo a farlo ancora oggi purtroppo. Infatti, già solo per avviare l'iscrizione della mia azienda è stato un vero e proprio incubo, ho dovuto prendere la laurea in **MEPA.**

Inizialmente abbiamo provato ad affidarci a società che avrebbero dovuto aiutarci nell'iscrizione anche perché consigliate dal **CNA** ma abbiamo appreso che purtroppo ne sapevano meno di noi e quindi come sono solito fare quando ho una nuova sfida davanti, mi sono messo a testa bassa e ho iniziato a studiare il tutto per fare l'iscrizione.

Ora, non voglio annoiarti su questa tematica, insomma c'è voluto del tempo solo per iscrivermi ma i problemi stavano solo per cominciare perché la più grande difficoltà per tutte le aziende in realtà è un'altra, l'inserimento dei prodotti o servizi nelle varie categorie!

Si questa è veramente una grande problematica perché gli scienziati che hanno realizzato il **MEPA**, non hanno pensato ad inserire delle categorie corrette per la manutenzione delle cappe chimiche e biologiche e probabilmente anche tu hai avuto difficoltà di questo tipo, forse anche tu ti sarai scontrato con la difficoltà di non trovare neanche una categoria dove inserire la tua richiesta o richiedere un'offerta per le cappe.

E quindi ovviamente abbiamo dovuto trovare soluzioni di altro tipo per aggirare l'ostacolo e poter lavorare, e immagino che anche tu hai continuato ad usare il vecchio metodo di richiesta offerta diretta e acquisto fuori dal portale **MEPA, TI CAPISCO,** in qualche modo bisogna anche andare avanti, convieni con me che quindi non ha avuto motivo di esistere questo portale non trovi?

Ad ogni modo, oggi le cose sono leggermente cambiate e sono state aggiunte alcune categorie di prodotti in più dove inserire i servizi relativi alle cappe ma ancora non ci sono tutte le voci purtroppo.

Ti sto scrivendo queste cose proprio affinché tu sia consapevole che anche volendo un'azienda di assistenza tecnica su cappe chimiche e biologiche non riesce a inserire tutti i servizi che ha a catalogo, quindi non insistere se non li trovi.

Ma ora veniamo al tuo di problema, ti sei mai chiesto come mai alcune gare vanno deserte?

Possibile che non vi siano aziende interessate a fornire i propri servizi?

Ti è mai capitato di non ricevere risposta o un'offerta da parte di un'azienda che hai anche invitato direttamente alla gara?

Anche qui devi sapere che entra in gioco un altro grandissimo problema per le aziende in generale, soprattutto le piccole e medie imprese ovviamente perché ad esempio parlando della categoria nel quale è inserita la mia azienda, **BENI E SERVIZI PER LA SANITÀ** include una miriade di prodotti e servizi e quindi di aziende e quando tu ti trovi a fare una richiesta per qualsiasi prodotto, inviti praticamente a partecipare **TUTTE** le aziende iscritte a quella categoria.

TI STAI DOMANDANDO DOVE È IL PROBLEMA?

Te lo dico subito, il problema è che la mia azienda è a ROMA e si vede invitata da una struttura di BERGAMO ad offrire
- pannolini
- aghi chirurgici
- strumentazioni
- servizi di pulizia

E chi più ne ha più ne metta...

Capisci quindi che ogni giorno riceviamo centinaia e centinaia di mail di richieste dove per il 99% delle volte non c'è interesse per il semplice fatto che non possiamo fornire tali prodotti o servizi.

Prima ti dicevo che il problema le hanno le **PMI** proprio perché la cosa preferibile sarebbe avere una persona incaricata solo di leggere tutte le comunicazioni MEPA ed estrapolare eventuali richieste interessanti capisci da solo che non è assolutamente possibile impiegare una risorsa solo per questo.

E quindi succede quello che è inevitabile, molte gare vanno deserte, molte richieste non vengono proprio prese in considerazione e così via.

Non potete però prendervela con noi!

Ti voglio raccontare un avvenimento che mi è capitato proprio poco tempo fa con un cliente per farti capire meglio di cosa sto parlando:

Sono stato contattato per eseguire un sopralluogo presso una struttura per delle cappe chimiche, nessun problema è il mio lavoro quindi procedo, una volta ultimato il tutto mi viene richiesto di fare un'offerta diretta e anche qui assolutamente nessun problema dopodiché succede l'inevitabile, qualcuno dice che bisogna passare da questo maledetto **MEPA** infernale e incomincia una lunga agonia perché l'ente ha indetto il bando di gara.

Ma per non favorire nessuno ha deciso di non avvisarci della pubblicazione e quindi sebbene sapevamo che sarebbe stato indetto il bando non sapevamo precisamente quando questa prima difficoltà non ci ha permesso di fare una ricerca mirata nel **MEPA** e quindi figurati se potevo controllare tutti i giorni centinaia di mail per capire se vi fosse tale bando e cosa è successo?

È ANDATO DESERTO ovviamente!

Ci hanno quindi contattato dall'ente, anche un po' infastiditi proprio perché non si aspettavano che andasse deserta avendo noi fatto il sopralluogo e io li capisco anche se hanno pensato che siamo dei deficienti.

Agli occhi esterni, se non si conoscono a fondo le problematiche che un'azienda si trova ad affrontare tutti i giorni con l'impiego del MEPA non si possono capire certe cose e quindi passi che noi siamo deficienti.

Ho quindi cercato di spiegare il tutto ma non sono stato capito al 100%.

Allora l'ente decide di fare un nuovo bando, al via nuovamente tutta la trafila per l'operatore che ha dovuto reinserire tutti i dati, ma cosa è successo nuovamente?

DESERTA per la seconda volta.

Forse non mi sono spiegato bene, non è possibile fare una ricerca di una gara se non si conoscono bene molti dettagli e quindi finalmente quando si sono decisi a fornirci tutti i dati necessari ed avvisarci che la gara pubblica era stata indetta in tale data nella specifica categoria con il numero di RDO preciso **LA GARA È ANDATA A BUON FINE** e magicamente siamo riusciti ad aggiudicarci il tutto.

Guarda caso abbiamo partecipato solo noi, nonostante fosse pubblica, come mai? Forse è praticamente impossibile trovarle se non si sa che esistono le gare? Geni!

Ora vorrei farti riflettere un secondo sull'enorme dispendio di energie e risorse che tutto questo maledetto procedimento **MEPA** infernale ci ha costretto ad avere quello che si sarebbe concluso con pochi giorni è diventato un processo di mesi quello che poteva essere pagato meno è stato pagato di più insomma, che senso ha tutto questo?

Solitamente non mi piace uscire dagli schemi ma quando un mio cliente mi chiede di lavorare con il **MEPA** so già che sono dolori e non ti nascondo che mi vengono i brividi al solo pensiero quindi dove possibile cerco di parlare con il cliente per far si di arrivare a un dunque senza troppi dispendi di risorse inutili non trovi?

Anche perché chi pensi che pagherà questi sprechi? Non di certo le aziende e quindi un portale per la pubblica amministrazione nato con due scopi:
1. evitare la corruzione
2. permettere alla pubblica amministrazione di risparmiare

NON È EFFICACE

Perché il MEPA non riesce a risolvere il problema della corruzione???

Si è vero di questo non ti ho ancora parlato. Beh, semplice perché come ben saprai il **MEPA** permette alle pubbliche amministrazioni anche di fare delle gare su invito diretto e non pubbliche si proprio così, invito diretto ad aziende che già conoscono.

Ora questo non è del tutto un male in quanto se si vuole avere la certezza che un'azienda riesca a visualizzare una richiesta ed evitare che si perda nella miriade di richieste a livello **NAZIONALE** ma lo stesso strumento può essere usato anche per chi è per così dire "compiacente" e vuole affidare il servizio a chi lo fa stare "meglio" non credi?

Beh, succede proprio questo purtroppo.

Speravo grazie al **MEPA** di poter partecipare a lavori dal quale siamo sempre stati esclusi e invece credimi quando ti dico che non sempre la correttezza paga soprattutto quando bisogna lavorare con gli scorretti.

Comunque non sono arrabbiato, da una parte meglio così perché preferisco non avvicinarmi proprio a certe realtà e la notte dormire sonni tranquilli e far stare tranquilla anche mia moglie e i miei figli.

Il capitolo che hai appena letto puoi trovarlo anche online a questo link:

www.chizard.it/678

Oppure scansiona
il QR-Code qui in basso:

11. Assistenza cappe fasulla? Scopri la prima ed unica guida che risolverà tutti i tuoi problemi

Finalmente la soluzione a tutti i tuoi problemi è arrivata.

Online sul portale www.chizard.it potrai trovare una guida che ti permetterà di trovare un'assistenza cappe qualificata e corretta, aiutandoti a salvaguardare la tua **SICUREZZA** e ti permetterà di risparmiare **SOLDI** ed **ENERGIE**.

Non ci credi?

Beh, come si dice, tentar non nuoce!

Intanto voglio avvisarti che è veramente la prima volta che viene realizzato un documento del genere su assistenza cappe, non troverai mai nulla del genere anzi non troverai nulla in genere in questo settore purtroppo.

Ma partiamo dal principio, voglio dirti il perché ho deciso di scrivere una guida per la ricerca di una assistenza cappe, perché ho deciso di dedicare tantissimo tempo ed energie alla realizzazione di questo documento!

Semplice, non avevo niente di meglio da fare.

Scherzo ovviamente, oggi più che mai il mio tempo è preziosissimo e quindi cerco di dedicarlo solo a progetti validi o a persone che lo meritano, quindi credimi se ti dico che hai l'opportunità di trovare grazie a questa guida sulla ricerca di un'assistenza cappe una vera soluzione.

Proprio perché non avrei mai dedicato del tempo se non fosse realmente importante e se non avessi pensato che potesse esserti utile.

Altrimenti me ne sarei andato al parco con i miei figli.

Ti dicevo, ho deciso di scrivere la guida perché ho sempre voluto aiutare in qualche modo le persone, molti si lavano la coscienza dando una monetina ad un passante che chiede l'elemosina ma pochi si mettono realmente in gioco e si rimboccano le maniche.

Ricordo ancora quando da ragazzo mi sono trovato catapultato in una Caritas di Roma a mia insaputa ed ero molto giovane e se ti dicessi che non vedevo l'ora di andare lì a servire a dei bisognosi, per lo più barboni ti direi una grandissima bugia.

Sono stato un po' costretto dal gruppo della chiesa che frequentavo, come dicevo ero giovane e avrei voluto solo giocare a pallone tutto il giorno, questa è la verità. Ma a distanza di qualche anno mi sono trovato a vestire una divisa in servizio nella Polizia Stradale e solo quando ho rischiato la vita più volte per persone sconosciute, solo dopo aver realizzato che avevo corso a 230km/h tra macchine e camion per arrivare il prima possibile su un'incidente stradale per persone che non conoscevo, ho veramente appreso che in fondo era quello che avevo sempre fatto ed era piacevole pensare di aver aiutato uno sconosciuto solo per **AIUTARLO VERAMENTE!**

Mi è tornato in mente quando alla Caritas di Roma, superato

il primo ostacolo di vergogna mi sono in realtà rimboccato le maniche seriamente, avrò avuto 12 anni ma ricordo ancora il piacere che ho provato nell'aiutare gli altri.

Bene questo è il vero unico motivo che mi spinge a fare quello che faccio, credo che si possano aiutare le persone in tanti modi, ognuno con i propri mezzi e strumenti e la mia mission personale è di cercare di salvaguardare la sicurezza e la salute delle persone e dell'ambiente circostante in cui tutti viviamo.

Oggi sono più grande e mi sono specializzato proprio in un lavoro che mi dà la possibilità di fare grandi cose, per poter raggiungere certi obiettivi devo far crescere la mia azienda e per farlo ho bisogno di te, ho bisogno che ti affidi a me e al mio Team perché solo così potrò aiutarti veramente.

La guida per trovare l'assistenza cappe è una piccola pietra che ho messo sulla quale pian piano costruire delle fondamenta solide insieme.

Ovviamente non è un documento utile per i miei già clienti in quanto al massimo possono usarla solo per verificare che siamo corretti e facciamo veramente quello che diciamo, al massimo mi si potrebbe ritorcere contro se fossi incoerente.

Mi dispiace per i miei competitors, ma realmente faccio quello che dico!

Grazie a questa guida potrai finalmente avere gli strumenti per poterti difendere, avrai la possibilità di prendere la posizione che meriti in quanto cliente non doverti sorbire bugie e scorrettezze ad esempio.

Voglio aiutare anche tutti quegli utilizzatori di cappe che non vengono informati e formati sull'utilizzo delle stesse figuriamoci se possono sapere come trovare un'assistenza cappe valida, qualificata, seria e corretta, insomma un'assistenza cappe che possa realmente tutelare la loro salute.

Se anche tu sei un utilizzatore e stai cercando per la prima volta un'assistenza cappe oppure non sei molto sicuro dell'assistenza cappe che già hai o ancora meglio non hai mai messo in dubbio che forse era il caso di verificarla e che probabilmente potevi avere di meglio allora questa semplice ma ben fatta guida fa proprio al caso tuo credimi.

Non continuare a fare quello che hanno fatto tutti prima di te perché si è sempre fatto così, non continuare a utilizzare la stessa assistenza cappe senza essere prima certo che sia quella giusta.

Non confondere la cordialità o amicizia che puoi aver instaurato con te il tecnico dell'assistenza cappe per professionalità e competenza specifica.

Purtroppo mi duole dirlo, ma spesso i tecnici stessi sono ignari dei pericoli che corrono intervenendo su una cappa Biohazard ad esempio e di conseguenza metteranno a rischio anche te non trovi?

Se i tecnici non hanno fatto formazione specifica ma soprattutto nella loro azienda di assistenza cappe non c'è una sensibilità verso tali argomenti non c'è una sensibilità verso le persone!

TU PAGHI IL PREZZO DELLE TUE SCELTE!

Paghi il prezzo anche delle loro scelte ma principalmente sei tu che puoi e devi cambiare le cose.

Prima ti dicevo che in qualche modo mi piace aiutare le persone vuoi sapere perché posso **GARANTIRTI** che affidandoti a un'assistenza cappe qualificata **TI SALVI LA VITA?**

Perché prima di tutto l'azienda seria che ha solidi principi e valori cercherà in ogni modo di tutelare i suoi stessi collaboratori, cercherà di mettere in condizione i tecnici stessi di essere informati e formati si prodigherà per dargli il supporto e strumenti necessari, li obbligherà se necessario a utilizzare dispositivi di protezione individuale corretti anche se costano molto per il solo e semplice fatto che vogliono tutelarli.

Ma in questo modo di **RIFLESSO** anche tu verrai **TUTELATO** non trovi?

Perché avrai tecnici assistenza cappe prima di tutto **CONSAPEVOLI** oltre che **QUALIFICATI** che sapendo i rischi che si corrono tuteleranno loro stessi e anche te indirettamente.

Non ti chiedo quindi di fidarti dei tecnici ma della loro **CONSAPEVOLEZZA** maturata dalla **PAURA** per quello che stanno facendo.

ECCO

Questa sì che sarà un'assistenza cappe che farà al caso tuo e potrai trovarla solo con questa guida credimi, andare solo con il passaparola o facendo una veloce ricerca su internet senza sapere cosa e dove guardare ti porterà fuori strada.

Pensa...

Ti è mai capitato di prendere una vacanza a casaccio?

Oppure prima hai letto i commenti di altre persone (testimonianze) ti sei guardato le foto
hai visto chi altro già era stato lì, ecc....

Ma immagino che ti documenti prima di spendere dei soldi sudati giusto?

E perché cavolo non lo fai quando si tratta della tua salute?

DEVI TUTELARTI e solo l'informazione ti può aiutare, in fondo lo sai benissimo di cosa parlo, chi meglio di te che utilizzi le cappe lo sa?

Spesso e volentieri venite gettati nella fossa dei leoni senza scudo e spada, nel senso che magari è capitato anche a te la prima volta che sei sceso in campo a trovarti davanti una cappa per lavorare ma non sapere nulla di questo strumento.

Questo perché già all'università dei poveri ragazzi vengono fatti lavorare sotto cappa senza nessuno che gli abbia mai spiegato cosa fare e come utilizzarla al meglio.

Spesso perché chi dovrebbe spiegare loro questo ne sa niente o poco e niente.

Ma fare finta di niente pensi che ti possa aiutare?

Questo è il momento di rimboccarsi le maniche e trovare o cercare la tua assistenza cappe.

Se ancora non lo hai fatto inserirci la tua mail nel Form che trovi nella colonna a destra del sito www.chizard.it e scaricala subito **GRATIS** in cambio ti chiedo solo un Feedback, una testimonianza vera e la condivisione della stessa sui social e dove lo reputi necessario, così da poter aiutare anche altri a fare la scelta giusta, a fare il primo passo verso la loro **TUTELA**.

LA VITA è UNA SOLA NON SPRECARLA!

Il capitolo che hai appena letto puoi trovarlo anche online a questo link:

www.chizard.it/899

Oppure scansiona
il QR-Code qui in basso:

12. Le verità che tutti dovrebbero conoscere sul test di contenimento di una cappa chimica con gas SF6!

Devo confessarti che mi sono arrivate svariate richieste da tutta Italia per spronarmi a scrivere un articolo sul test di contenimento di una cappa chimica, spiegando di cosa si tratta e cosa ne pensavo al riguardo.

Sinceramente stavo facendo un po' "lo gnorri" come si suol dire, ho provato a girarci intorno più possibile prendendo tempo perché è un argomento veramente molto scomodo ma non posso lasciare a bocca asciutta i miei lettori e quindi ho deciso di scriverlo.

Ti premetto che quello che leggerai sarà diviso in due parti, una parte puramente tecnica dove ti spiegherò cosa è questo test di contenimento di una cappa chimica e una seconda parte dove invece farò delle mie considerazioni finali su tale test.

Saranno scomode per alcuni, sicuramente una vera spina nel fianco ma io dico quello che penso e in cui credo fermamente, avendo sempre ben chiaro che a giovarne è il lettore inteso come utente finale, utilizzatore di una cappa o responsabile che deve affidare la manutenzione delle proprie cappe in una gara ad esempio.

Visto che sto scrivendo un libro sulle cappe e che nei prossimi giorni uscirà, probabilmente ti chiederai se all'interno ci sarà tale argomento.

Devo ancora decidere sinceramente se inserirlo o meno, vedremo, per ora ti ho scritto questo articolo che spero sia di tuo interesse.

Anche perché solo su questo argomento dovrei scrivere un libro intero ma proverò a riassumerti brevemente il tutto per darti qualche spunto valido.

Vediamo quindi la parte più tecnica:

Cosa è il Type test e in che modo è legato al test di contenimento di una cappa chimica?

Il test di contenimento di una cappa chimica è un test che viene fatto praticamente da tutte le case costruttrici (perché obbligatorio) primariamente nelle fasi di collaudo presso i loro laboratori al fine di ricevere le certificazioni dagli enti preposti e poterla commercializzare.

Unitamente a un'altra serie di test specifici che portano poi a rilasciare il **"Type Test"**

Il **Type test** quindi, non è altro che una serie di test eseguiti da un costruttore di cappe su una determinata cappa chimica (matrice) e che indica tutti i criteri secondo il quale la costruzione di cappe chimiche analoghe se rispettano le stesse caratteristiche possono essere identificate come pari prestazioni alla cappa sul quale sono stati eseguiti tutti i test iniziali e quindi avere le medesime certificazioni.

Ne deriva quindi che il costruttore di cappe esegue i test su una determinata cappa e poi produce in serie le altre che avranno le stesse caratteristiche costruttive.

Il Type Test del costruttore viene ad ogni modo eseguito singolarmente su tutte le cappe e ne viene rilasciata apposita documentazione prima che la cappa venga posizionata.

Il Type Test è molto importante in fase di collaudo di una nuova cappa installata presso un laboratorio perché da l'indicazione all'azienda di assistenza tecnica di quali valori sono stati riscontrati su quella specifica cappa in quanto tale documentazione accompagna sempre la nuova cappa e deve essere rilasciata obbligatoriamente con la stessa.

Ho parlato di indicazione...

Non a caso, in quanto in realtà poi le cappe chimiche vengono installate nei posti più disparati e quindi non è detto che si riescano ad avere le pari misurazioni anche sul luogo dove si trova la cappa installata.

Ovviamente tali valori rilevati dai tecnici non si dovranno discostare di molto dal Type test iniziale altrimenti potrebbe essere compromesso il buon funzionamento del dispositivo di protezione collettiva che viene installato.

Ho fatto questa breve parentesi doverosa per continuare a spiegarti un po' più nello specifico cosa è il test di contenimento di una cappa chimica.

Ad ogni modo devi sapere che è possibile eseguire due tipologie di test di contenimento quando si parla di una cappa chimica:
- **Inner Measurement Plane** (Misurazione sul piano

Interno cappa chimica)
- **Outer Measurement Plane** (Misurazione sul piano esterno cappa chimica)

e adesso ti andrò a spiegare nel dettaglio le differenze.

- **INNER MEASUREMENT PLANE (Piano di misurazione interno alla cappa chimica)**

È il test di contenimento che viene eseguito su una cappa chimica considerando il piano del saliscendi (vetro frontale) nella posizione di apertura indicata dal costruttore durante il Type Test (Test Tipo), ecco perché ti spiegavo di cosa si trattava.

Infatti, se il costruttore ha eseguito tale test a un'apertura di 40 o 50 cm poi anche sul campo in sede di manutenzione e validazione delle cappe andrà fatto nella medesima posizione.

Questo test quindi è anche quello che viene fatto dai costruttori di cappe chimiche nei loro laboratori prima che le stesse vengano messe in commercio e vendute ai clienti.

A questo punto ti starai domandando: *Ma in cosa consiste nello specifico eseguire un test di contenimento di una cappa chimica?*

Te lo spiego subito,

Una volta posizionato il saliscendi alla giusta altezza indicata dal costruttore cappa (nel Type Test) che in genere si aggira sui 40/50 cm dal piano di lavoro vengono posizionate delle sonde di rilevamento (in genere 9) ed iniettato un gas dall'interno verso l'esterno per verificare se le sonde captano qualcosa in uscita.

Questo perché ti ricordo velocemente che una cappa chimica ha come principio base quello di garantire la sicurezza dell'operatore evitando che i vapori di eventuali sostanze chimiche manipolate all'interno fuoriescano all'esterno.

Il test di contenimento di una cappa chimica quindi serve a "contenere" i vapori all'interno, come il famoso muro di Berlino che serviva a "contenere" le persone al di là del muro appunto.

Ma poi con il tempo, le cose cambiano e quindi neanche il muro di Berlino è riuscito più a contenere perché è stato distrutto, un po' come la tua cappa chimica che passando gli anni e cambiando molte cose nel tuo laboratorio potenzialmente è destinato a subire la stessa fine.

No dai, non voglio distruggerti la tua cappa, era solo per farti un veloce esempio e darti un'immagine visiva più facile da associare, infatti un muro ti riesce facile da immaginarlo e quindi ricordati che quando parlerò di contenimento intendo letteralmente come se esistesse un muro che contenga all'interno le sostanze che manipoli.

Quindi tale test, dovrebbe dare un'indicazione sul reale contenimento della cappa chimica evidenziando:
- Assenza di turbolenze
- Velocità frontale corretta
- Nessuna fuoriuscita dei vapori

Quindi in soldoni una sorta di fotografia del buon funzionamento.

Sì, ma in che modo nello specifico?

Certo che sei esigente, ok ti rispondo subito, in pratica prima di eseguire il test di contenimento sarà necessario analizzare precisamente quali sono le sostanze chimiche che vengono manipolate sotto cappa.

Questo perché bisognerà prendere la più tossica e/o cancerogena che viene utilizzata, analizzare la scheda di sicurezza e trovare il valore di TLV-CEILING corrispondente.

Immagino che tu sappia di cosa sto parlando ma visto che ci siamo ti sparo anche la definizione di TLV

Cosa è il TLV?

Ti riporto la descrizione diretta di Wikipedia perché non mi devo inventare nulla:

*"I **Threshold Limit Value** (ovvero "valore limite di soglia" o **TLV**) sono le concentrazioni ambientali delle sostanze chimiche aero disperse al di sotto delle quali si ritiene che la maggior parte dei lavoratori possa rimanere esposta ripetutamente giorno dopo giorno, per una vita lavorativa, senza alcun effetto negativo per la salute" (Wikipedia)*

Ma esistono tre diversi tipi di TLV che ti riporto di seguito sempre citando fedelmente le parole di Wikipedia così non faccio torti a nessuno:

- **TLV-TWA** *(time-weighted average)*: esprime la concentrazione limite, calcolata come *media ponderata* nel tempo (8 ore/giorno; 40 ore settimanali), alla quale tutti i lavoratori possono essere esposti, giorno dopo giorno senza effetti avversi per la salute per tutta la vita lavorativa.

- <u>TLV-STEL</u> *(short-term exposure limit)*: è il valore massimo consentito per esposizioni brevi - non oltre 15 minuti - ed occasionali - non oltre quattro esposizioni nelle 24 ore, intervallate almeno ad un'ora di distanza l'una dall'altra. Il TLV-STEL è la concentrazione alla quale si ritiene che i lavoratori possano essere esposti per breve periodo senza che insorgano: irritazione, danno cronico o irreversibile ai tessuti, effetti tossici dose risposta, <u>narcosi</u> di grado sufficiente ad accrescere le probabilità di infortuni o di influire sulle capacità di mettersi in salvo o ridurre materialmente l'efficienza lavorativa. Il TLV STEL non protegge necessariamente da questi effetti se viene superato il TLV-TWA. Il TLV-STEL non costituisce un limite di esposizione separato indipendente, ma piuttosto integra il TLV-TWA di una sostanza la cui azione tossica sia principalmente di natura cronica, qualora esistano effetti acuti riconosciuti

- <u>TLV-C</u> *(ceiling)*: concentrazione che non deve essere superata durante qualsiasi momento dell'esposizione lavorativa. Si tratta di valori limite da applicare per le esposizioni istantanee, che non devono superare per alcuna ragione nel corso del turno di lavoro. L'ACIGIH *(American Conference of Governmental Industrial Hygenists)* è del parere che il limite di concentrazione indicati per prevenire <u>irritazione</u> non debbano essere considerati meno vincolanti di quelli raccomandati per evitare l'insorgenza di un danno per la salute. Sono sempre più frequenti le constatazioni che l'azione irritativa può avviare, facilitare o accelerare un danno per la salute attraverso l'interazione con altri agenti chimici o biologici o attraverso altri meccanismi.

Dopo questa carrellata di informazioni che puoi approfondire su internet, come ti dicevo, quando si parla di test di contenimento di una cappa chimica, come ti dicevo inizialmente va tenuto in considerazione il TLV CEILING della sostanza più pericolosa che manipoli (in genere espresso in ppm, parti per milione)

Ad esempio, se consideriamo un valore limite riferito alla formaldeide nella sua scheda di sicurezza viene indicato un valore di TLV Ceiling pari a 0,3 ppm

Ne deriva che eseguendo il test di contenimento, lo stesso evidenzierà se tali soglie vengono superate o meno per poi redigere le conclusioni del caso.

Più avanti ti dirò cosa penso di tutto questo ma adesso continuerò a spiegarti come funziona affinché tu capisca di che si tratta e poi tireremo le somme.

Passiamo quindi all'altro tipo di prova di test di contenimento di una cappa chimica:

- **OUTER MEASUREMENT PLANE (Misurazione sul piano esterno della cappa chimica)**

Quando si parla di Outer Measurement plane, si intende il test di contenimento eseguito su un piano parallelo al piano di apertura del vetro frontale ad una distanza che in genere è pari a 5 cm dal saliscendi (vetro)

Questo test serve per verificare un ulteriore contenimento della cappa chimica sul fronte qualora alcuni vapori dovessero malauguratamente fuoriuscire.

Questo spesso accade per l'errato utilizzo delle cappe da parte degli operatori ma anche per strumenti troppo ingombranti all'interno delle cappe e così via.

Ad ogni modo, qualsiasi sia la causa che provoca tale fuoriuscita di vapori più o meno tossici il test dovrebbe servire a capire se i vapori vengono comunque ripresi entro i 5 cm dal flusso frontale di aspirazione della cappa chimica.

Ma adesso tiriamo un po' le somme di tutto questo e voglio darti delle indicazioni e farti delle mie considerazioni su cosa ne penso al riguardo.

Voglio premettere che il test di contenimento di una cappa chimica è previsto dalle normative attuali che regolamentano l'uso e manutenzione delle cappe chimiche.

Questo test può essere una valida indicazione del buon funzionamento o cattivo funzionamento di una cappa chimica e questo lo condivido.

Vorrei quindi esporti per punti sia PREGI che DIFETTI così forse ti sarà più chiaro avere una situazione globale e capire cosa voglio mostrarti:

PREGI:
- Permette di verificare se vi è il contenimento di vapori in una cappa chimica
- Eseguendolo, si rispettano le normative vigenti che lo richiedono
- Si possono evidenziare ancora di più eventuali turbolenze o problemi
- Ci dice se la cappa chimica installata in una certa posizione è efficace o meno rapportandoci con i dati del costruttore

che ha fatto i medesimi test
- Viene eseguita una comparazione dei dati riscontrati e quelli che sono indicati nelle schede di sicurezza dei costruttori di sostanze chimiche e in genere si esegue il test considerando la sostanza più pericolosa

DIFETTI:
- Il gas SF6 utilizzato contribuisce all'effetto serra e per eseguire un test di contenimento viene utilizzato durante tutto il campionamento
- Questo test è molto lungo, in media per verificare una cappa da 120cm ci vuole anche 1h e per montare l'attrezzatura e smontarla un'altra mezz'ora il che allunga i tempi e quindi i costi (sempre che venga fatto)
- Viene eseguito in assenza di personale (AT-REST) e quindi può dare solo un'indicazione di come lavora la cappa perché poi gli operatori in genere causano circa l'80% dei problemi e del mancato contenimento
- Viene eseguito in una condizione ottimale (porte chiuse e finestre chiuse, condizionatori spenti altrimenti è difficilissimo che si riesca ad avere un risultato favorevole
- È possibile eseguire circa 5/6 cappe con una bombola di gas SF6 quindi per molte cappe il costo aumenta ovviamente
- È una fotografia in 1 determinato giorno su 365 annuali e non può essere tenuto assolutamente in considerazione se per caso varia la sostanza più pericolosa che viene manipolata e per il quale era stata eseguita la prova, il test non è più neanche da prendere in considerazione.
- È costosissimo, da solo questo test costa più di tutti gli altri messi insieme (smoke test, controlli anemometrici e via dicendo)

Con tutto questo cosa voglio dire?

Semplicemente che secondo me spendere un sacco di soldi per far eseguire questo test a un'assistenza tecnica non ha molto senso e ti spiego il perché.

Intanto voglio dirti che il costo elevato di tale test è giustificatissimo, sia perché ci vuole molto tempo per eseguirlo come ti dicevo prima ma anche perché la strumentazione scientifica per eseguirlo è costosissima.

Ci vogliono anche 50/60000 euro solo per la strumentazione e poi i costi delle bombole del gas (con il quale si riescono a fare Max 5/6 cappe per volta), i costi del tempo per montare e smontare l'attrezzatura e così via dicendo.

Ci tenevo a precisare questa cosa affinché qualcuno non mi fraintenda.

Però volevo dirti che spendere questi soldi per me è uno spreco, se ne hai in più allora si va benissimo fare tale test ma se i fondi sono contati allora no.

Qualcuno mi ha detto:

"Sig. Cirillo secondo lei è corretto eseguire una verifica della velocità frontale su una cappa chimica e dire che relazionandosi al TLV di tale sostanza se viene rispettato il valore di velocità richiesto vi sia un vero e proprio contenimento?"

Risposta:

Premetto che in realtà una regola generale per tutte le cappe chimiche non esiste e che consiglio sempre di capire quale tipologia di sostanza viene utilizzata considerando soprattutto il suo stato (liquido o polvere ad esempio)

Ad ogni modo, credo che la sola verifica della velocità frontale non sia sufficiente a stabilire che una cappa stia garantendo il contenimento, credo che vada abbinato minimo lo smoke test che permette di vedere visivamente come si comportano i flussi, estendendolo anche nell'area davanti alla cappa per capire se ci sono flussi d'aria che possono disturbarne il buon funzionamento. E se i fondi lo permettono abbinare anche un test di contenimento di una cappa chimica e se fosse possibile sia inner plane che outer plane.

Soprattutto se si vuole andare a fondo nello specifico su una determinata cappa perché magari le lavorazioni sono con sostanze cancerogene o mutagene.

Ma rimango fermamente convinto che la fonte dei guai derivi spesso dall'operatore che purtroppo non ha ben chiaro come deve manipolare al fine di non portare fuori lui stesso i vapori.

Il test di contenimento di una cappa chimica infatti simula i vapori che potrebbero inavvertitamente fuoriuscire dalla cappa e va ad analizzare se vengono captati dalle sonde poste sul fronte o poco fuori il fronte.

Ma questa non è una realtà operativa che è possibile comparare perché l'operatore sarà sempre più forte e creerà sempre delle turbolenze o ritorno di vapori se lavora nel modo scorretto sotto cappa che nessun flusso di aspirazione potrebbe contrastare.

In genere i flussi di cappe che vengono utilizzate per cancerogeni hanno una velocità di circa 0,65/0,75 m/s possono arrivare se si vuole e si riesce a 0,85 ma non si può mettere un motore di aspirazione di uno SPACE SHUTTLE.

Per due semplici motivi:
1. La velocità dell'aria in ingresso alla cappa che è troppo elevata può causare forti turbolenze ed essere la stessa causa di fuoriuscita dei vapori
2. Una corrente d'aria anche solo di 1 m/s che viene aspirata sul fronte, spara dietro la schiena di un operatore un flusso che rischia di metterlo KO fisicamente. Mai sentito parlare del colpo della STREGA? Ecco se te ne è venuto uno davanti a una cappa che magari un buon tecnico ti ha impostato anche a più di 1 m/s allora adesso ne conosci la causa.

Oppure mi è stata fatta questa domanda:

"Eh ma Sig. Cirillo, anche gli altri test vengono eseguiti in assenza di personale e sono una semplice indicazione (fotografia) quindi?"

La mia risposta:

Assolutamente si, tutti i test che vengono eseguiti sono sempre ed esclusivamente una fotografia di 1 giorno a fronte di 365 giorni di utilizzo.

Solo un monitoraggio in continua giornaliero potrebbe dare un'indicazione del genere ovviamente.

Ma sarebbe impossibile perché i costi sarebbero improponibili e poi perché ad ogni modo non servirebbe a nulla farlo, quello che è importante capire e che tu devi capire è il fatto che la differenza sta nell'approccio che si ha nei confronti della cappa.

Se la cappa la sai utilizzare correttamente limiterai tu stesso i danni anche se è posizionata male, anche se hai operatori che ti saltellano dietro o altro.

Tu e solo tu puoi garantirti la sicurezza sul lavoro perché sei tu che ci lavori.

Ormai è un dato di fatto, gli operatori di cappe non sanno usarle correttamente e tutti chi per una cosa chi per un'altra commettono errori, a volte anche piccoli che all'apparenza sembrerebbero banali ma che possono avere un'incidenza molto significativa sotto molti punti di vista.

Ma non è colpa tua, ne colpa dei tuoi colleghi secondo me, il problema è che nessuno vi ha messo nella condizione di poter imparare e lavorare nel modo corretto, nessuno si è mai preoccupato di farvi capire l'importanza di questi dispositivi di protezione collettiva.

Io faccio spesso l'esempio dei piloti di automobili, magari rende di più l'idea, immagina se un pilota di formula uno non conosca alla perfezione come utilizzare la sua vettura al fine non solo di avere le prestazioni massime ma proprio di garantirsi la sua sicurezza.

Immagina questo pilota che viaggia a 300Km/h sfrecciando sulle piste con l'obiettivo di arrivare primo, spingerà sull'acceleratore più che può ma poi arrivando in curva nessuno gli ha spiegato che deve scalare le marce e prendere quella curva in un certo modo, qual è il freno e cosa fare per riuscire a percorrerla nel migliore dei modi, in velocità si ma sempre in sicurezza

Pensi sia possibile?

Cosa accadrebbe se non sapesse alla perfezione come funziona la sua macchina?

Probabilmente anche lui ha una vita, una famiglia e magari dei figli e probabilmente rischierebbe di non vederli più.

Pensa che questo può accadere anche a chi è un esperto ovviamente come casi storici, ZANARDI, SENNA e così via…

Figuriamoci a un pilota che non ne capisce niente, non credo possa durare.

Sì, ma il tuo lavoro è differente vero!

Quasi dimenticavo la solita frase che piace a molti, si infatti è differente, tu hai un problema ancora più grande perché non vedi il muro.

Tu utilizzi sostanze che neanche ti accorgi di inalare e che potenzialmente ti stanno uccidendo da dentro e neanche lo sai. Non vedi il muro quindi!

Ecco in cosa è differente il tuo lavoro, quindi smettila di far finta di niente e prendi "il toro per le corna" perché nessuno ti prenderà in braccio fino alla soluzione.

Combatto infatti contro l'indifferenza delle persone a certi fatti così rilevanti, ecco qui diventi colpevole tu di non approfondire queste tematiche.

Adesso se sei arrivato a leggere fino qui non puoi più dire che non lo sapevi, non puoi più dare la colpa agli altri o alla tua amministrazione che non ti mette a disposizione i fondi o che non ti compra una cappa megasupergalalttica.

Ognuno di noi può decidere e deve decidere il meglio per sé e per i suoi cari poiché non ci posiamo permettere di rimandare questa responsabilità ad altri. Possiamo farci aiutare si ma niente di più.

Capiamoci, è fondamentale eseguire le manutenzioni, non fraintendermi sempre, sto solo dicendo che tu lavori almeno 5/6 giorni la settimana nel tuo laboratorio e mediamente qualche ora sotto cappa la passi quindi probabilmente hai l'incidenza maggiore sulle problematiche annesse e connesse.

Se poi fai eseguire un controllo a un'azienda seria che non solo fa le verifiche in assenza del personale, ma scende nel dettaglio e cerca di capire con te se stai lavorando nel modo corretto.

Se ti affidi a un'azienda di assistenza tecnica che riesce a darti indicazioni valide e utilizzabili sin da subito oltre che informazioni interessanti in generale ed evidenzia eventuali errori che riscontri nella tua lavorazione allora sì che potrai lavorare sereno.

Ti parlo di un'azienda seria e affidabile perché dopo tutto quello che ti ho detto le complicazioni nell'eseguire tale test, il costo e soprattutto il tempo necessario ad eseguirlo, tu sei ancora convinto che tutte le aziende siano serie?

Mi fanno veramente ridere quelli che appaltano tale test su 300/400 cappe presso un'intera struttura universitaria o altro, come può mai un'azienda seria farvi i test a due soldi e scendere così di prezzo?

Possibile che non ve lo domandate?

Dai non dirmi che devo dirtelo io, non farmi dire che forse stanno facendo semplicemente finta di fartele, non farmi dire che non è possibile fare 400 cappe in poche settimane o anche un mese considerando poi che in genere devono essere eseguite anche tutte le altre verifiche.

Dai non farmelo dire ok?

Ma adesso tornando al nostro test di contenimento di una cappa chimica, non voglio fare il **NOSTRADAMUS** della situazione ma credo che nel breve tempo verrà cambiato qualcosa.
Sì perché ti ricordi quando ti ho detto che il gas SF6 utilizzato per il test di contenimento è con assoluta certezza un gas che contribuisce l'effetto serra?

Ecco, forse non sai che questo gas è ormai utilizzato da oltre 40 anni e che viene usato in molte realtà come nell'industria degli pneumatici, settore elettronico, nei solventi, come isolante termico e via dicendo.
Oltre quindi ad essere usato come tracciante per il test di

contenimento ovviamente di cui ti parlavo prima.

L'SF6 nonché esafluoruro di zolfo è un gas quindi a causa del suo elevatissimo potenziale riscaldante globale è stato inserito nel protocollo di Kyoto ed è sotto gli occhi di tutti per questo.
Ti basti pensare che impatta sul clima terrestre più dell'anidride carbonica per circa 23000 volte in più e che non si dissolve perché è in grado di fluttuare per oltre 3000 anni.

Insomma, puoi trovare di tutto e di più su questo gas, non voglio farti una lezione sul Gas SF6 o sul suo effetto serra che è semplicemente un dato di fatto.
Voglio dirti che secondo me verrà eliminato dalle normative che attualmente lo richiedono espressamente al fine di eseguire un test di contenimento su una cappa chimica.

Magari adesso ti starai chiedendo, con cosa si faranno i test di contenimento di una cappa chimica?

Si possono già eseguire con un altro sistema denominato KI-DISCUS che in realtà non è altro che il test che viene eseguito sulle cappe biohazard al fine di garantirne l'efficienza.
Questo test è possibile eseguirlo anche sulle cappe chimiche mentre invece il test con SF6 non è così versatile e non può essere usato sulle cappe Biohazard.

Cosa è il KI-DISCUS?

Il Ki-Discus è un test che non impiega gas serra e non è dannoso ne per uomo ne per ambiente.

Però se il test di contenimento è costoso, il Ki-Discus lo è ancora di più per una questione non solo di strumentazione, soprattutto impatta molto il tempo e materiali che occorrono per eseguirlo. Adesso non scenderò nel dettaglio di cosa è il Ki-Discus o altro perché è un capitolo che merita uno spazio solo per se ma ricordati quello che ti dico perché presto prenderà il posto dell' SF6 in tutto e per tutto.

Non dire che non lo avevo detto.

Il Boss Delle cappe.

Il capitolo che hai appena letto puoi trovarlo anche online a questo link:

www.chizard.it/523

Oppure scansiona il QR-Code qui in basso:

Apocalisse Zombie

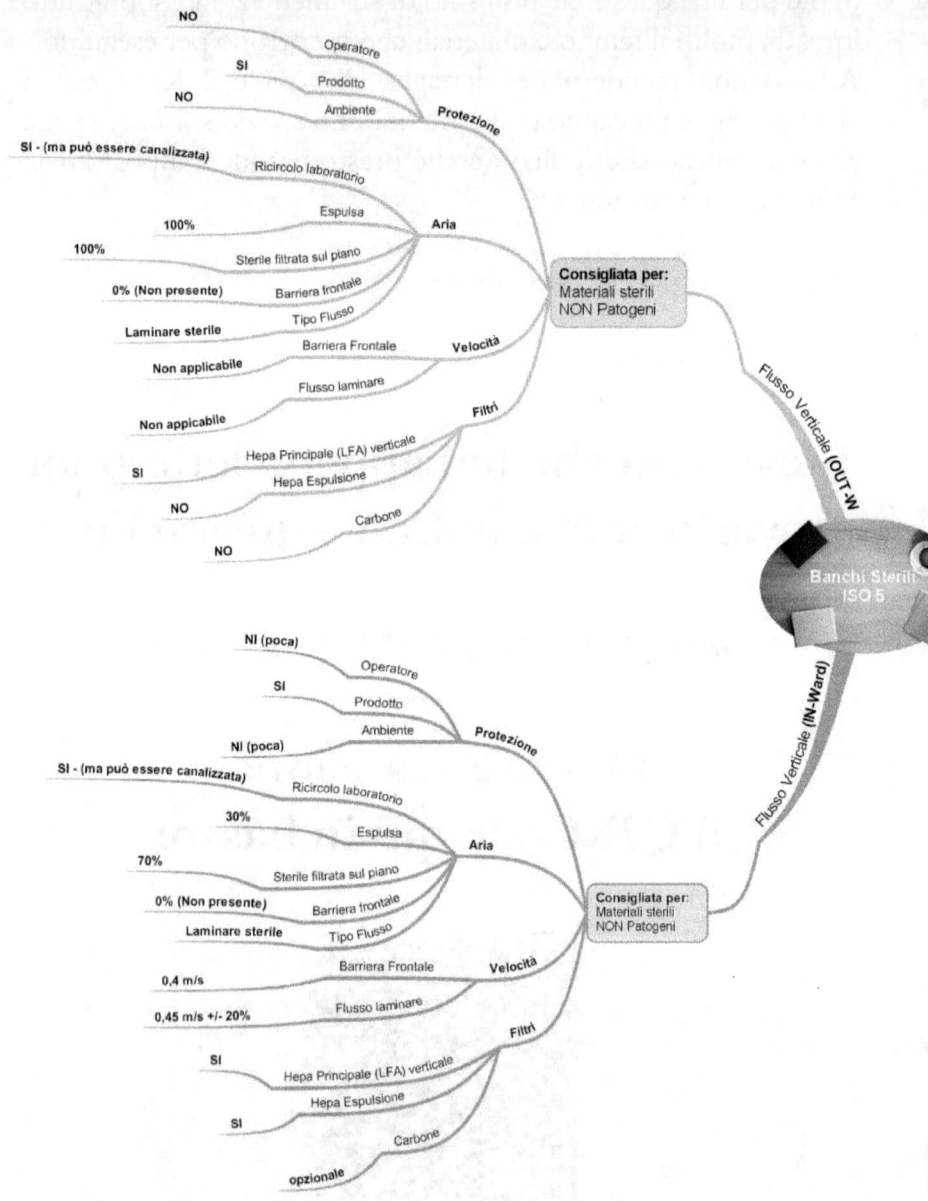

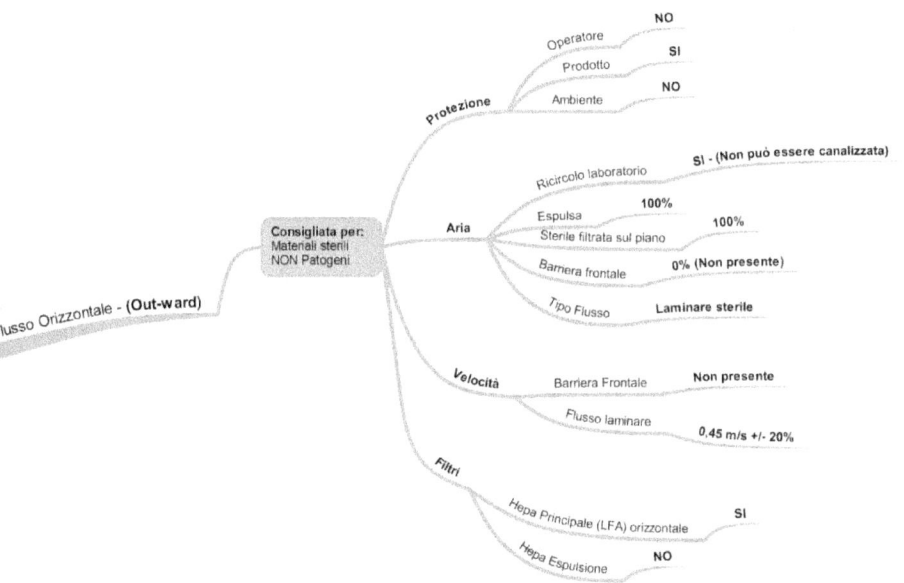

Apocalisse Zombie

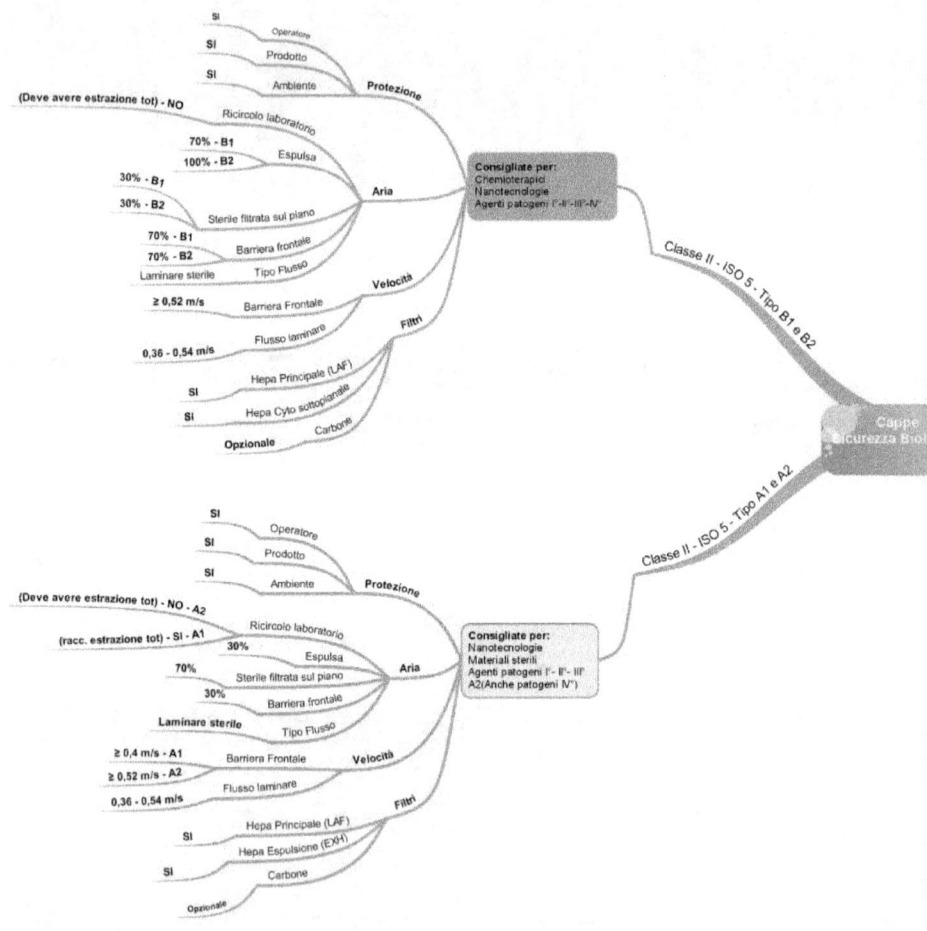

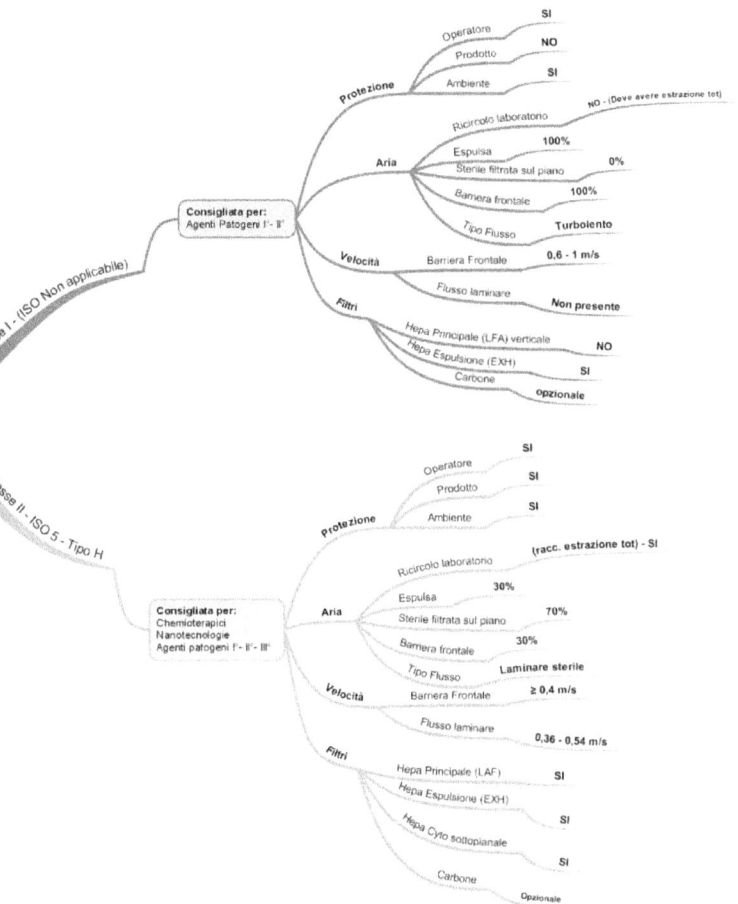

TESTIMONIANZE

Di seguito voglio riportare alcune testimonianze rilasciate dai clienti che hanno usufruito del servizio della TechnoCappe come assistenza tecnica o comunque hanno avuto un beneficio dalla costante informazione che viene fatta attraverso il portale www.chizard.it e dagli articoli che ricevono settimanalmente

Ho deciso di inserirle al solo scopo di far capire che questo libro non nasce per caso anzi, è stato fortemente voluto da operatori cappe e non solo che hanno espressamente palesato il bisogno di informazioni sul corretto utilizzo delle cappe e sulla loro manutenzione.

Io non ho fatto altro che ascoltare i miei clienti e accogliere la loro richiesta condensato e riversando molti anni di esperienza in queste 300 pagine sperando di poter aiutare quante più persone possibili affinché quel dato drastico di 1000 casi di nuove diagnosi al giorno possa in qualche modo essere intaccato.

Perché in fondo diciamocelo, respirare aria in un laboratorio non è come respirare la brezza mattutina in montagna.

Adesso ti lascio alla lettura del pensiero di tuoi colleghi che hanno voluto contribuire a rafforzare il mio messaggio, ognuno a modo loro.

Buona lettura

ASUR MARCHE AREA VASTA 2

Ing. Domenico Paccone - Servizio di Ingegneria Clinica

"Sono diversi anni che collaboriamo con la TechnoCappe per la manutenzione delle nostre cappe per varie strutture ospedaliere (quali i Presidi di Senigallia, Jesi, Fabriano e Osimo) e territoriali (quali gli Ospedali di Comunità e i poliambulatori distrettuali).

Non posso che riconoscere l'elevato livello qualitativo e la grande professionalità nel servizio svolto, feedback condiviso con il Servizio di Prevenzione e Protezione aziendale e con le Unità Operative e i Servizi utilizzatori.

Personalmente ritengo particolarmente esaustiva la reportistica che viene regolarmente prodotta dalla TechnoCappe in esito ai controlli che vengono effettuati sulle cappe, corredata anche di foto esplicative e note di dettaglio delle attività di verifica svolte.

All'apparenza può sembrare un dettaglio poco significativo ma in realtà consente di avere un maggior ritorno e percezione dell'output del lavoro svolto dalle ditte appaltatrici.

Per un servizio di Ingegneria Clinica non è sempre facile avere piena contezza di quello che è il livello qualitativo dei servizi manutentivi espletati.
Le politiche di contenimento della spesa e le logiche di ribasso delle procedure di gara possono comportare spesso ricadute sul livello qualitativo dei servizi manutentivi; in mancanza delle risorse interne atte al monitoraggio puntuale delle attività svolte nell'ambito dei numerosi appalti di manutenzione in essere, avere un feedback concreto e tracciabile tramite l'esaustività della reportistica prodotta è sicuramente un forte valore aggiunto.

Devo anche riconoscere alla ditta TechnoCappe la costante disponibilità nel supporto telefonico per prime diagnosi di guasto effettuate dal nostro personale e per suggerimenti di risoluzioni di problemi tecnici di varia natura, salvo richiedere l'intervento diretto del loro personale in loco.

Non ultimo, apprezzo sempre le frequenti newsletter mail che vengono inviate dalla TechnoCappe, contenenti informative di sicurezza, consigli utili su approcci operativi e funzionali sulle cappe, aggiornamenti su aspetti di sicurezza, etc.

In definitiva, ritengo la TechnoCappe una ditta seria, professionale e competente a cui poter affidare la manutenzione delle cappe chimiche e biohazard, tecnologie sostanzialmente semplici ma che implicano e sottendono problematiche di sicurezza tutt'altro che scontate, per cui risulta fondamentale assicurare un elevato livello qualitativo nella manutenzione periodica e correttiva."

NORTHROP GRUMMAN

Sig. Alberto Brugnoli - Responsabile tecnico cappe chimiche e Biohazard

" Mi chiamo Alberto Brugnoli, lavoro in Northrop Grumman da circa 30 anni e sono stato molto colpito dalla parte tecnica della ditta TechnoCappe, perché venivamo precedentemente da altre assistenze che non ci hanno mai dato la stessa sicurezza e professionalità che ci ha dato TechnoCappe. Noi siamo attualmente molto soddisfatti di quanto TechnoCappe ha fatto per noi, è una ditta che vediamo giovane, ha dei ragazzi che riteniamo validi e quindi credo che la nostra collaborazione continuerà nel tempo.

Quello che ha colpito me e i miei collaboratori è la professionalità che si è vista immediatamente, sia nel vestiario che nella competenza che c'è stata e soprattutto sulla gentilezza del Sig. Cirillo a informarci su alcune cose di cui noi eravamo all' oscuro e quindi siamo stati molto soddisfatti di quello che ci avete trasmesso

Le informazioni che ci fornisce la TechnoCappe e in particolare dal Sig. Cirillo sono apprezzate da tutti, soprattutto dagli operatori che, pur usando le cappe, hanno potuto approfondire e migliorare il loro modo di lavorare, prevenendo gli errori grazie appunto alle informazioni da voi fornite sul corretto utilizzo delle cappe chimiche e biologiche

Mi sento di consigliare la società TechnoCappe come assistenza tecnica sulle cappe perché abbiamo provato altre assistenze che non ci hanno dato la stessa professionalità"

RICCARDO CARBONARI

Responsabile Vendita Area Marche e Abruzzo

Buongiorno Fabrizio, avevo intenzione di rallegrarmi con te per le innumerevoli iniziative tutte rivolte a fornire una maggior consapevolezza nella scelta e nell'utilizzo di una cappa, ed effettivamente **sono rimasto piacevolmente stupito dell'orientamento che hai saputo imprimere al tuo lavoro, che non riguarda solo l'aspetto tecnico relativo all'eventuale riparazione, ma piuttosto a tutto quello che precede l'acquisto e segue con il possesso di una cappa.**

Sono diversi anni che svolgo questo lavoro e devo dire che avevo un po' perso le speranze che qualcuno mettese la propria professionalità, ma anche le proprie risorse, al servizio di quell'aspetto relativo alla sicurezza proprio di strumenti come le cabine, siano esse chimiche o a flusso laminare.

Nel portale si possono trovare, con un linguaggio comprensibile a chiunque, tutte le informazioni necessarie al corretto utilizzo di quel tipo di strumenti e che permette all'operatore, ma anche al venditore, di entrare con la giusta attenzione in quel mondo, quasi sempre solo sfiorato, della sicurezza. Un plauso quindi a chi ha saputo dare alla sicurezza in laboratorio una nuova, più ampia e profonda chiave di lettura.

Grazie veramente e buona giornata

SIEMENS HEALTHCARE S.r.l.

Giose Iuculano – Responsabile

Ciao Fabrizio

L'ottimo lavoro *che avete eseguito presso il mio cliente di Castel Volturno* ***ha sicuramente lasciato il segno e dato il via ad un movimento virtuoso di domande, osservazioni e maggiore attenzione alle problematiche sulle cappe (troppo spesso poste in secondo piano rispetto ad apparecchiature di emergenza)*** *sia da parte degli operatori di reparto sia da parte dell'ufficio tecnico.*

Ed è proprio dall'ufficio tecnico che mi è arrivata la più bella conferma la settimana scorsa quando abbiamo consegnato ufficialmente la documentazione delle attività svolte su tutte le apparecchiature e, tra queste, il volume dei controlli sulle cappe.

Prima di consegnare la documentazione, ho sfogliato con il mio referente della clinica le varie pagine che mi avete consegnato e ho visto l'entusiasmo e l'apprezzamento, non solo nelle parole ma anche nelle sue espressioni, che testimoniavano soddisfazione per la completezza e competenza che traspare da tutta la documentazione.

Dalla presentazione della ditta (che "ci mette le facce"... nel vero senso della parola) alle raccomandazioni/informazioni sull'uso delle cappe e, per finire, alla documentazione dei singoli interventi manutentivi (con foto e dati ben dettagliati e facilmente leggibili) è stato un crescendo di apprezzamenti che, con piacere, vi trasmetto!

Dal canto mio, avrò sicuramente modo di approfondire tutte le tematiche che riguardano le cappe andando a leggere la documentazione e i link del portale che, da una prima visita, mi sembra ricco di informazioni molto utili.

Buon lavoro e saluti

NEW PARK DRILLING FLUIDS

Dr. Palmieri Nicola - Utilizzatore Cappe Chimiche e Armadi di Sicurezza

"La TechnoCappe è una ditta di manutenzione delle cappe chimiche competente e che presta attenzione ai dettagli di ogni problema che si trova ad affrontare.

Vorrei sottolineare l'utilità della nuova iniziativa che

la TechnoCappe sta mettendo in atto, ovvero quella di raccogliere, tramite un'intervista agli operatori del laboratorio, un feedback sul proprio servizio di assistenza nonché indagare circa le problematiche che gli utilizzatori delle cappe si trovano ad affrontare durante le loro pratiche lavorative.

Questo è un aspetto molto interessante in quanto permette di dar voce a tutte le figure del laboratorio, soprattutto agli utilizzatori delle cappe!"

LABOCONSULT

Dr. G. Luca Scalise - Operatore di Cappa Biohazard

*"**Abbiamo avuto un problema di malfunzionamento** della nostra **cappa biohazard** e **altre assistenze contattate non sono riuscite a identificare il vero problema né tantomeno a risolverlo.***

*Invece dopo aver chiamato la TechnoCappe abbiamo potuto quasi da subito e con **il minimo di spesa sistemare la nostra cappa e continuare con il nostro lavoro.** Personale qualificato e disponibile, servizio eccellente sin dal primo incontro con tracciabilità completa di tutti gli interventi e **report dettagliato di ogni attività svolta**. Molto soddisfatto".*

UNIVERSITÀ DELLA SAPIENZA DI ROMA

Dr.ssa Timperi Eleonora-PhD **-** Dip. di Medicina Interna e Specialità Mediche -

"Il servizio di manutenzione delle nostre cappe chimiche e biologiche da parte della TechnoCappe è un servizio di qualità e lo proporrei anche ad altri.

Tempo fa avevamo una **cappa biologica con un problema di sensibilità** e pertanto veniva percepito ogni cambiamento di flusso.

Erano venuti due tecnici di un'altra assistenza ma non avevano focalizzato il problema.

Uno degli operatori della TechnoCappe invece **è riuscito a risolverci il problema e ha ripristinato una situazione normale permettendoci di lavorare in sicurezza.**

In seguito a questo intervento **non abbiamo più avuto problemi***; siamo soddisfatti e ritengo che il personale TechnoCappe sia professionale ed efficiente".*

LABORATORIO ANALISI SALUS 2000 / EOSMED ROMA

Dr.ssa Diotallevi Elisabetta - Amministratore Unico

"Serietà, precisione e puntualità, sono le caratteristiche per le quali mi affido a TechnoCappe da moltissimi anni"

OSPEDALE DI FABRIANO – Diagnostica AV2

Direttore Dott. Paolo Maria Gusella - U.O. CITOPATOLOGIA

Il servizio fornito oggi dai tecnici della TechnoCappe contattati dalla nostra Ingegneria clinica è risultato ottimo: i tecnici sono molto preparati e disponibili.

UNIVERSITÀ DELLA SAPIENZA DI ROMA

Dr.ssa Focaccetti Chiara-PhD - Dip. di Medicina Interna e Specialità Mediche

"La **TechnoCappe** *ha dimostrato **l'efficacia del proprio servizio di manutenzione delle cappe biologiche e chimiche in diverse occasioni.***

Ricordo in particolar modo due episodi in cui la TechnoCappe ci è stata di grande aiuto.

Il primo riguardava **una cappa con problemi di flussi che nessuno riusciva a risolvere. Andava in allarme e le assistenze precedenti non riuscivano a risolvere il problema** fin quando, uno dei tecnici della TechnoCappe, è riuscito da subito a identificare la problematica e fortunatamente ***grazie a questa società di assistenza non abbiamo più avuto difficoltà con la cappa.***

Il secondo episodio, invece, ha a che fare con una cappa arrugginita; la TechnoCappe ha saputo riportarla in condizioni ottimali. **Concludo sottolineando anche la gentilezza, il rispetto per il lavoro**

altrui e la competenza di tutto il personale".

UNIVERSITÀ DEGLI STUDI ROMA TRE

Dott.ssa Alessandra di Masi, PhD - Laboratory of Biochemistry - Dipartimento di Scienze

"Conosco il servizio di assistenza tecnica TechnoCappe da molto tempo e posso dire che gli interventi dei tecnici delle cappe biologiche sono sempre stati efficaci ed efficienti.

Il personale TechnoCappe ha sempre svolto gli interventi di manutenzione in modo discreto, serio e tempestivo, nel pieno rispetto delle quotidiane attività di laboratorio.

Quando abbiamo avuto a che fare con guasti delle nostre cappe a flusso laminare e chimiche, ho contattato il Sig. Cirillo il quale in tempi brevissimi (addirittura nella stessa giornata) ha inviato il personale tecnico per il sopralluogo e per la riparazione.

Sottolineo dunque la serietà e l'efficienza di questo servizio di manutenzione delle cappe"

SVILUPPO TECNOLOGIE INDUSTRIALI S.r.l.

Sig.ra Lombardi Flavia - Responsabile commerciale

"Buongiorno,

Ci complimentiamo con voi per la serietà, **siete molto attenti alle esigenze dei clienti e molto professionali."**

NEW PARK DRILLING FLUIDS

Dr.ssa Finamore Francesca - Utilizzatrice Cappe Chimiche e Armadi aspirati
"La TechnoCappe si è distinta per serietà e competenza.

In passato abbiamo avuto a che fare con diverse assistenze tecniche che non sono riuscite a risolvere dei problemi di aspirazione delle nostre cappe chimiche.
Fortunatamente i tecnici della TechnoCappe hanno tempestivamente individuato e risolto il problema.
Ci troviamo molto bene con questo servizio di manutenzione delle cappe non solo per la professionalità e la competenza del personale ma anche per il fatto che **i tecnici puliscono e disinfettano le nostre cappe lasciandole anche meglio di come le trovano a inizio intervento**".

ENTE CERTIFICATORE TUV Sud

Dr.ssa Bartolomei Claudia - Lead Auditor

"Si segnala l'attenzione posta in tutti i processi relativi al cliente con particolare riferimento alla cura per le cappe in manutenzione (foto, piantine con disposizione all'interno dei siti, etc.), all' identificazione del personale (divise brandizzate, attrezzature), all'accuratezza e ai contenuti tecnici della documentazione consegnata a fine intervento

e messa a disposizione sul sito in area riservate (SAT, Schede tecniche e relativi allegati)."

TechnoCappe:

Il commento positivo sopra citato è stato rilasciato in data 20-5-2015 dalla Dr.ssa Bartolomei, in qualità di Auditor esterno per il rilascio della certificazione ISO 9001:2008 proprio sulla manutenzione delle cappe chimiche e cappe biohazard della nostra Società

STRUTTURA DI LATINA MOLTO GRANDE (Anonimo per policy interna)

Dr. F. A. - Capotecnico laboratorio Anatomia Patologica – cappe chimiche per Formaldeide

"Sono i leader nel settore!

Da quando la TechnoCappe effettua **interventi sulle nostre cappe chimiche ho notato dei miglioramenti circa l'efficacia delle stesse.**

Avevamo problemi di aspirazione e le cappe ci davano spesso allarmi ma la TechnoCappe ha monitorato efficacemente il problema e ci ha fornito informazioni utili che ci hanno aiutati a tenere sotto controllo la problematica.

Mi ritengo molto soddisfatto di questo servizio.

DRAEGER MEDICAL ITALIA SPA

P.I. Di Palma Massimo - Responsabile SIC Ospedale Fatebenefratelli Roma

"Ormai sono parecchi anni che la TechnoCappe si occupa dell'intero parco cappe presenti nelle varie strutture gestite da DRAEGER e posso dire tranquillamente che siamo pienamente soddisfatti dell'operato svolto.

In particolare, **volevo sottolineare la serietà, la velocità e l'estrema correttezza** *dimostrata e confermata nel tempo con l'appunto che secondo me, il fiore all'occhiello è* **la documentazione finale di validazione rilasciata,**

con dei protocolli **riportanti** *anche* **documentazione fotografica di tutti i test eseguiti,** *veramente di qualità* **che ci ha permesso di superare senza mai un problema i controlli dagli enti preposti come ASL"**

STRUTTURA DI LATINA MOLTO GRANDE (Anonimo per policy interna)

Dr.ssa M. E. - Utilizzatrice cappe chimiche ad uso Formaldeide

"Avevamo un problema di aspirazione ridotta di alcune delle nostre cappe chimiche.

Conosco da poco il servizio di assistenza cappe della TechnoCappe ma posso dire che, in seguito ai loro interventi, **ho notato dei** miglioramenti circa la funzione stessa delle cappe.

Oltre a effettuare un intervento celere e accurato, infatti, **da quando i tecnici specializzati sono intervenuti sulle nostre cappe, esse aspirano meglio.**

UNIVERSITÀ DELLA SAPIENZA DI ROMA

Dott. Nevi Lorenzo - Operatore di cappe biohazard

"La TechnoCappe mi ha risolto un problema grave di contaminazione delle cappe che portava a perdita di quasi tutte le colonie cellulari ottenute dopo isolamento da tessuto.

Per chi lavora con i donatori cadaveri sa quanto sono rari e importanti tali colonie.

Si sono dimostrati efficienti, competenti e molto professionali, oltre che attenti ad ogni nostra esigenza. Continuerò ad avvalermi del loro lavoro e della loro professionalità.

Grazie ancora a tutto il team."

CROCE ROSSA ITALIANA

Sig. Antenucci Marco - Addetto ufficio Provveditorato

"Per quanto riguarda la gestione dei rapporti intercorsi con il **Sig. Cirillo**

Fabrizio, volevo segnalare la massima cortesia, disponibilità e professionalità dimostrare dallo stesso

il servizio presso la nostra struttura dai Vostri tecnici è stato sempre puntuale e tempestivo, confermando complessivamente un'ottima qualità dei servizi da Voi offerti.

Cordialmente"

ITC FARMA

Sig. Bernardi IVO - Responsabile

" *Un servizio qualità/costo ineccepibile, molto soddisfatto sia del servizio commerciale che del lavoro svolto dal personale tecnico esperto,*

con tempi di intervento molto veloci e una ottima documentazione tecnica finale.

Consiglio vivamente di affidarvi a TechnoCappe."

ENZA ZADEN ITALIA S.r.l.

Dr.ssa Volpi Chiara -Senior Researcher Cell Biology – Resp. Lab. Colture cellulari vegetali

"*Professionalità e Cortesia, **i prezzi non sono bassi ma commisurati agli elevati standard di qualità e professionalità**"*

UNIVERSITÀ DEGLI STUDI ROMA TRE

Prof.ssa Pallottini Valentina - Dipartimento di Scienze – Responsabile laboratorio

"sono molto soddisfatta dell'assistenza commerciale, del personale tecnico intervenuto, dei tempi e soprattutto della documentazione finale rilasciata.

Consiglio la TechnoCappe per tali servizi, perché sempre puntuale e molto disponibile."

LABORATORIO INGHIRAMI ROMA

Dott.ssa Inghirami - Responsabile di laboratorio e delle cappe chimiche e biologiche

"Ci serviamo di questo servizio di manutenzione delle cappe chimiche e biologiche da diverso tempo ed essendomi sempre trovata molto bene ho consigliato la TechnoCappe anche a diversi colleghi.

Nutro molta fiducia nei confronti dei **tecnici** *che vi lavorano poiché si tratta di personale* ***adeguatamente addestrato e formato alla sicurezza per sé stessi e per gli operatori del laboratorio; essi sono sempre muniti di Dispositivi di Protezione Individuale e sanno quello che fanno.***

In conclusione, si tratta di personale qualificato e disponibile.

Ho consigliato la TechnoCappe ad altri e continuerei a

consigliarla tutt'ora se si vuole la certezza di pagare per un servizio serio e reale e non per avere un pezzetto di carta inutile pensando di essere in ordine".

UNIVERSITÀ DEGLI STUDI ROMA TRE

Dr.ssa Cozzi Renata – Utilizzatrice di cappe biohazard

"Conosco la TechnoCappe da moltissimi anni e mi sono sempre trovata bene.

Ritengo che gli interventi regolari dei tecnici delle cappe biologiche siano sempre stati **corretti, precisi ed efficienti***"*

AZIENDA FARMACEUTICA MOLTO GRANDE NEL LAZIO

(policy interna deve rimanere anonima)

Dr. Alessandro M. - Operatore di Cappe Chimiche e Biologiche

"Conosco la TechnoCappe da tempo e **ho avuto modo di assistere a una continua evoluzione di questa società di manutenzione delle cappe chimiche e biologiche.**

Tra i frutti di questa continua innovazione, per esempio, vi è un report finale dettagliato che, grazie all'ausilio di foto, riporta passo per passo tutti i momenti dell'intervento tecnico manutentivo sulle cappe da laboratorio, potendo così capire cosa è stato realmente fatto anche se non si è fisicamente presenti.

Altro punto a favore della TechnoCappe riguarda l'ascolto del cliente e la misurazione del grado di soddisfazione al quale tengono moltissimo, grazie alla richiesta del nostro feedback sui loro servizi così da migliorarsi costantemente".

UNIVERSITÀ DEGLI STUDI ROMA TRE

Prof.ssa Persichini Tiziana

*"Il servizio di assistenza tecnica TechnoCappe opera per noi da molti anni e posso dire che **i tecnici delle cappe biologiche sono competenti** e si sono sempre mostrati molto gentili e disponibili.*

Sono molto soddisfatta di questo servizio".

LABORATORIO ENEA DI FRASCATI

Sig. Raule Marco – utilizzatore di cappe chimiche

"*Ho conosciuto la* **TechnoCappe** *tramite una ricerca su internet, ho provato il **servizio di manutenzione delle mie cappe** e ho continuato ad usufruirne perché si tratta di un **servizio di qualità**.*

Direi che abbiamo raggiunto il nostro obiettivo, ovvero abbiamo a che fare con interventi di qualità, corretti, veloci e soddisfacenti.

I tecnici delle cappe chimiche ci forniscono raccomandazioni e suggerimenti utili, ad esempio ci hanno mostrato a che altezza precisa doveva essere posizionato il saliscendi; essi hanno migliorato la qualità del nostro lavoro!

Vorrei sottolineare che si tratta di un servizio di assistenza tecnica completo e tempestivo.

Sono davvero soddisfatto!"

UNIVERSITÀ DELLA SAPIENZA DI ROMA

Dr. Belardinelli Stefano - Dipartimento di Fisica

"Affidiamo la manutenzione delle nostre cappe chimiche e biologiche alla TechnoCappe da molti anni.

Si ha a che fare con un'assistenza tecnica qualificata, professionale e certificata che opera al fine di garantirci maggior sicurezza.

Dopo esserci trovati bene con le riparazioni e i controlli delle cappe biologiche, abbiamo esteso il servizio anche alle nostre cappe chimiche.

Il personale tecnico è ben formato e fornisce consigli utili sulle procedure da effettuare per garantire una corretta funzionalità dello strumento nel tempo".

AZIENDA FARMACEUTICA MOLTO GRANDE NEL LAZIO

(policy interna deve rimanere anonima)

Dr. Pietro C. - Operatore di Cappe Chimiche e Biologiche

"Usufruiamo di questo servizio di assistenza tecnica per i nostri dispositivi di protezione collettiva da diversi anni e ho notato dei miglioramenti. Innanzitutto, ho potuto constatare che, grazie alla sostituzione dei filtri da parte della TechnoCappe, l'efficacia delle cappe è migliorata.

La TechnoCappe ha personale qualificato e competente che va incontro ai bisogni del cliente. Utilissimo è il loro servizio di memorandum, che ci solleva dal problema di pianificazione nel tempo delle manutenzioni delle cappe"

...

LABORATORIO ONCOLOGICO CDC MARCO POLO

Dr. De Luca Simone

"Nella nostra struttura **ci riteniamo pienamente soddisfatti del servizio di manutenzione sulle cappe chimiche e biologiche** *prestato dalla* ***TechnoCappe.***

Si ha a che fare con personale efficiente, disponibile e che **presta assistenza anche entro due ore dalla richiesta di intervento"**

AZIENDA FARMACEUTICA MOLTO GRANDE NEL LAZIO

(policy interna deve rimanere anonima)

Dr. Mauro D.M. - Operatore di Cappe Chimiche

"Per la manutenzione delle cappe chimiche del nostro laboratorio ci stiamo affidando alla TechnoCappe da circa un anno.
Durante questi primi interventi ho potuto notare la competenza di un personale che sa ben destreggiarsi nelle proprie attività lavorative e tecnici sempre muniti di adeguati Dispositivi di Protezione Individuale;
probabilmente dietro tali attenzioni si nasconde tanta formazione e conoscenza per la propria sicurezza e per quella dei propri clienti che ci fa sentire più sicuri".

UNIVERSITÀ DELLA SAPIENZA DI ROMA

Dott. Tafani Marco - **Department of Experimental Medicine University of Rome**

"La TechnoCappe è una ditta seria di assistenza delle cappe chimiche e biologiche con cui collaboriamo al fine di migliorare i risultati della ricerca.
Dopo l'intervento dei tecnici delle cappe nasce una maggior tranquillità da parte del ricercatore che, essendo a conoscenza dell'accurato lavoro dei manutentori, **sa che non avrà a che fare con la contaminazione.**
L'efficiente organizzazione, la serietà, la cortesia del personale e l'interesse nei confronti del cliente sono i principali punti di forza di questa azienda".

DOMPE' SPA

Sig.ra Tiberio Elsa

"Abbiamo Ho conosciuto L'assistenza tecnica di cappe da laboratorio TechnoCappe tramite internet e ho provato il loro servizio.

Da diversi anni si occupano della manutenzione delle nostre cappe e posso dire di essere molto soddisfatta dell'assistenza commerciale e tecnica nonché della documentazione finale rilasciata.

Mi sento di consigliare questa società anche per i tempi di intervento tecnico ridotti e del personale tecnico di assistenza cappe."

ISTITUTO DI BIOLOGIA E PATOLOGIA MOLECOLARI (CNR)

Dipartimento di Biologia e Biotecnologie - "C. Darwin" Università di Roma Sapienza

Dr.ssa Maria Patrizia Somma, PhD

"Abbiamo contattato questa azienda per richiedere un preventivo ed è stata scelta in quanto ha formulato un'offerta completa che soddisfaceva tutte le nostre richieste.
La TechnoCappe si è distinta per alta professionalità, competenza e capacità di venire incontro ai bisogni del cliente.
Mi sento di consigliare la TechnoCappe perché i suoi tecnici sono professionali

e anche i costi contenuti."

UNIVERSITÀ DELLA SAPIENZA DI ROMA

Dr.ssa Marchioni Marcella - Dip. di Biologia e Biotecnologie

"La TechnoCappe offre un servizio di manutenzione delle cappe chimiche e biologiche molto professionale.

I tecnici svolgono interventi tempestivi e ben curati. Avevamo un problema di allarmi e, in seguito a un loro intervento, il problema non si è più ripresentato.

Siamo davvero rimasti colpiti dalla professionalità di tutto il personale!".

EUROPEAN BRAIN RESEARCH INSTITUTE

Dr.ssa Paolillo Nicoletta - Fondazione "Rita Levi-Montalcini"

"Ho contattato questa azienda per chiedere un intervento su una cappa biologica a flusso laminare. Confermo le opinioni positive lette. Un azienda molto professionale, con disponibilità immediata sia di assistenza che di intervento.

Voglio segnalare in particolare la professionalità del tecnico Sig. Ruscito che oltre a risolvere il malfunzionamento della cappa, mi ha fornito consigli sulle procedure da effettuare e sugli ausili da adoperare, per mantenere lo strumento ben funzionante, nel tempo.
Cordialità e professionalità sono caratteristiche peculiari di questa azienda.

Consiglio vivamente questa azienda."

BIO SPREVENTION

Dr.ssa Alesini - Utilizzatrice cappe Biologiche

"Considero il servizio di assistenza delle cappe biologiche e chimiche come un servizio efficiente e completo;

essendomi sempre trovata bene con gli interventi della TechnoCappe non ho ulteriori suggerimenti e consigli da fornire ai tecnici di questa ditta".

UNIVERSITÀ DELLA SAPIENZA DI ROMA

Dr. Costantini Daniele

"Gli interventi della TechnoCappe sono efficienti e professionali.

I tecnici delle cappe chimiche e biologiche **ci hanno risolto un problema di contaminazione di una delle nostre cappe biohazard.**

Nonostante gli interventi di diverse assistenze tecniche il problema della contaminazione è sopravvissuto per diversi mesi ostacolando il nostro lavoro.

Fortunatamente l'intervento di tecnici qualificati e professionali TechnoCappe ha arginato questa nostra difficoltà".

NEW PARK DRILLING FLUID

Dr.ssa Antonuzzo Rosaria - ASPP (Addetto al Servizio di Prevenzione e Protezione)

"Non posso che esprimere un giudizio positivo sulla TechnoCappe!

Quando selezioniamo una ditta di manutenzione per le nostre cappe chimiche verifichiamo che abbiano i giusti requisiti ovvero certificazione, formazione, rapporto qualità-prezzo.

La TechnoCappe possiede tutte le caratteristiche che ricerchiamo in un'assistenza tecnica;

mi piace avere a che fare con personale facilmente reperibile e apprezzo la professionalità e competenza dei tecnici nello svolgere i loro interventi di manutenzione.

Essi, oltre a ripararli, **puliscono e disinfettano a fondo i Dispositivi di Protezione Collettiva.**

Sugli armadi, per esempio, avevamo delle polveri che i tecnici hanno rimosso; chi lavora in laboratorio sa che respirarle non è affatto positivo!

Fa piacere sapere che di questo ne sono a conoscenza anche i manutentori delle cappe in quanto sono sensibilizzati alla propria e altrui sicurezza".

UNIVERSITÀ DELLA SAPIENZA DI ROMA

Dott. Mazzei Franco - Responsabile di laboratorio Cappe Chimiche

*"**Sono entusiasta e sorpreso della professionalità dei tecnici** della TechnoCappe che vengono a fare manutenzione sulle cappe chimiche del nostro laboratorio, Mi sono sempre trovato bene e ringrazio tutto il personale per la cortesia, la gentilezza e la professionalità".*

AURELIA HOSPITAL

Dr. Lorenzini Renzo - Utilizzatore cappe da Laboratorio

"Conosciamo la TechnoCappe da un po' di tempo e ci siamo sempre trovati benissimo, siamo molto soddisfatti soprattutto per il loro essere notevolmente scrupolosi e precisi.

Si tratta di un team di ragazzi molto giovani e ben formati che svolgono il proprio lavoro con professionalità; **indossano kit di protezione che non avevo mai visto indossare dalle altre assistenze e questo ci trasmette un forte senso di sicurezza.**

Altro elemento positivo è che al termine di ogni intervento fatto sulle cappe chimiche e biologiche essi ci rilasciano report finali di validazione molto dettagliati e accurati, consiglio vivamente di provare questo servizio!"

UNIVERSITÀ ROMA TRE

Dr. Pietropaoli Stefano - Utilizzatore cappa Biologica

"Il personale di manutenzione delle nostre cappe biologiche è caratterizzato da tecnici competenti e disponibili.

Quando viene segnalato un problema con una delle cappe il personale della TechnoCappe si impegna a risolverlo tempestivamente e con efficienza".

CASA DI CURA MARCO POLO

Dr. Rossi Eugenio - Utilizzatore cappa Biohazard

"Conosco la TechnoCappe da molto tempo e mi sono sempre trovato bene, si tratta di un servizio soddisfacente di manutenzione delle cappe chimiche e biologiche caratterizzato da: **prontezza dell'intervento, accuratezza del lavoro, educazione e discrezione del personale.**

Ciò che distingue la TechnoCappe da altre assistenze, inoltre, è la raffinata e dettagliata documentazione finale rilasciata".

UNIVERSITÀ DELLA SAPIENZA DI ROMA

Dr. Rotili Dante **Dip. Chimico-Farmaceutico** - Utilizzatore Cappe Chimiche

"Sono piacevolmente sorpreso e soddisfatto della qualità e tempestività dell'operato dei tecnici che lavorano nel servizio di assistenza tecnica TechnoCappe. **Sono rapidi e allo stesso tempo efficienti, questo è un aspetto molto importante per chi lavora ogni giorno con le cappe chimiche.** *Ringrazio tutto il personale TechnoCappe per la qualità di questo servizio"*

NEW PARK DRILLING FLUID

Dr. Chiodo Riccardo - Utilizzatore Cappe Chimiche e Armadi di Sicurezza

"È da poco tempo che lavoro in questo laboratorio ma ho potuto assistere a due interventi di manutenzione delle cappe chimiche da parte della TechnoCappe.

Ho osservato tecnici efficienti, preparati e competenti che ci hanno risolto un problema di allarmi che perdurava nel tempo e migliorato l'efficacia della cappa individuando e rimuovendo un oggetto incastrato nei filtri.

Ci hanno, inoltre, fornito informazioni e raccomandazioni utili per mantenere una buona efficacia e funzionalità della cappa nel tempo".

IBPM - CNR

Dott.ssa Verdone Loredana

"Vorrei sottolineare l'incredibile disponibilità e l'elevata professionalità con cui il Dott. Cirillo e tutto il personale tecnico hanno svolto il proprio lavoro.

L'esecuzione dei controlli ed il ripristino delle nostre cappe è stato tempestivo ed accurato. Lo testimonia anche la *documentazione finale rilasciata. La serietà con cui la TechnoCappe svolge il proprio lavoro.... è cosa rara".*

AERONAUTICA MILITARE

Tenente Colonnello De Paolis Fabrizio -Responsabile cappe Chimiche e armadi di sicurezza

"In senso generale la TechnoCappe si è distinta per disponibilità, professionalità ed equilibrio dei costi. ***Il principale problema che mi ha risolto è stato quello di intervenire a fare sopralluoghi e dare spiegazioni tecniche*** *senza farsi pregare e senza oneri iniziali, investendo nella futura chance di potersi aggiudicare successivamente il lavoro, cosa che semplifica molto e che è notevolmente apprezzata.*

CASA DI CURA MARCO POLO

Dr. Simone M. - Utilizzatore Cappe da Laboratorio

" Sono soddisfatto del servizio di assistenza tecnica TechnoCappe, tutti i tecnici lavorano in sicurezza e indossano gli adeguati Dispositivi di Protezione Individuale. Al termine dell'intervento sulle nostre cappe chimiche, inoltre, **ci forniscono informazioni e raccomandazioni aiutandoci ad evitare rischi e pericoli connessi all'uso delle cappe stesse.**

UNIVERSITÀ DELLA SAPIENZA DI ROMA

Dr. Daniele L. - Utilizzatore Cappe chimiche

"Tecnici puliti ed efficaci!

All'avvicinarsi della scadenza della manutenzione annuale delle nostre cappe chimiche la TechnoCappe si attiva e, nel giro di tre, quattro giorni dal contatto telefonico, vengono in laboratorio ed effettuano l'intervento di manutenzione.

Oltre alla manutenzione i tecnici ci sanificano tutte le cappe, apprezzo molto il servizio!'

UNIVERSITÀ ROMA TRE

Dr. Berardinelli Francesco - Utilizzatore Cappa Biohazard e Chimica

"Sono diversi anni che la TechnoCappe si occupa della manutenzione delle nostre cappe e ci troviamo bene con questo servizio.
Ho trovato personale disponibile, non soltanto a recarsi in laboratorio in breve tempo ma anche ad andare incontro alle diverse esigenze dei propri clienti.
Non si tratta soltanto di prontezza di intervento ma di una disponibilità a trecentosessanta gradi!

VALAGRO where science serves nature

Dr. Matteo – Utilizzatore di Cappe da laboratorio

Ci affidiamo alla TechnoCappe per la manutenzione delle nostre cappe chimiche e biohazard e **quello che ci ha colpito maggiormente è stato la loro professionalità ed estrema precisione.**

Ho avuto inoltre il piacere e l'occasione di partecipare ad un corso di formazione su cappe chimiche e biohazard organizzato dalla TechnoCappe.
In particolare, da questo corso ho imparato **utili consigli su come operare al meglio con le cappe biohazard.**
Mi sento di consigliarlo assolutamente a tutti coloro che utilizzano cappe da

laboratorio, sia chimiche che biohazard.

UNIVERSITÀ DELLA SAPIENZA DI ROMA

Dr.ssa Silvia Piconese

Responsabile ed utilizzatrice Cappe chimiche e Biohazard

Silvia Piconese (Sapienza Università di Roma) (venerdì, 25 novembre 2016 15:35)

"Conosco TechnoCappe solo da qualche anno ma ho già potuto apprezzare in diverse occasioni la loro eccezionalità!
I tecnici sono persone disponibili, competenti e serie; gli interventi sono sempre pronti ed efficaci; in tanti casi hanno risolto con facilità problemi alle nostre cappe, incluse quelle più "vecchiotte".
Ho anche molto apprezzato l'iniziativa della TechnoCappe di organizzare corsi gratuiti sulla sicurezza in laboratorio, in cui i componenti giovani del gruppo hanno avuto l'opportunità di acquisire nuove informazioni e maggiore consapevolezza.
Devo ammettere che da quando TechnoCappe si occupa delle nostre cappe tutti noi lavoriamo in laboratorio con grande tranquillità per la nostra sicurezza, e anche grande sollievo sapendo che TechnoCappe troverà una soluzione per eventuali guasti."

ASUR MARCHE AREA VASTA 2

Dr.ssa Bellocchi Loredana

Responsabile del servizio di sicurezza e prevenzione

"Dott.ssa Bellocchi Loredana - Responsabile Prevenzione e Sicurezza Asur Marche (mercoledì, 23 novembre 2016 22:30)
Ringrazio per la documentazione informativa sulle cappe, molto utile e pratica.

Cordiali saluti"

Vuoi leggere altre testimonianze?
Le trovi online a questo link:

https://www.technocappe.it/lascia-la-tua-testimonianza/testimonianze-clienti/

Oppure scansiona
il QR-Code qui in basso:

Apocalisse Zombie

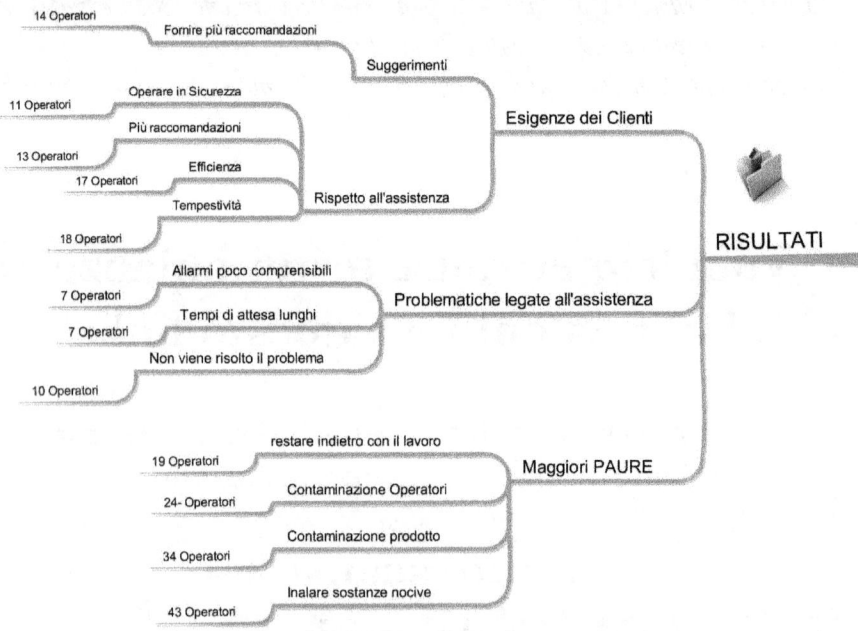

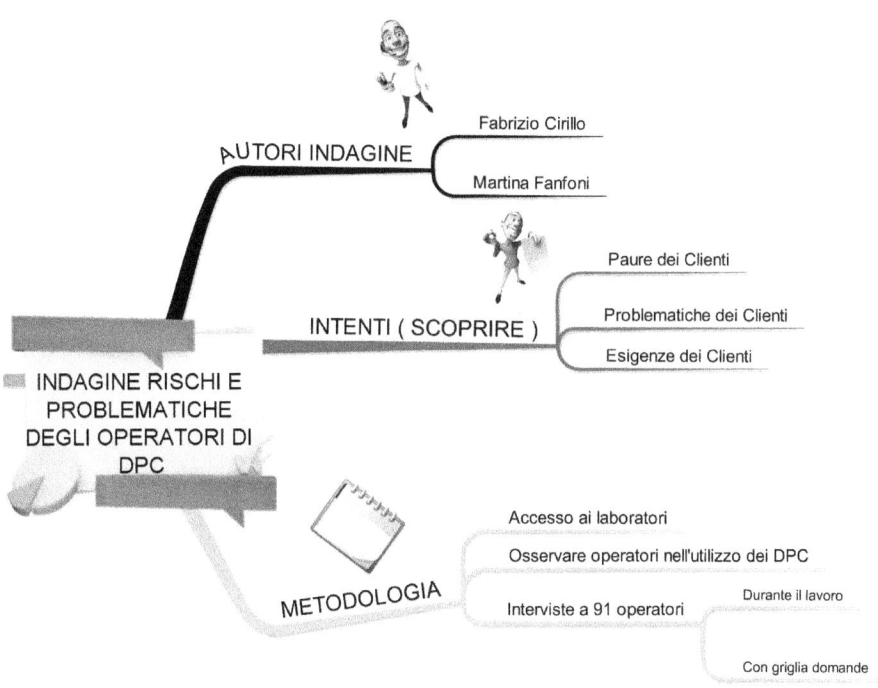

Rischi e problematiche connessi all'utilizzo e alla manutenzione dei DPC (Dispositivi di protezione collettiva) in particolare sulle Cappe Chimiche e Cappe Biohazard

Indagine a cura di **Fabrizio Cirillo** e della Dott.ssa **Martina Fanfoni**

Fabrizio Cirillo

Fondatore di Chizard - www.Chizard.it il primo ed unico portale informativo sulle cappe chimiche e cappe biohazard.

Chizard nasce dall'esigenza da parte degli operatori di cappe e non solo di avere informazioni utili che nessuno aveva mai divulgato prima d'ora.

Titolare della società TechnoCappe – www.technocappe.it, assistenza tecnica di cappe da laboratorio da cui ne deriva tutta l'esperienza su questi dispositivi di protezione collettiva.

Negli anni Cirillo ha sottoposto molteplici test di vario tipo, anche non richiesti espressamente dalle normative, che hanno portato a scoperte e conferme ad intuizioni avute.

Questo ha permesso anche di poter raccogliere moltissime informazioni e di avere oggi un grande bagaglio di esperienza da poter donare agli operatori e a chi vuole migliorare il proprio modo di lavorare sotto cappa capendone un pochino meglio il funzionamento.

Negli anni sono state validate più di 15000 cappe di varie tipologie in contesti differenti.

Fondatore del primo ed unico sistema di Validazione cappe progettato ed erogato nell'ambito del S.G.Q. certificato ISO dal TUV Sud,

denominato "Cappa Sicura" (Zero Rischi – Zero Imprevisti)

Organizzatore a Roma, con grande successo, dei primi corsi di formazione sui rischi chimici e biologici legati alle cappe in un laboratorio per Rspp, Aspp, Servizi di Ingegneria clinica, operatori e per tutte quelle figure che interagiscono in un modo o in un altro con i DPC.

Relatore e organizzatore dei primi ed unici corsi pratico-visivi sul corretto utilizzo delle cappe chimiche e biohazard da parte degli operatori direttamente presso le loro sedi, formando oltre 600 operatori di cappe

Autore della prima ed unica guida ai dubbi degli operatori delle cappe con risposte alle domande prese direttamente sul campo a seguito di intervista.

Per la prima volta qualcuno ha dato voce agli operatori che hanno espresso i loro dubbi.

Ideatore della prima indagine svolta interamente ed esclusivamente sull'utilizzo delle cappe e sui rischi e paure degli operatori delle stesse che ha portato ad avere dei dati veramente interessanti e introvabili.

Tali informazioni aiuteranno sia gli operatori ma soprattutto le assistenze tecniche a orientarsi sempre più verso le reali esigenze dei propri clienti

Autore del primo libro mai redatto sulle cappe chimiche e biohazard

Dott.ssa Martina Fanfoni

Laureata in Scienze Sociali Applicate all'Università "La Sapienza" di Roma con la tesi magistrale dal titolo:

"I rischi in laboratorio analisi. Uno sguardo etnografico[1] su attori, tecnologie, pratiche e saperi".

Il principale oggetto di studio della sua tesi è il tema del rischio organizzativo[2] e la costruzione situata e quotidiana della sicurezza[3], delle competenze e dei saperi pratici degli attori in relazione alle tecnologie in uso.

La Dott.ssa Fanfoni ha realizzato una tesi di stampo etnografico attraverso l'osservazione delle pratiche quotidiane di lavoro in laboratorio analisi, lo shadowing[4] di attori e artefatti e interviste.

La sociologa dimostra, mediante le sue ricerche, come un

---

[1] L'etnografia rappresenta un metodo di ricerca attraverso cui il ricercatore raccoglie informazioni su un certo gruppo sociale.
    Pentimalli B. (2014) "L'etnografo in sanità" in T. Pipan, (2014) Presunti colpevoli. Dalle statistiche alla cartella clinica: indagine sugli errori in sanità, Guerini, Milano, pp.231-263.

[2] Catino M. (2002), *Da Chernobyl a Linate. Incidenti tecnologici o errori organizzativi*, Mondadori, Roma;
  Pipan T. (2014).

[3] Lave J. e Wenger E.C. (1991), S*ituated Learning: Legitimate Peripheral Participation*, Cambridge University Press, Cambridge.

[4] Tecnica che consiste nel seguire come un'ombra attori e artefatti nello svolgimento delle proprie attività lavorative quotidiane (Sclavi, 1989; Bruni, 2003; Czarniawska, 2007; Pentimalli, 2014).

laboratorio sia un'organizzazione immersa in una rete di relazioni che allinea persone, saperi e oggetti tecnici[5] e che all'aumentare del numero delle attività e degli attori coinvolti nella rete organizzativa aumenta anche il livello del rischio. Pertanto, si ipotizza che i rischi e gli errori che nascono in laboratorio (analisi e di ricerca) siano il risultato di una somma di inadeguatezze e disallineamenti dell'intero sistema organizzativo[6].

OBIETTIVI INIZIALI DELLA RICERCA

La presente ricerca propone l'osservazione dell'interazione tra gli attori coinvolti nell'utilizzo dei Dispositivi di Protezione Collettiva (DPC), come le cappe chimiche e le cappe biohazard, e i dispositivi stessi.

L'indagine è mossa da tre intenti iniziali:

1. **indagare il grado di soddisfazione** dei clienti raccogliendo punti di forza e di debolezza dell'azienda presa in esame.

---

[5] Latour B.,(1992) "Where are the missing masses, sociology of a few mundane artefacts", in W. Bijker and J. Law (editors) *Shaping Technology-Building Society. Studies in Sociotechnical Change,* MIT Press, Cambridge Mass. pp. 225-259, 1992 [new expanded and revised version of article (35). Republication in the reader Johnson, Deborah J., and Jameson M Wetmore, eds. Technology and Society, Building Our Sociotechnical Future. Cambridge, Mass: MIT Press, 2008 pp. 151-180].
[6] Pipan. T. (2010), *il Rischio in sanità. Un Nuovo Fenomeno Sociale*, F. Angeli, Milano.

2. **identificare le problematiche** incontrate durante l'uso dei DPC (Dispositivi di Protezione Collettiva) e durante gli interventi tecnici nonché **comprendere le paure** nei confronti delle assistenze che intervengono per validazioni o manutenzioni sulle cappe chimiche o biohazard.

3. **identificare le esigenze del cliente** per migliorare i servizi offerti.

Per quanto riguarda il secondo intento l'ipotesi di partenza della ricerca consisteva nell'idea che i dispositivi tecnologici, quali le cappe, possono rendere più sicure o meno le pratiche di lavoro quotidiane del personale di laboratorio[7]. Si ipotizzava la presenza di numerose problematiche connesse all'errato utilizzo di tali dispositivi.

Come verrà approfondito più avanti, è infatti emerso che in ambienti tecnologicamente densi, quali i laboratori analisi e di ricerca, la linea che separa l'attore umano dal saper utilizzare in modo efficace i DPC ed essere sottomesso dagli stessi è molto sottile.

Si è visto che i dispositivi di protezione, ideati per proteggere gli operatori dai rischi in laboratorio, possono talvolta diventare essi stessi fonte di pericolo[8].

---

[7] Doria S. (2014), *La sicurezza in costruzione. Etnografia di un cantiere: uno sguardo pratico sulla sicurezza sul lavoro,* Carocci, Roma.
[8] Ibidem; Hilgartner (1992), *The Social Construction of Risk Objects. Or, how to Pry Open Networks of Risk,* in J.Short, L. Clarke (a cura di), Organization, Uncertainties, and Risk, Westview Press, Boulder, Colo, pp. 39-53.

Per realizzare la ricerca e confermare o meno le ipotesi iniziali, sono state condotte inchieste su errori e incidenti connessi all'utilizzo dei DPC e alla loro manutenzione; individuato e valutato i possibili rischi in laboratorio; individuato le possibili cause di errori e incidenti.

METODOLOGIA ADOTTATA

Per la realizzazione di tale ricerca è stata realizzata un'osservazione partecipante (nel periodo Gennaio - Giugno 2016), da parte della Dr.ssa Fanfoni, con l'ausilio di interviste a: utilizzatori dei DPC (medici, tecnici di laboratorio, dottorandi, studenti), responsabili dei laboratori, RSPP (responsabili servizio prevenzione e protezione) e ASPP (addetti al servizio di prevenzione e protezione).

È stata formalizzata, tramite mail, la richiesta di accesso ai laboratori e la possibilità di effettuare interviste al personale tramite un preliminare contatto con i responsabili dei laboratori al fine di illustrare motivazioni, modalità e obiettivi della ricerca.

Successivamente al riscontro positivo sono stati concordati gli incontri avuti con il personale del laboratorio in base alle esigenze e disponibilità degli stessi.

Le osservazioni etnografiche e le interviste sono state realizzate durante due diversi momenti:

il primo riguardava gli interventi routinari di manutenzione dei DPC; il secondo riguardava, invece, interventi omaggio per una verifica base delle cappe al fine di monitorare il corretto funzionamento delle stesse e garantire la sicurezza degli operatori.

Durante l'indagine è stato preso in esame un campione di 91 operatori appartenenti a diversi laboratori (analisi, di ricerca, pubblici, privati).

Per la realizzazione delle interviste agli operatori è stata creata ex-ante una griglia di domande personalizzata (alle diverse figure da intervistare) che trattava in particolar modo le seguenti tematiche:
- problematiche connesse all'utilizzo dei DPC;
- rischio per gli operatori;
- rischio legato alla manutenzione dei DPC;
- paure e timori nei confronti delle assistenze tecniche;
- formazione e informazione circa il rischio e la sicurezza in laboratorio;
- punti di forza e di debolezza della TechnoCappe (di cui si parlerà nel capitolo "Testimonianze").

RISULTATI DELLA RICERCA

Paure

Al termine della ricerca è stato riscontrato, come si può vedere nel grafico sottostante, che le **paure** che riporta il personale di laboratorio sono diverse (la maggior parte degli intervistati ne ha segnalata più di una a testa).

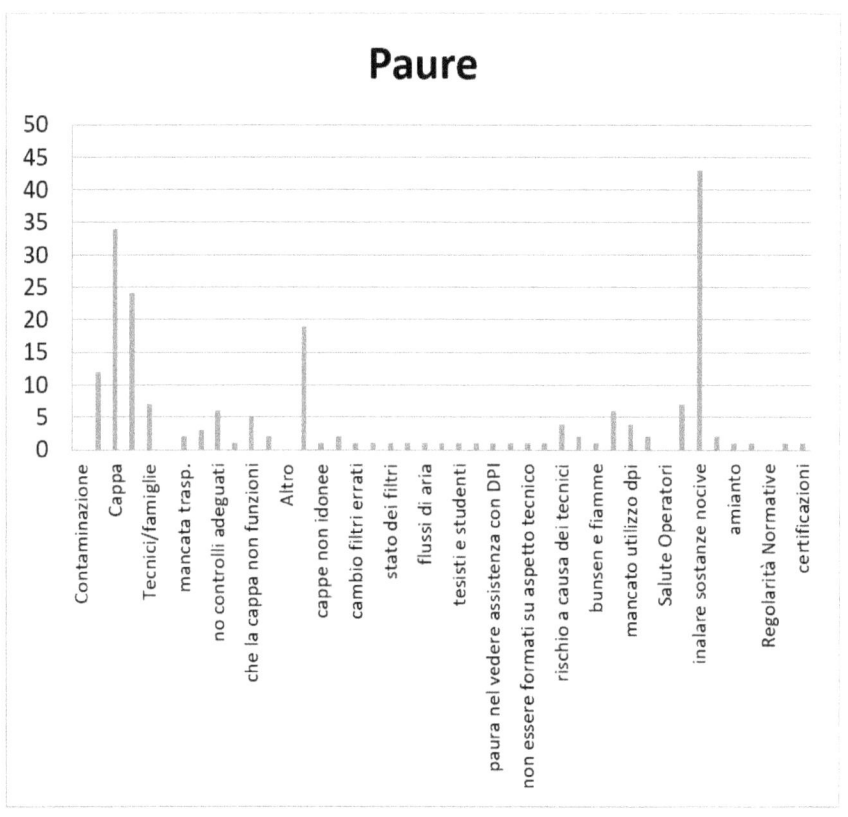

Le **principali paure** che il personale di laboratorio nutre nei confronti dei DPC sono:
1) inalare sostanze nocive (salute operatore) **43**;
2) contaminazione della cappa e del prodotto lavorato **34**;
3) contaminazione operatori **24**;
4) restare indietro con il lavoro **19**.

Le paure e le problematiche sono suddivise in diverse macrotematiche, ognuna delle quali racchiude tematiche più specifiche, come viene riportato di seguito e come si può vedere nei grafici a seguire:

Per quanto riguarda le paure ci sono:

- **salute operatori**

Nello specifico:
ammalarsi; inalare sostanze nocive, aerosol, amianto; avere sostanze a contatto con gli occhi.

- **contaminazione** di:

ambiente, cappa, operatori/famiglie, tecnici/famiglie.

- **incompetenza assistenza** che comprende:

mancata trasparenza; mancata professionalità; mancanza di controlli adeguati; mancanza di attenzione per la salute dell'operatore; mancata riparazione della cappa; ditte non specializzate.

- **regolarità normative**

legate alla mancanza di controlli medici da parte dei tecnici manutentori e assenza di certificazioni della ditta.

- **altro**:

restare indietro con il lavoro per mancanza di cappe funzionanti; possedere cappe non idonee; pericolo UV; cambio filtri errati da parte delle assistenze; non saper lavorare con cappa da parte degli utilizzatori; stato dei filtri non adeguato; sostituzione parti anche quando non serve da parte delle assistenze, flussi d'aria che possono compromettere la funzione della cappa, ritardare terapia per i pazienti a causa di cappe non funzionanti; tesisti e studenti che possono commettere errori; bugie di laboratorio/omettere errori commessi; paura nel vedere assistenza con i DPI[9]; sporcare la cappa durante le manutenzioni; non essere formati su aspetto tecnico; inquinamento acustico; rischio a causa di errori da parte dei tecnici; incidenti per tecnici; Bunsen e fiamme pericolose; perdita di materiale irripetibile a causa della contaminazione delle cappe; mancato utilizzo DPI da parte dei manutentori; mancata visione/supervisione durante le manutenzioni; incidenti per operatori; incidere sulla salute dei pazienti; spreco dei reattivi)

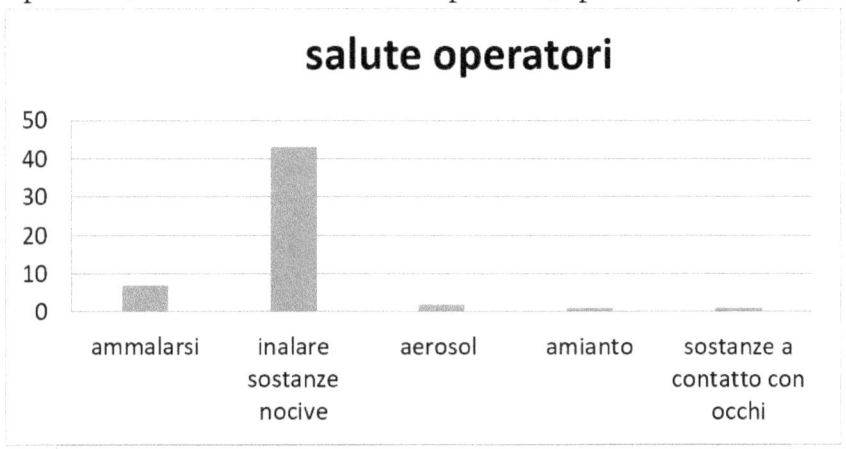

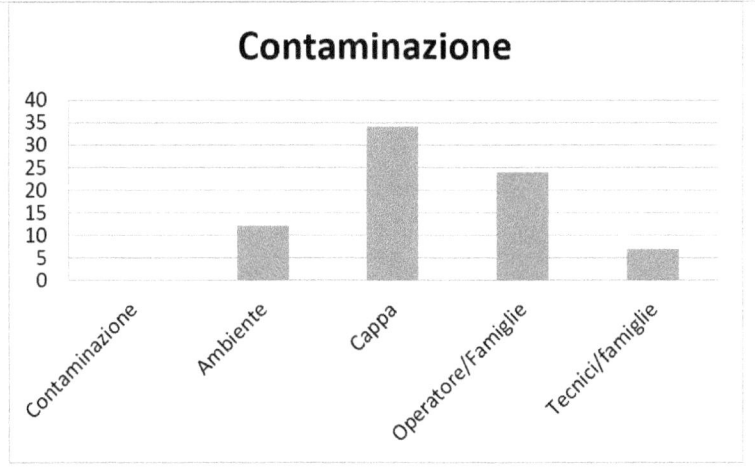

---

[9] Per esempio alcuni operatori riferiscono che vedere i manutentori indossare l'abbigliamento adatto alla sostituzione filtri (tuta tywek; mascherina FPP3 e occhialetti) può dare l'idea di una pratica pericolosa per gli operatori del laboratorio che poi torneranno a lavorare in quell'ambiente a seguito della sostituzione filtri.

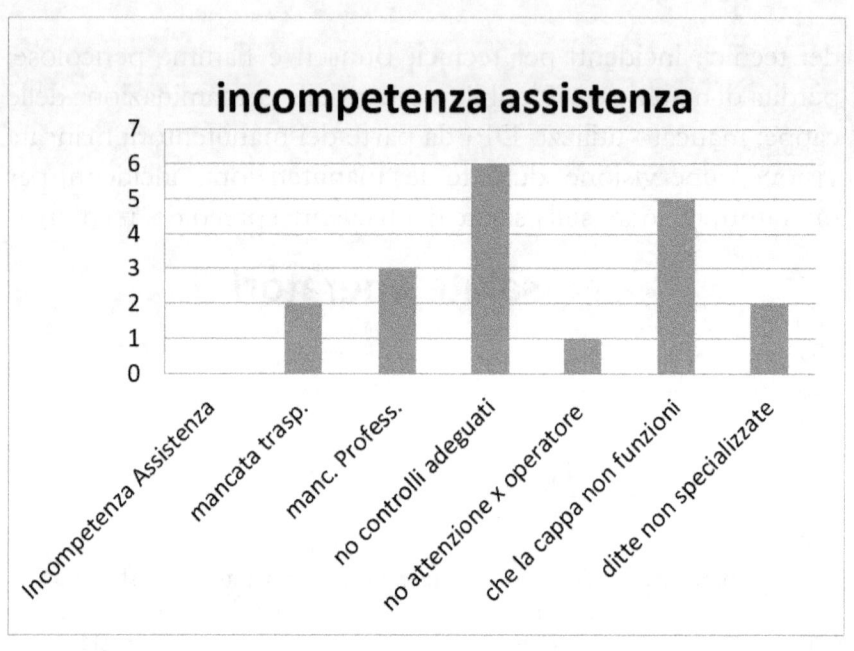

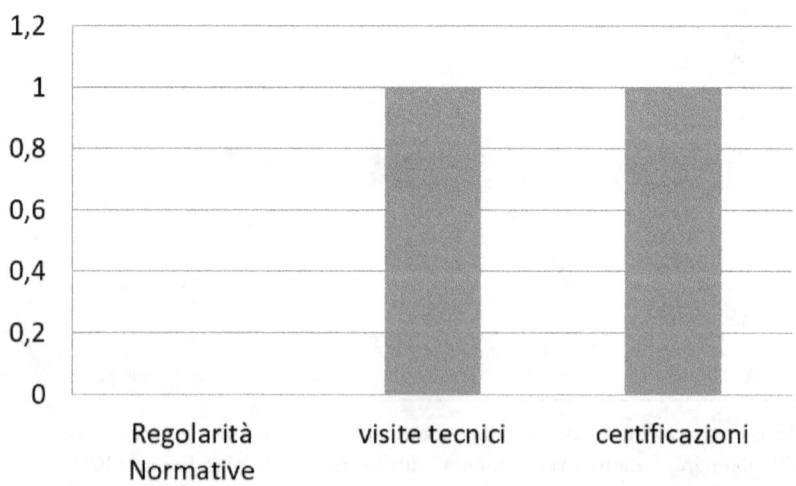

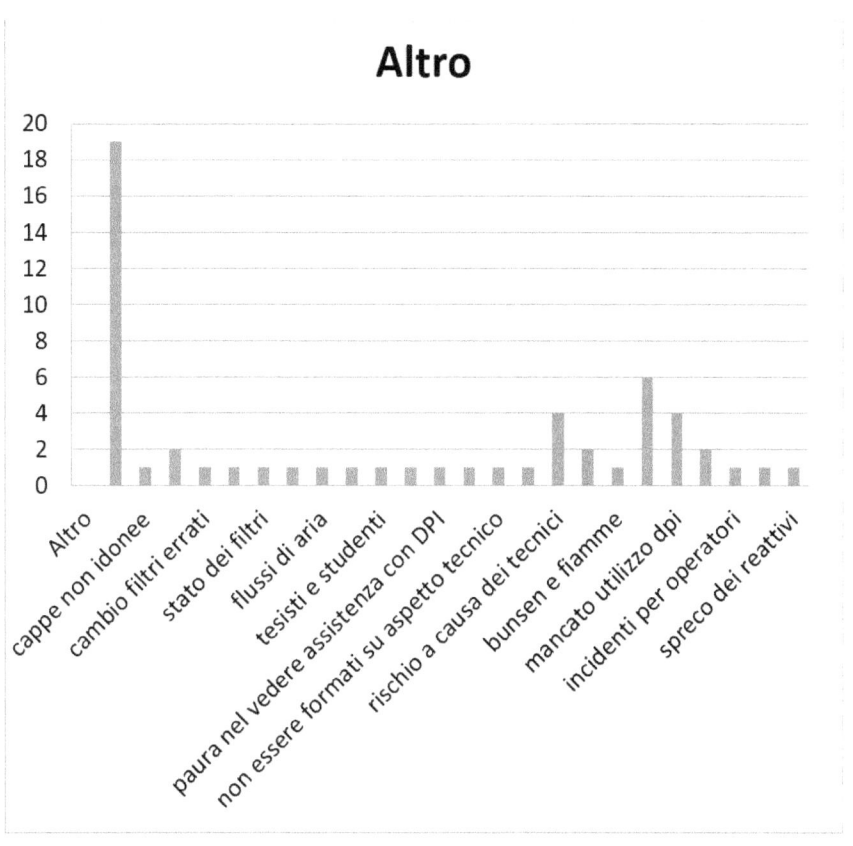

Problematiche

Anche le **problematiche** riscontrate, come si vede nel grafico, sono diverse:

Le principali problematiche rispetto alle assistenze tecniche

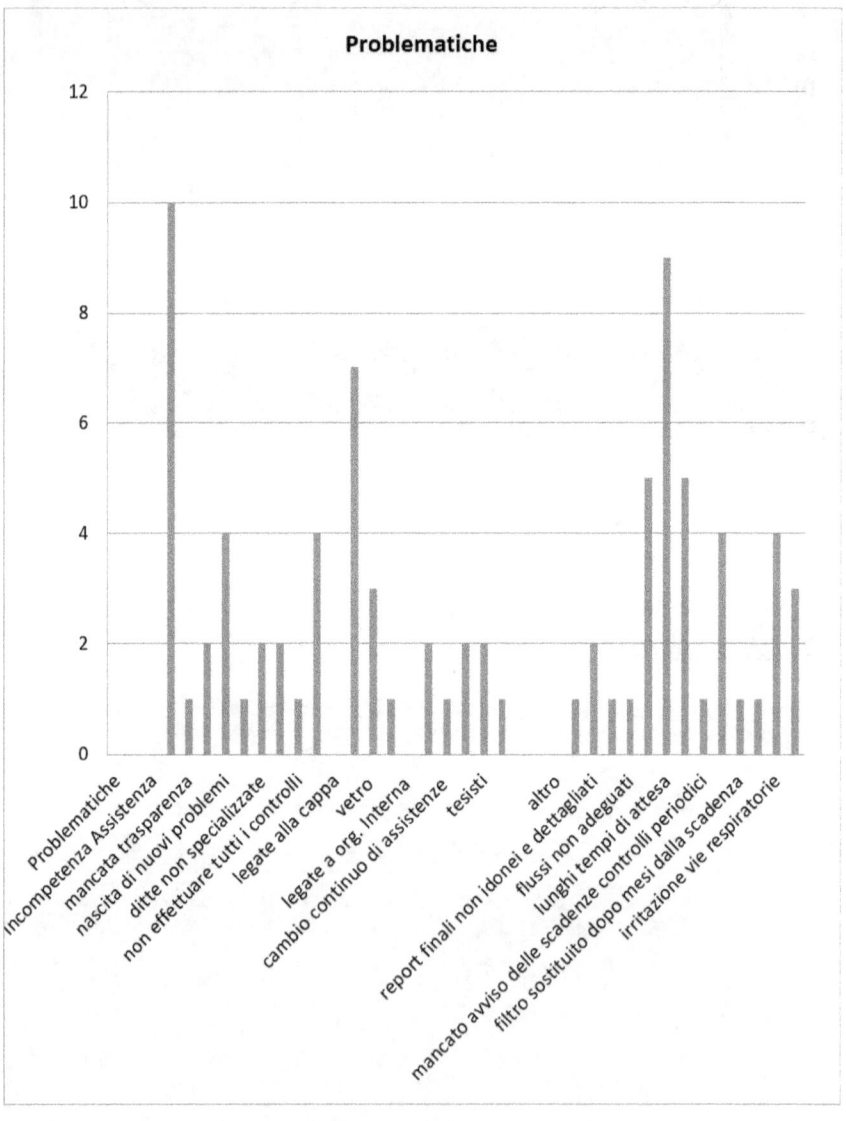

precedenti alla TechnoCappe sono:
1) non viene risolto il problema (incompetenza assistenza) **10**;
2) lunghi tempi di attesa **7**;
3) ripetizione di allarmi poco comprensibili **7**;

Le **macro-tematiche** in cui sono suddivise le problematiche sono le seguenti:

- **incompetenza assistenza** che riguarda:

non risolvere il problema da parte delle assistenze; mancata trasparenza e mancata professionalità; nascita di nuovi problemi dopo l'intervento tecnico; applicare etichette non corrette sulle cappe; avere a che fare con ditte non specializzate; mancata pulizia della cappa; manutentori che non effettuano tutti i controlli sul DPC, mancato utilizzo dei DPI da parte delle assistenze.

- **altro**:

assistenze fuori zona; report finali non idonei e poco dettagliati; black out che può compromettere il funzionamento della cappa; flussi di aspirazione non adeguati; contaminazione; lunghi tempi di attesa per l'intervento tecnico; mancata manutenzione; mancato avviso delle scadenze dei controlli periodici; mancata comunicazione tra tecnici e operatori; filtro della cappa sostituito dopo mesi dalla scadenza; operatori che si sono ammalati; irritazione delle vie respiratorie e lacrimazione occhi.

- **legate alla cappa**:

ripetizione di allarmi; diminuzione del flusso; alzare o meno tutto il saliscendi; rumore eccessivo; rubinetti lenti del gas.

- **legate all'organizzazione interna**:
mancanza di fondi per la riparazione; cambio continuo di assistenze diverse; numero elevato di operatori davanti alle cappe; tesisti poco formati; mancata formazione al rischio e alla sicurezza e all'utilizzo delle cappe; presenza di laboratorio senza finestre

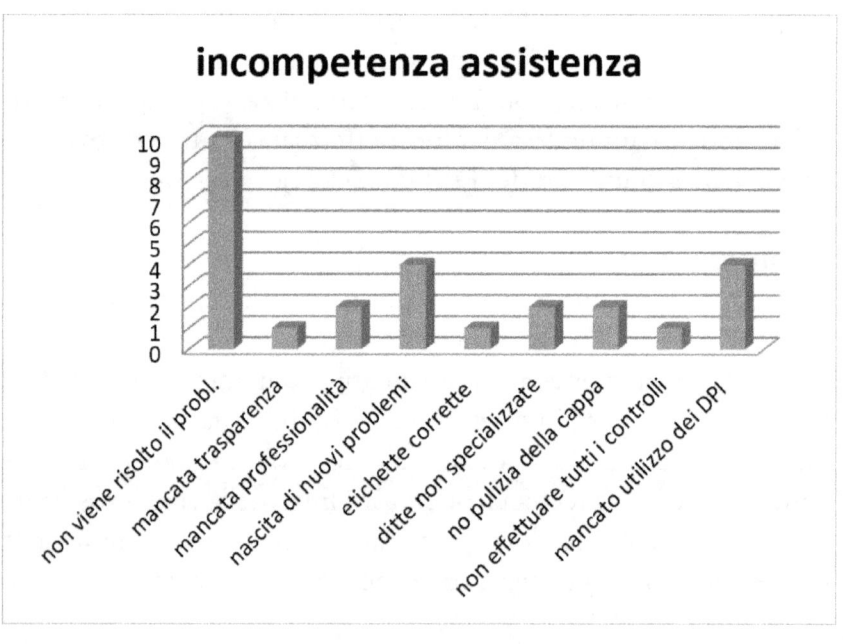

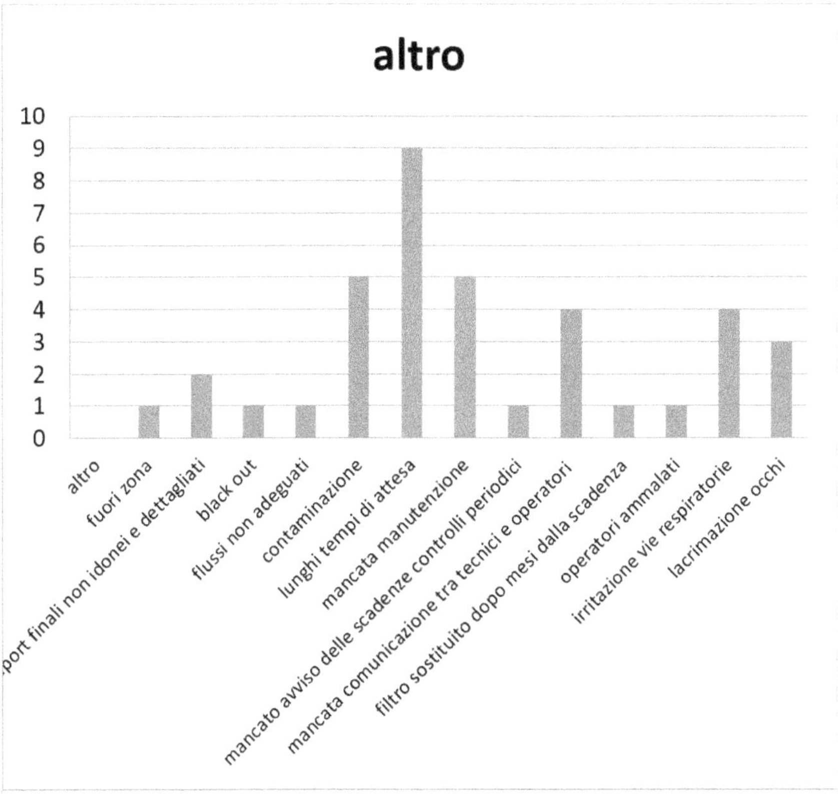

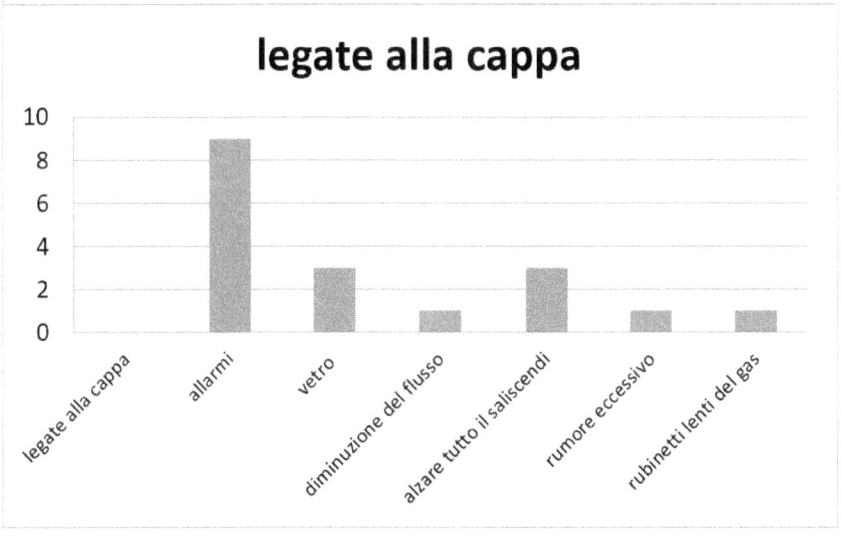

Come deve essere un'assistenza e i suggerimenti per migliorare

Dalla ricerca emerge che le **caratteristiche** più ricercate in un'assistenza sono:
1) tempestività   **18**;
2) efficienza   **17**;
3) più raccomandazioni   **13**;
4) operare in sicurezza   **11**

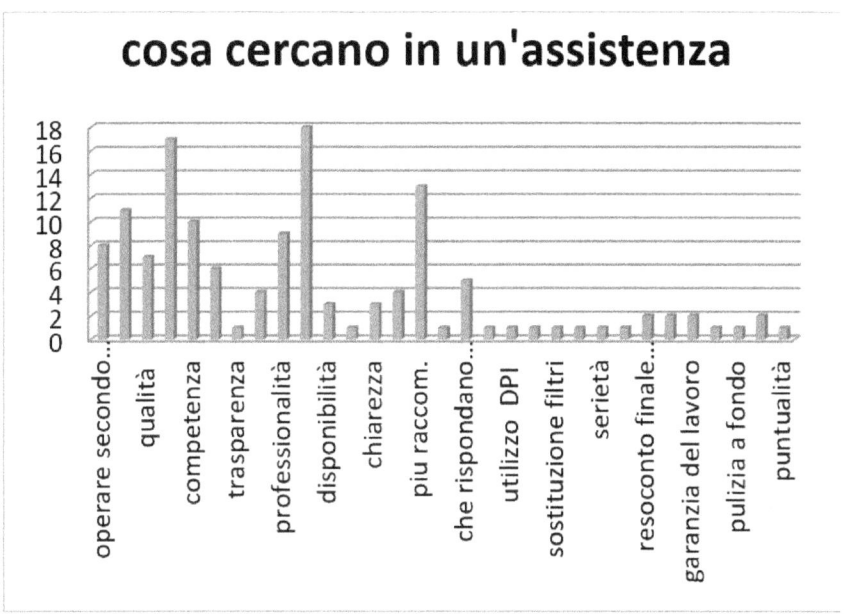

i **suggerimenti** che il personale del laboratorio vorrebbe dare alle assistenze, invece, sono:
1) fornire più raccomandazioni **14**;
2) mettere a disposizione un numero verde per dubbi **2**;
3) più comunicazione tra tecnici e operatori **2**;

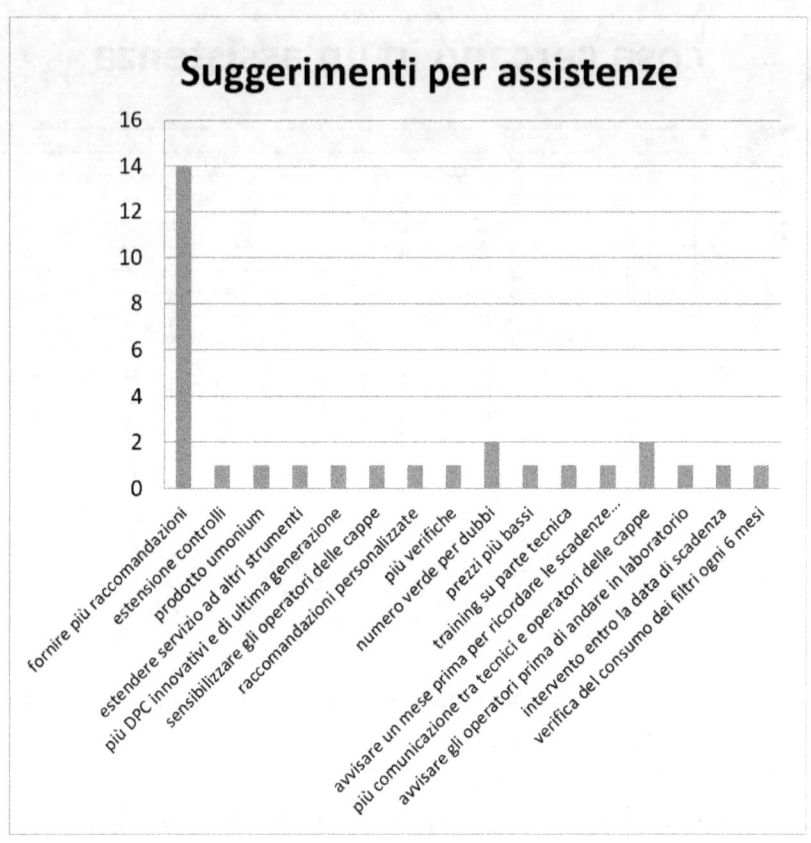

ESEMPI DI ERRORI E PERICOLI RACCOLTI SUL CAMPO

Il laboratorio analisi, come si è potuto vedere, è uno degli ambienti più soggetti a rischio e, pertanto, richiede la massima attenzione e consapevolezza del personale che vi lavora.

Le osservazioni delle pratiche lavorative e le testimonianze degli attori del campo, però, fanno emergere un aspetto di notevole importanza: in laboratorio sembra mancare la consapevolezza e la concezione del rischio, come vedremo più avanti...

Da quanto emerso dalla ricerca gli **errori** e gli **incidenti** legati a cappe chimiche e biohazard che possono nascere in laboratorio spesso non sono da attribuire al singolo attore, bensì ad un insieme di cause organizzative concatenate fra loro quali:
- stanchezza;
- distrazione;
- abitudine;
- presunzione;
- mancata o scarsa formazione e informazione circa il rischio e la sicurezza;
- malfunzionamento di dispositivi tecnologici;
- errata e scarsa disposizione di DPI adeguati;
- mancata preparazione tecnica degli operatori;
- errata applicazione delle procedure.

Vediamo quali sono i maggiori errori commessi sul campo e quali possono essere le relative conseguenze.

Errore n. 1 - Non utilizzo dei DPI (dispositivi di protezione individuale) da parte di utilizzatori delle cappe

L'art.74 del T.U. definisce i DPI *"qualsiasi attrezzatura destinata ad essere indossata e tenuta dal lavoratore, allo scopo di proteggerlo contro uno o più rischi suscettibili di minacciarne la sicurezza o la salute durante il lavoro, nonché ogni complemento o accessorio destinato a tale scopo"*.

Dall'osservazione sul campo, però, emerge che i DPI non sempre vengono utilizzati o adoperati correttamente.

Come mai?

Il motivo riguarda diversi fattori come: la negligenza e la presunzione degli operatori che hanno sempre lavorato in questo modo; i tempi ristretti e le scadenze imposti dalla mole di lavoro; la mancata informazione e formazione sul rischio e sulla sicurezza; la scomodità nell'uso degli artefatti di protezione che in determinate circostanze intralciano lo svolgimento del lavoro[10]; un discorso di natura economica[11].

I maggiori rischi che scaturiscono dal non utilizzo dei DPI in laboratorio, e in particolar modo durante l'uso dei DPC, sono:

la contaminazione della cappa e del prodotto lavorato con conseguente possibilità di perdere il campione lavorato e la contaminazione degli operatori con la possibilità di contaminare anche i familiari.

Errore n. 2 - Mancanza di controlli periodici e obbligatori per norma dei DPC

Nonostante la normativa vigente può capitare che non vengano effettuati i controlli periodici delle cappe chimiche e biologiche, per quale motivo?

Le cause sono da rintracciare ne: *la mancanza di fondi* (soprattutto per le università); la mancata o scarsa formazione e/o informazione

---

[10] Ad esempio utilizzare i guanti può essere fonte di allergie o può causare la perdita di sensibilità al tatto.
[11] La sicurezza è un costo e comprare Dispositivi di Protezione Individuale più adatti è molto costoso (Doria, 2014).

da parte dell'intera organizzazione; la mancanza della cultura del rischio e della sicurezza e quindi assenza della percezione del pericolo.

Il rischio che ne deriva è la perdita di efficacia della cappa e di conseguenza un pericolo per la salute degli operatori (per quanto riguarda le cappe chimiche) e la possibile contaminazione del prodotto lavorato (per quanto riguarda le cappe biologiche).

Errore n.3 - Controlli superficiali dei DPC da parte di manutentori precedenti a TechnoCappe

Può capitare che le Assistenze tecniche effettuino dei controlli poco approfonditi per le seguenti ragioni:

mancanza di fondi (soprattutto per le università) e quindi i tecnici sono costretti a fare controlli veloci e poco professionali; la mancanza della cultura del rischio e della sicurezza; la mancanza di formazione e informazione.

Anche in questo caso il rischio che ne deriva è la ***perdita di efficacia della cappa.***

Errore n. 4 - Contaminazione DPC, ambiente

La contaminazione è una delle principali problematiche con cui si confrontano gli operatori del laboratorio.

Essa può dipendere dalla mancanza di formazione e informazione; dal non utilizzo dei DPI; dall'incompetenza dei manutentori che non riparano correttamente i DPC; e dall'errata o assente pulizia dei DPC.

Quali rischi può comportare?

Dalla contaminazione può derivare: la perdita del prodotto lavorato; l'inquinamento ambientale; pericolo di salute per gli operatori e per le proprie famiglie; sospensione attività lavorativa per la riparazione del dispositivo.

Errore n.5 - Usare cappa biohazard al posto di quella chimica e/o viceversa

Può capitare che la mancanza di DPC adeguati (per mancanza di fondi) e la mancanza di formazione adeguata può portare gli operatori a utilizzare una cappa biohazard al posto di una cappa chimica e viceversa.

Questo può essere molto pericoloso in quanto può essere fonte di inalazioni di sostanze nocive; contaminazione della cappa, del prodotto lavorato e dell'operatore che vi lavora; la perdita di efficacia e funzionalità della cappa.

Errore n. 9 - Omissione di danni commessi/bugie di laboratorio

La mancanza di formazione; la mancanza di comunicazione tra attori del laboratorio e la non percezione del pericolo, inoltre, possono portare gli operatori a omettere possibili danni commessi (ad esempio rovesciare solventi nella cappa).

Quest'omissione, però, è molto pericolosa per la salute degli operatori; per la contaminazione (di cappa, ambiente, operatore, manutentori); per il malfunzionamento DPC.

In conclusione, si può osservare che alla base di ciascun rischio si nasconde più di una causa e che dietro a ogni errore si nasconde l'intera organizzazione. Per la maggior parte delle volte, però, la causa principale dei problemi e degli incidenti è legata all'inconsapevolezza, al non conoscere e al non essere formati e informati al rischio cui si va incontro.

COSA INDUCE GLI ATTORI A SOTTOSTIMARE IL RISCHIO IN LABORATORIO?

Molto spesso il personale dei laboratori analisi e di ricerca non prende molto in considerazione la possibilità di incorrere in rischi e pericoli per sé stessi e per gli altri.

Perché?

Sono diversi i fattori che inducono un attore a sottovalutare la possibilità di errori e incidenti.

Di seguito ne vengono elencati alcuni con i rispettivi esempi:

1. <u>La presunzione e la certezza di poter tenere tutto sotto controllo</u>

"Seguo soltanto le raccomandazioni che so io! Non seguo tutte quelle che mi fornisce l'assistenza tecnica per le cappe ma rispetto soltanto quello che voglio io. Di tutto quello che mi dice l'assistenza seguo solamente quello che riguarda le verifiche periodiche. So che ogni anno devo chiamarli per le verifiche e lo faccio, ma del resto faccio quello che dico io. Lavoro con le cappe da tempo, saprò come si fa o no?" (utilizzatore delle cappe- stralcio di

intervista, 14/01/16)

"Non ho letto le raccomandazioni circa l'utilizzo delle cappe ma non inviarmele perché tanto non ho tempo di leggerle!" (responsabile laboratorio- stralcio di intervista, 05/02/16)

I suddetti esempi mostrano come gli attori del laboratorio si sentano sicuri rispetto alle proprie pratiche di lavoro e, pertanto, rifiutano di prendere in considerazione raccomandazioni e suggerimenti che divergono da quanto essi conoscono già.

2. Abitudine; aver sempre lavorato in un determinato modo

"Mentre parlo con un utilizzatore delle cappe circa il rischio in laboratorio analisi mi dice: «In batteriologia può esserci al massimo il rischio di aerosol! Ho sempre lavorato così, quindi non mi preoccupo molto» (stralcio di osservazione, 21/01/16)

Il fattore dell'abitudine caratterizza soprattutto gli operatori senior, i quali hanno sviluppato da tempo i propri saperi e le proprie competenze. Essi fanno fatica a discostarsi dalla routine e a sviluppare una maggiore sensibilizzazione verso i temi del rischio e della sicurezza in laboratorio.

3. confidenza con il pericolo

"Ormai ho preso confidenza con le cappe e non ricordo più che paure avevo quando ho iniziato a lavorare con esse. Ora ci ho preso confidenza e non ho più paura, non mi preoccupa più niente" (utilizzatrice cappe-intervista, 28/01/16).

L'esperienza e il graduale apprendimento sul campo portano gli operatori a prendere confidenza con gli strumenti e le sostanze utilizzate in laboratorio. Prendere confidenza con il proprio lavoro e con i rispettivi strumenti, però, non vuol dire soltanto eseguire più abilmente le proprie pratiche lavorative ma può indurre gli operatori a sottostimare il rischio e a non "avere paura di nulla".

4. mancanza di formazione o formazione errata

"Usavamo un colorante cancerogeno e un nostro studente lo ha rovesciato nella cappa biologica senza dire nulla. Era andato a finire tutto nel sotto pianale, questo è molto pericoloso per la salute di noi tecnici e dei tecnici che riparano le cappe, ma evidentemente il ragazzo non aveva sviluppato la cultura del rischio. Probabilmente non era stato formato alla sicurezza, non sapeva che il liquido da lui versato avrebbe potuto mettere in pericolo se stesso, i suoi compagni e tutto il personale del laboratorio" (Utilizzatore delle cappe-interviste, 02/02/16)

"Mi trovo nel laboratorio ****** e parlando con il personale vengo a conoscenza che per le cappe biologiche del laboratorio si fanno annualmente tutti i controlli da parte di un'assistenza certificata e specializzata. Facendo delle domande a giovani studenti e dottorandi circa le cappe chimiche scopro che queste, al contrario di quelle biologiche, non sono mai state controllate. I ragazzi mi fanno capire di non sapere che i controlli annuali di tutti i DPC sono obbligatori per legge e che il loro responsabile, che per mancanza di fondi non ha provveduto, non li ha messi al corrente dei rischi a cui potrebbero incorrere. Li vedo lavorare davanti le cappe chimiche non funzionanti senza camici, né mascherine... insomma senza DPI per la propria sicurezza" (stralcio di osservazione, 19/01/16)

"Facevamo le colorazioni con utilizzo di sostanze chimiche sotto la cappa

biologica, invece poi abbiamo scoperto che si facevano solo sotto la cappa chimica. Noi stavamo tranquilli, non sapevamo che non si potesse fare e quindi non avevamo alcun tipo di timore. Poi però ci hanno bacchettati e ora le facciamo solo in quelle chimiche. Sono venuti a fare dei controlli e quando hanno visto che usavamo determinate sostanze chimiche sotto la cappa sbagliata ci hanno ripresi! Ora che lo sappiamo non facciamo più errori, stavamo tranquilli e invece facevamo qualcosa di pericoloso!" (utilizzatrice cappe-stralcio di intervista, 15/03/16)

Gli esempi riportati mostrano come alcuni operatori delle cappe, non essendo adeguatamente formati circa i rischi in cui si può incorrere durante l'utilizzo dei DPC, possono mettere in pericolo la propria salute e quella di tutti gli attori che hanno a che fare con il laboratorio.

La formazione e l'informazione sono alla base della prevenzione del rischio ma spesso gli utilizzatori delle cappe (soprattutto i novizi e gli studenti) sono sprovvisti di consapevolezza e conoscenza dei pericoli in cui si può incorrere.

Sono pertanto indispensabili approfonditi corsi di formazione sull'uso delle cappe e sui possibili rischi che si possono generare dal loro errato utilizzo.

Gli operatori dovrebbero imparare a padroneggiare le adeguate istruzioni di utilizzo e le informazioni relative ai possibili pericoli che si generano dal disallineamento tra attori e artefatti.

RISCHIO IN LABORATORIO, LA PAROLA AGLI INTERVISTATI:

Di seguito vengono riportati stralci di interviste o di conversazioni informali avvenute durante la ricerca sul campo suddivise per tematiche.

CONTAMINAZIONE E NON USO DEI DPI

-*"È un ambiente particolare e ci si potrebbe contaminare, c'è il rischio di contaminazione sia per l'ambiente che per gli operatori. È un ambiente ad alto rischio e a volte basta anche solo respirare per contaminarsi. Se non so come lavorano i tecnici delle cappe non posso mettere in pericolo la salute dei miei operatori e allo stesso tempo se i tecnici dell'assistenza non utilizzano guanti e camice possono contaminarsi anche loro. È capitato che i tecnici siano entrati senza DPI, senza guanti e senza camice, se qualcuno viene sprovvisto glieli forniamo noi ma non si deve entrare così assolutamente"* (responsabile di laboratorio).

-*"Il terrore più grande è che se la cappa non funziona bene si contamina tutto, anche noi! durante il trasloco da un piano all'altro avevo paura che i tecnici del trasloco avessero contaminato la cappa perché loro non sono formati ai pericoli e alle accortezze da avere per una manovra del genere, andrebbe sempre presa almeno come consulenza un'azienda esperta in tale settore"* (responsabile di laboratorio).

-"*I tecnici possono contaminarmi la cappa e posso contaminarmi di conseguenza anche io; una volta ci hanno bloccato il lavoro per cinque mesi, ci hanno contaminato la cappa biohazard dopo una sostituzione dei filtri Hepa. La contaminazione si è estesa anche ai materiali che mettevamo sotto cappa e agli incubatori purtroppo*" *(utilizzatore della cappa).*

-"*lavoriamo con cellule primarie, se vengono contaminate perdiamo il lavoro, si tratta di*

materiale irripetibile visto che lavoriamo anche con cellule umane!" *(utilizzatore della cappa).*

MANCATA MANUTENZIONE/ INALAZIONE SOSTANZE NOCIVE:

-"*Nessuno fa manutenzione sulle cappe chimiche secondo me non funzionano e ci respiriamo di tutto e di più!*" *(responsabile di laboratorio).*

-"*Nel laboratorio dove ero prima dovevo lavorare con la mascherina perché altrimenti non si riusciva a stare davanti la cappa chimica per il forte odore di formalina, mi capitava spesso di avere occhi che lacrimavano, gola secca e qualche volta ho avuto anche dei sanguinamenti dal naso. Questo non accadeva soltanto a me ma anche ai miei colleghi. Ne abbiamo parlato con il responsabile ma non credo sia cambiato qualcosa, io sono andata via da quel laboratorio e sono venuta qui a latina quindi non so se le cose siano migliorate o meno. Qui sto meglio!*" *(utilizzatrice della cappa).*

> -"*Quando la cappa chimica non aspira bene, si sentono forti odori di solventi che si stanno utilizzando che a volte hanno portato gli operatori ad avere giramenti di testa e nausea*" *(utilizzatore della cappa).*

MANCANZA DI DISPOSITIVI IDONEI E DI FONDI:

-"*dovrei usare una cappa chimica per usare la formalina ma non ce l'ho e quindi uso una cappa biologica, uso la mascherina ma so che è pericoloso*" *(utilizzatore della cappa).*

-"*non possiamo permetterci di fare tutti i controlli perché non abbiamo abbastanza fondi per far fronte a tutte le spese, io vorrei eseguire solo i controlli obbligatori evitando il resto!*" *(utilizzatrice cappe)*

NOVIZI

-"*gli studenti a volte non ci dicono quando fanno i danni, per esempio usavamo un colorante cancerogeno e una volta uno studente lo ha rovesciato dentro la cappa biologica senza dire nulla. Questo era andato a finire tutto nel sotto pianale. È molto pericoloso per la salute di noi operatori e dei tecnici che lo riparano*" *(capotecnico di laboratorio).*

-"*chi ci fa più paura sono i tesisti, dobbiamo seguirli e stargli dietro, dobbiamo insegnargli*

come lavorare, se non vengono seguiti possono fare dei macelli!" *(utilizzatrice cappe)*

INCOMPETENZA ASSISTENZA

-"*Durante il loro primo intervento tecnico da parte di un'assistenza cappe è stato montato l'aspiratore al contrario. Non è stata una bella cosa. Nel report finale risultava essere tutto ok! Come mai?*" *(responsabile di laboratorio).*

-"*Precedentemente avevamo un problema di aspirazione e le assistenze precedenti non ci ha fornito le giuste istruzioni. C'è stata incompetenza da parte dell'altra assistenza perché la cappa chimica non aspirava ma a me hanno detto che funzionava bene. Poi ci hanno fatto togliere i filtri a carboni attivi perché così aspirava meglio secondo loro*" *(responsabile laboratorio).*

DISOSITIVI COME OGGETTO DI RISCHIO

-"*le cappe chimiche hanno dei sensori che percepiscono il movimento, se non sentono muovere il vetro frontale si chiude con dentro le nostre mani o teste... è pericoloso perché mentre facciamo lavorazioni delicate non possiamo muoverci ma poi il vetro fa da ghigliottina!*" *(utilizzatore di cappe)*

"*È accaduto a una mia collega molti anni fa che il vetro della cappa chimica sia esploso. Erano cappe di prima generazione*". *(Utilizzatore cappe).*

> **TROPPI A LAVORO**
>
> -*"qui ogni giorno ci sono 10/15 persone, tutte nella stessa stanza, tutte davanti alle cappe biohazard, questo crea problemi e infatti due anni fa abbiamo avuto una contaminazione più grave di quella di quest'anno!*

Abbiamo lavorato con del siero non sterile e questo è grave!"

CHE CAMBIAMENTI/MIGLIORAMENTI HA PORTATO LA RICERCA?

Grazie alla ricerca si è ottenuto:
- maggiore sensibilizzazione al rischio come frutto di errori organizzativi;
- clienti con maggiore sensibilizzazione alla propria e altrui sicurezza;
- maggiore informazione per manutentori dei Dispositivi di Protezione Collettiva e per i loro utilizzatori (ricercatori, personale sanitario) circa il rischio connesso alle attività di laboratorio;
- aumento di comunicazione tra manutentori e utilizzatori dei DPC;
- aumento della qualità del servizio di manutenzione in seguito al riconoscimento delle proprie aree di miglioramento.
- presa di coscienza che gli operatori cappe hanno come paura più grande quella di respirare sostanze dannose alla loro salute

LE 12 COSE CHE DEVI FARE E LE 26 DA EVITARE QUANDO UTILIZZI UNA CAPPA BIOHAZARD

COSA DEVI FARE - CAPPA **BIOHAZARD**

1. Prima di tutto devi essere certo che la cappa Biohazard sia il (DPC) idoneo per la tua manipolazione
2. Verifica che non vi siano fonti di disturbo del fronte cappa come porte, finestre o condizionatori
3. Utilizza dei KIT DPI (dispositivi di protezione individuale) durante le manipolazioni sotto cappa
4. Posizionamento del vetro frontale per garantire la barriera di protezione
5. Disinfetta il piano di lavoro e le superfici prima di iniziare le manipolazioni
6. Accertati che la cappa Biohazard sia accesa e perfettamente funzionante (spesso ci sono display sulle cappe)
7. Attendi 15/20 minuti prima di iniziare qualsiasi lavorazione (i flussi della cappa devono stabilizzarsi)
8. Fai attenzione quando muovi dei materiali potenzialmente contaminati
9. Devi lavorare sempre con le braccia quanto più all'interno possibilmente al centro della tua cappa Biohazard
10. Verifica la tipologia di materiale che vuoi manipolare sotto cappa
11. Al termine del lavoro, pulisci per bene le superfici della tua cappa
12. Fai sempre verificare la tua cappa ad aziende tecniche specializzate (almeno una volta l'anno)

COSA DEVI EVITARE - CAPPA **BIOHAZARD**:

1. di mettere la testa dentro la cappa durante la manipolazione (comprometteresti la sterilità della zona di lavoro)
2. di interrompere le manipolazioni e toccare in giro altre superfici
3. di utilizzare il cellulare personale o di inserirlo nella cappa
4. di usare sostanze ulteriori che potrebbero legarsi con quelle all'interno
5. di buttare fuori dalla cappa i rifiuti ma utilizza un cestino nella cappa
6. di contaminare tu stesso il prodotto manipolato passando sopra la zona sterile con le braccia
7. di creare vortici indesiderati muovendo le mani troppo velocemente all'interno della cappa

8. di avere passaggio di persone dietro di te durante le manipolazioni
9. di avere porte e finestre aperte durante le manipolazioni
10. di indossare dispositivi di protezione individuale "DPI" nel modo scorretto
11. condizionatori che sparano direttamente sul fronte cappa anche se distanti
12. che vi sia una differenza di temperatura tra l'interno e l'esterno della cappa
13. di poggiare fogli di carta o altro sul bordo della cappa
14. di indossare abbigliamento personale non idoneo (come shorts, infradito, maniche corte ecc.)
15. di utilizzare il becco Bunsen o altre fonti di disturbo nella cappa
16. di lavorare senza una formazione sul corretto utilizzo di una cappa ("si è sempre fatto così" non va bene!)
17. grossi strumenti e che siano appoggiati sul piano direttamente, piuttosto alzali con piedini è sempre meglio
18. di utilizzare la tua cappa come un ripostiglio riempiendola di materiale spesso anche inutile
19. di utilizzare sostanze chimiche che sviluppano vapori perché potrebbero intaccare le superfici interne
20. di pulire i vetri con prodotti aggressivi o rischierai che si opacizzino non vedendo più nulla durante l'utilizzo
21. di utilizzare prodotti scaduti per la disinfezione e pulizia delle superfici (precauzione)
22. di lasciare il materiale sotto cappa senza aver pulito al termine del lavoro
23. di lasciare i neon UV germicida accesi tutta la notte che non serve a nulla
24. di lasciare aperto il fronte della cappa soprattutto se vai in ferie (si accumulerà molta polvere all'interno)
25. di alterare le caratteristiche delle cappe (sostituzione parti meccaniche o modifiche di altro tipo)
26. **evita di utilizzare la cappa se non sei sicuro che stia funzionando correttamente**

Se ci tieni alla tua salute o a quella dei tuoi collaboratori e persone care **NON** Utilizzare **MAI** una cappa Biohazard che **NON** viene verificata e manutenuta periodicamente da personale di assistenza tecnica qualificato nonché formato adeguatamente sui rischi chimici e biologici nei laboratori

www.chiZard.it

Il portale informativo sulle Cappe Chimiche e Biohazard

LE 12 COSE CHE DEVI FARE E LE 26 DA EVITARE QUANDO UTILIZZI UNA CAPPA CHIMICA

COSA DEVI FARE - CAPPA CHIMICA

1. Prima di tutto devi essere certo che la cappa chimica sia il (DPC) idoneo per la tua manipolazione
2. Verifica che non vi siano fonti di disturbo del fronte cappa come porte, finestre o condizionatori
3. Utilizza dei KIT DPI (dispositivi di protezione individuale) durante le manipolazioni sotto cappa
4. Posiziona correttamente il saliscendi frontale della cappa nella posizione di lavoro corretta
5. Accertati che la cappa chimica sia accesa e perfettamente funzionante (con un filo di lana ad esempio)
6. Attendi 15/20 minuti prima di iniziare qualsiasi lavorazione (i flussi della cappa devono stabilizzarsi)
7. Introduci sotto cappa solamente il materiale strettamente necessario per la lavorazione da eseguire
8. Devi lavorare sempre con le braccia quanto più all'interno possibilmente al centro della tua cappa chimica
9. Verifica la tipologia di materiale che vuoi manipolare sotto cappa
10. Al termine del lavoro, pulisci per bene le superfici della tua cappa
11. Fai sostituire i filtri a carboni se presenti, soprattutto se è a ricircolo in ambiente (una volta l'anno o più)
12. Fai sempre verificare la tua cappa ad aziende tecniche specializzate (almeno una volta l'anno)

COSA DEVI EVITARE - CAPPA CHIMICA:

1. di mettere la testa dentro la cappa durante la manipolazione o quando è spenta
2. di interrompere le manipolazioni finché non hai ultimato possibilmente
3. di utilizzare il cellulare personale o di inserirlo nella cappa
4. di usare sostanze ulteriori che potrebbero legarsi con quelle all'interno
5. di buttare fuori dalla cappa i rifiuti ma utilizza un cestino nella cappa
6. di muovere in continuazione il saliscendi (se lo fai, devi attendere qualche minuto prima di lavorare)
7. di muovere le mani troppo velocemente all'interno della cappa portando fuori tu stesso i vapori
8. di avere passaggio di persone dietro di te durante le manipolazioni
9. di avere porte e finestre aperte durante le manipolazioni

10. di indossare dispositivi di protezione individuale "DPI" nel modo scorretto
11. condizionatori che sparano direttamente sul fronte cappa anche se distanti
12. di lasciare sporche le pareti in caso di eventuali schizzi perché altrimenti sarà difficilissimo pulirle
13. di lavorare troppo vicino al fronte, devi stare dentro almeno 10 cm (puoi fare un segno nella cappa)
14. di indossare abbigliamento personale non idoneo (come shorts, infradito, maniche corte ecc.)
15. che venga aspirata della carta perché potrebbe occludere i canali o essere aspirata dal motore
16. di introdurre e di far sporgere grossi strumenti perché potresti compromettere l'aspirazione
17. che gli strumenti siano appoggiati sul piano, alzali con dei piedini per far passare l'aria sotto di essi
18. di utilizzare la tua cappa come un ripostiglio riempiendola di materiale spesso anche inutile
19. di utilizzare sostanze biologiche all'interno della cappa chimica perché non saresti per niente tutelato
20. di pulire i vetri con prodotti aggressivi o rischierai che si opacizzino non vedendo più nulla
21. di utilizzare prodotti scaduti per pulizia delle superfici
22. di lasciare il materiale sotto cappa senza aver pulito adeguatamente al termine del lavoro
23. di lavorare senza una formazione sul corretto utilizzo di una cappa ("si è sempre fatto così" non va bene!)
24. di lasciare aperto il fronte della cappa (soprattutto se purtroppo lasci flaconi di sostanze)
25. di alterare le caratteristiche delle cappe (sostituzione parti meccaniche o modifiche di altro tipo)
26. **evita di utilizzare la cappa se non sei sicuro che stia funzionando correttamente**

Se ci tieni alla tua salute o a quella dei tuoi collaboratori e persone care **NON Utilizzare MAI** una cappa Chimica che **NON** viene verificata e manutenuta periodicamente da personale di assistenza tecnica qualificato nonché formato adeguatamente sui rischi chimici e biologici nei laboratori

Il portale informativo sulle Cappe Chimiche e Biohazard

www.chiZard.it

INDICE

PARTE 1
- Cosa sono i DPC?..39
  - La tua Cappa Chimica o Biohazard è un Dispositivo di protezione collettiva (DPC) o un Dispositivo di protezione Individuale (DPI)?..39

PARTE 2 – Le cappe Biohazard
- Acquisto di una cappa Biohazard? Ecco svelati i 5 errori da evitare che commettono solo i principianti..59
- Primi passi con una cappa Biohazard e non sai cosa fare? Scoprilo subito in questo articolo..77
- Routine lavorative errate rischiano l'aumento della contaminazione crociata. 95
- Cappa Biohazard Contaminata e non sai il perché? Scopri i 5 principali colpevoli del tuo problema!..................................107
- Neon UV Germicida su una cappa Biologica, soluzione o problema? Scopri finalmente come tutelare te stesso!..................................123
- Scopri i rischi quando si usa una Cappa per Antiblastici per preparati chemioterapici..137
- Filtri HEPA intasati su una cappa Biohazard? Scopri finalmente le verità che ti hanno nascosto per decenni...................................153
- Filtro HEPA trattiene le nanoparticelle prevenendo i tumori?.................171

PARTE 3 – Le cappe Chimiche
- Acquisto di una cappa chimica? Scopri i 5 errori che rischiano di farti affondare in un mare di sprechi e insicurezza..................................185
- Primi passi con una Cappa Chimica e non sai cosa fare? Scoprilo subito in questo articolo..207
- Hai una cappa chimica DUCTED o DUCTLESS? Scopri la velocità di aspirazione che devono avere..227
- Cappa aspirante o cappa chimica aspirante? Scopri l'enorme differenza e cosa fare..239

- Le cappe chimiche non funzionano e riesci a scoprire gli odori che ne fuoriescono? Allora sarai un vero chimico!......253
- Vuoi sostituirti i Carboni attivi della tua cappa chimica? Scopri come, quando e perché non farlo da solo.......263
- Carboni attivi per le cappe chimiche da sostituire o ingerire? quando e perché?......273
- Evita i 7 errori più comuni quando utilizzi la Formaldeide cancerogena con la tua Cappa Chimica......293
- Utilizzi una cappa Chimica a scuola superiore o all'università sperando che sia vero il detto: è la quantità di dose che fa il veleno?......311
- Cappa Chimica Fai da te? Scopri i rischi in agguato al quale non hai pensato.......323

PARTE 4 – Altre informazioni sulle cappe

- Sicurezza in Laboratorio! Ti sei mai chiesto le ripercussioni su ambiente e persone?......337
- Cappa da laboratorio, protezione DELL' Operatore o DALL' Operatore?......349
- Scopri perché la SICUREZZA IN LABORATORIO diventa INSICUREZZA in laboratorio......361
- Cappa da laboratorio come un ripostiglio? Scopri 7 pericoli nascosti e come prevenirli!......373
- Scopri le 20 Paure degli operatori di cappe rispetto all'assistenza tecnica......383
- Scopri le 7 bugie di laboratorio più diffuse e le relative problematiche che si nascondono dietro di esse......389
- Smaltimento filtri delle cappe da laboratorio? Ecco le 5 cose fondamentali da sapere per non fare errori......405
- 15 PROBLEMI con assistenza cappe ed UNA SOLA SOLUZIONE!......417
- Specialisti delle Cappe chi? Guarda questo semplice grafico per avere finalmente le idee chiare......425

- Mepa infernale! Scopri perché i bandi vanno deserti e le difficoltà che hanno le aziende di assistenza delle cappe 433
- Assistenza cappe fasulla? Scopri la prima ed unica guida che risolverà tutti i tuoi problemi 441

PARTE 5 – Risorse utili
- Le verità che tutti dovrebbero conoscere sul test di contenimento di una cappa chimica con gas SF6! 449
- Testimonianze 471
- Indagine sui rischi e problematiche connesse all'utilizzo e alla manutenzione dei DPC 509
- Le 12 cose che devi fare e le 26 da evitare quando utilizzi una cappa Biohazard 545
- Le 12 cose che devi fare e le 26 da evitare quando utilizzi una cappa Chimica 547

RIFERIMENTI

Wikipedia
www.wikipedia.it

IARC (International Agency for Research on Cancer)
www.iarc.fr

AIRC (Associazione Italiana per la Ricerca sul Cancro)
www.airc.it

AIRTUM (Associazione Italiana Registro Tumori)
www.registri-tumori.it

AIOM (Associazione Italiana di Oncologia Medica)
www.aiom.it

OMS (Organizzazione Mondiale della Sanità)
www.who.int

Con il fiato sospeso
www.conilfiatosospeso.it

Mappe Mentali di Matteo Salvo
www.matteosalvo.com

CONCLUSIONE

Il libro termina qui, ma il tuo percorso di formazione è appena cominciato. In realtà non dovrebbe terminare mai.

Si, perché sono un convinto sostenitore del detto "chi non si forma si ferma" oppure prendendo spunto dalla natura, fonte di ispirazione: "quello che non cresce, decresce".

Se vuoi rimanere sempre aggiornato sulle tematiche delle cappe, allora ti invito ad andare sul portale www.chizard.it e leggere gli articoli.

Ti invito anche ad andare sul canale YouTube e vedere i video perché probabilmente ti sarà ancora più facile capire certi concetti e ti agevolerò passando informazioni importanti in via veloce che hanno lo scopo di farti ragionare, affinché tu possa capire se stai andando nella giusta direzione oppure no.

Se poi vuoi ricevere in automatico validi articoli e regali che riservo solo agli iscritti alla newsletter, allora inserisci la tua mail nel form che trovi nella home page e fai attenzione che la mail che ti invierò da info@chizard.it non finisca nella casella di posta indesiderata "spam".

Se invece, leggendo i vari capitoli ti sei reso conto della reale efficacia delle tue cappe e di quanto sia importante avere un supporto valido in termini di assistenza tecnica sulle stesse, sono contento per te e ti invito a continuare su questa strada.

Puoi visitare la pagina della mia azienda di assistenza appunto, la TechnoCappe, all'indirizzo www.technocappe.it dove ti consiglio di leggere cosa dicono del servizio i tuoi stessi colleghi e chiedere informazioni per la validazione delle tue cappe mediante il sistema "cappa sicura" zero rischi – zero imprevisti.

Ad ogni modo, spero di averti trasmesso qualcosa di buono e se ti dovessero venire dei dubbi sul tuo modo di lavorare o sul corretto funzionamento della cappa, puoi sempre prendere il libro e trovare la sezione che ti interessa dove probabilmente già ti ho dato la soluzione o interessanti spunti per farti stare tranquillo.

Ecco, questa serenità è la cosa più importante che tu possa avere sia in qualità di utilizzatore di cappe, sia in qualità di responsabile della salute e sicurezza di altre persone.

Gli anni passano inesorabili e nessuno può fermare il tempo purtroppo, quindi conviene cercare di viverli al meglio possibile, prevenendo e non curando.

Con questo ti saluto

Ci vediamo presto

Fabrizio Cirillo

"Il boss delle cappe"

Fabrizio Cirillo

Verifiche comprese nel Sistema Cappa Sicura

1. Verifica Conta Particellare
2. Verifica Anemometrica
3. Verifica Smoke Test
4. Disinfezione Hygenio
5. Verifica Illuminazione
6. Sostituzione Prefiltro
7. Sostituzione Filtri Hepa
8. Sostituzione Carboni Attivi

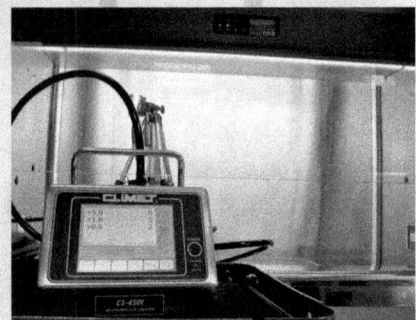
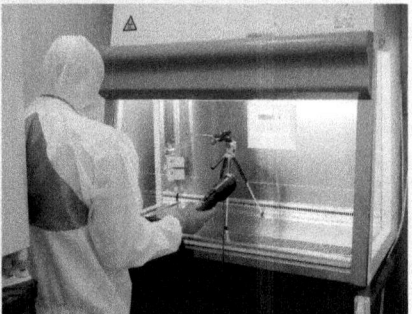

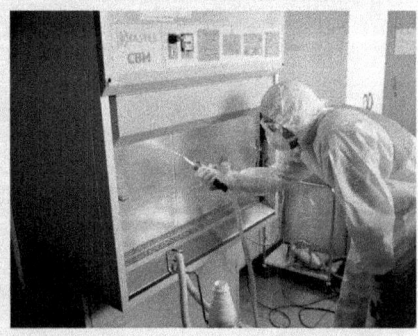

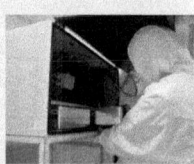

Sede Operativa
Indirizzo: Largo Cosoleto 9, 00178 Capannelle (RM)
Tel/Fax: 06 7182010
Email: info@technosrl.it

www.technocappe.it

Hai Problemi di Contaminazione e stai perdendo il tuo lavoro?
Probabilmente le tue cappe e incubatori ne sono la causa!

Grazie al nostro servizio di disinfezione totale non perderai più tempo e soldi.
L'azione anti battericida del nostro disinfettante legato all'azione del vapore
risolveranno il problema della contaminazione definitivamente!

1. Umonium 38 Spray
2. Hygenio (Vapore a 90 Gradi)
3. Disinfezione Cappa
4. Pulizia Cappa
5. Campionam. Pre-Disinfezione
6. Risultato Pre-Disinfezione
7. Campionam. Post-Disinfezione
8. Risultato Post-Disinfezione

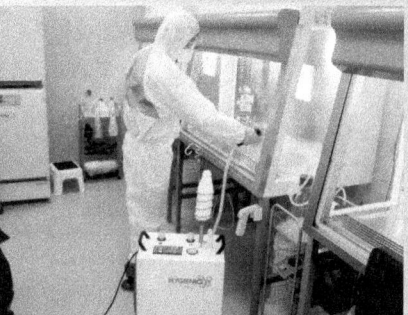

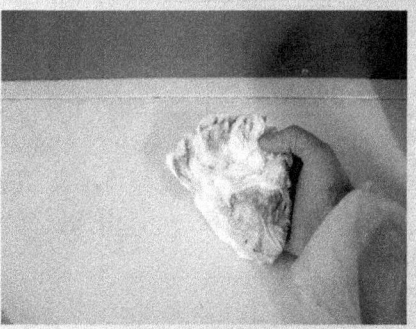
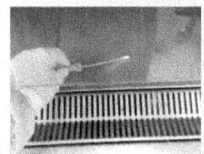
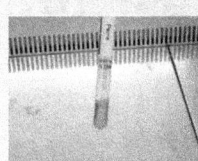
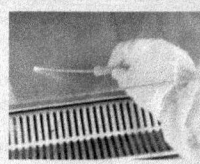
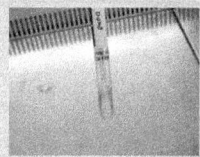

Sede Legale
Rag. Soc.: Techno Srl - P.IVA: 05240751007
Indirizzo: Via Bova 11, 00178 Capannelle (RM)
Tel/Fax: 06 71289620
Email: amministrazione@technosrl.it

TUTELATI
CON IL SISTEMA CAPPA SICURA®

ZERO RISCHI
ZERO IMPREVISTI

E NON SCENDERE A COMPROMESSI
PUR DI AVERE IL PREZZO PIÙ **BASSO**!!!

Spesso per spendere meno si rischia di **spendere il triplo!**

Attenzione, affidandoti ad aziende non focalizzate e con personale inesperto, esponi te stesso e i tuoi collaboratori ad eventuali incidenti o infortuni rischiando sanzioni amministrative e penali!

Allora perché non dormire sonni tranquilli affidando la tua serenità e la sicurezza dei tuoi colleghi alla competenza della TechnoCappe, azienda specializzata in validazioni e manutenzione dei DPC?

Vai su:
www.cappasicura.it

Oppure contattaci:
Numero Gratuito Assistenza
800 628 957

Fabrizio Cirillo

Di seguito una tabella riepilogativa che ti mostrerà l'enorme differenza tra TechnoCappe e tutte le altre assistenze

Il prezzo più basso **offerto dalle aziende non specializzate** ti espone a rischi e costi maggiori

Requisiti fondamentali che dovrebbe avere un'assistenza di cappe per garantire la sicurezza e qualità del servizio reso	TechnoCappe	Aziende di strumenti e cappe	Aziende Global Service e Pluriservice
Certificazione ISO 9001:2015 specifica su manutenzione di cappe chimiche e cappe biologiche disponibile su web	✓ www.technocappe.it	✓?	X
Certificazione ISO 14001:2015	✓	✓?	X
Certificazione ISO 45001:2018	✓	✓?	X
Iscrizione Albo Gestori Ambientali come intermediari e produttori per lo smaltimento di (Hepa e Carboni Attivi)	✓	✓?	X
Magazzino di Filtri HEPA e CARBONI per intervento immediato con oltre 250 filtri disponibili per emergenze	✓	✓?	X
Disinfezione/pulizia totale interna/esterna delle cappe	✓	✓?	X
Strumenti per le verifiche sempre tarati e aggiornati	✓	✓?	X
Tecnici azienda formati sui rischi Chimici e Biologici	✓	✓?	X
Formazione specifica sui DPC a RSPP e ASPP	✓	X	X
Sistema "CAPPA SICURA®" con esecuzione di tutte le verifiche secondo norma che ti mettono in sicurezza evitando ripercussioni penali ed amministrative	✓ www.cappasicura.it	X	X
Portale informativo sulle cappe Chimiche e Biohazard con documenti gratuiti e consulenze specifiche	✓ www.chizard.it	X	X
Soddisfazione dei clienti confermata da testimonianze vere e visibili su un sito accessibile a tutti	✓ www.technocappe.it	X	X
Garanzia 100% con formula soddisfatti o rimborsati	✓	X	X
Protocolli di convalida con fotografie dei test eseguiti stampate a colori per ogni singola cappa	✓	X	X
Protocolli di convalida digitalizzati e visionabili sul Web	✓	X	X

Legenda: ✓ Requisito pienamente soddisfatto / ✓? Requisito NON sempre soddisfatto in modo adeguato / X Requisito NON soddisfatto

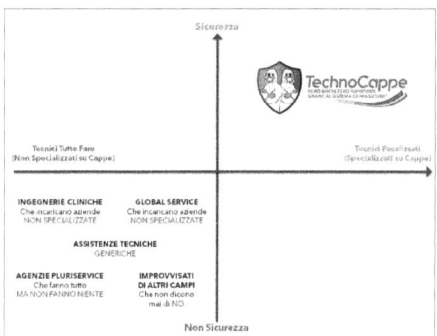

Grafico I-mago
Questo è un grafico I-Mago che mostra come si posiziona un'azienda totalmente focalizzata e specializzata sulla manutenzione di cappe
rispetto ad aziende che si occupano di manutenere tutti i tipi di strumentazioni non divenendo esperti di nessuna di esse

Guida all'Acquisto Cappa Biohazard:

http://bit.ly/2Dkkyzi

Acquista su amazon

Guida all'Acquisto Cappa Chimica:
http://bit.ly/2DnwjVQ

Acquista su amazon

www.ingramcontent.com/pod-product-compliance
Lightning Source LLC
Chambersburg PA
CBHW071408180526
45170CB00001B/11